图书在版编目（CIP）数据

采访本上的城市／王军著．—增订版．—北京：生活·读书·新知
三联书店，2016.5
ISBN 978 − 7 − 108 − 05632 − 0

Ⅰ．①采…　Ⅱ．①王…　Ⅲ．①文化遗产 − 保护 − 研究 − 北京市②文化
遗产 − 保护 − 研究 − 南京市　Ⅳ．① K291 ② K295.31

中国版本图书馆 CIP 数据核字（2016）第 020538 号

策划编辑　张志军
责任编辑　刘蓉林
装帧设计　宁成春　曲晓华　韩　宇
封扉设计　薛　宇
责任印制　宋　家
出版发行　生活·讀書·新知 三联书店
　　　　　（北京市东城区美术馆东街 22 号 100010）
网　　址　www.sdxjpc.com
经　　销　新华书店
印　　刷　北京瑞禾彩色印刷有限公司
版　　次　2008 年 6 月北京第 1 版
　　　　　2016 年 5 月北京第 2 版
　　　　　2016 年 5 月北京第 4 次印刷
开　　本　720 毫米 × 1000 毫米　1/16　印张 25.5
字　　数　426 千字　图 238 幅
印　　数　25,001 − 35,000 册
定　　价　68.00 元
（印装查询：01064002715；邮购查询：01084010542）

王　军　著

采访本上的
城市

（增订版）

生活·讀書·新知　三联书店

目　录

再版前言

定格二〇〇八

作为大学新闻系的毕业生，《采访本上的城市》在我心中有着不同寻常的分量。

这本书汇集了 1999 年至 2008 年，我在新华社北京分社和《瞭望》新闻周刊工作期间完成的与城市建设相关的新闻作品，它们瞄准了一个主题——正在中国发生的人类有史以来最大规模的城镇化，是以何种力量、何种方式推动的？

还记得 2008 年 2 月，在北京光华路，我举起相机，为《采访本上的城市》拍摄刚刚合龙的由荷兰建筑师瑞姆·库哈斯设计的中央电视台新址大楼时，内心如潮水般的感受。

正是在这一年，全球城市化率达到了 50%，中国的快速城镇化为人类这一里程碑时刻的到来贡献卓著；也正是在这一刻，人类第一次把摩天大楼建成了我摄入相机的影像，它与光华路南侧，正在我身边崛起的由美国 SOM 公司设计的一柱冲天式的摩天大楼——国贸三期工程形成对峙，试图宣告后者所代表的那个"旧时代"的终结，这确实是当代建筑史无法绕过的一幕。

放下相机，看着兴建中的国贸三期 330 米高、已拔地而起的形象，我又想起 2003 年，为了这幢北京第一高楼的建造，12 幢住宅楼内约 1400 户居民被搬迁的场景。他们多是走向没落的国营工厂的工人，认为对自己脚下的土地享有权利，要求与资方协商，获得与市场重置价格相当的补偿。

可是，没有任何悬念，在市场经济时代，在强悍的资本面前，这些曾经的计划经济时代的王者，败下阵来。

2001 年，北京成功申办奥运会，2800 亿元建设资金随后投入，使这个城市"天翻地覆"。2008 年，北京奥运会举办，中国 GDP 总量超过德国居世界第三（2010 年中国 GDP 总量超过日本又升至世界第二）。同年出版的《采访本上的城市》试图锁定中国城市此刻的状态。

这本书的前五章"非常城市"、"非常计划"、"非常规划"、"非常建筑"、

"非常拆迁"，以解读中国城镇化的内在逻辑与外在形态为主旨；后两章"老北京""老南京"，呈现了这样的逻辑与形态对两个伟大城市的改变。

将中国城市的故事，放在全球城市化的背景下书写，是我的一大心愿。2004 年赴法国，2005 年、2007 年和 2008 年赴美国，我相继考察了十多个城市。多位中外著名规划师、建筑师与我谈论北京以及中国的文化，紫禁城是绕不开的话题。15 世纪初，永乐皇帝营造的这个世界现存最大规模的宫殿群，为《采访本上的城市》提供了历史的线索。

上世纪五六十年代故宫的改建计划鲜为人知，我试图探查内情；书中最后一张图片，是为古都南京的保存而献身的朱偰先生 1935 年拍摄的故宫午门影像，它与这些年活跃在紫禁城周围的推土机，形成历史的对话。

2004 年，北京市启动工程浩大的总体规划修编，试图破解上世纪 50 年代以来拆旧城、建新城而形成的单中心城市结构之弊，中央行政区选址之争再次浮现，仿若半个多世纪前"梁陈方案"的重现。

中国国家大剧院、中国国家体育场"鸟巢"、中国国家博物馆改建等国家级工程相继展开，由西方建筑师执笔的这些项目，被视为中国崛起的符号，围绕它们的争议，亦是一大景观。

在北京奥运周期内，一系列重大建设事件发生。我试图留下原始记录。这些事件已成为历史的地标，与当下中国推动的新型城镇化深刻关联。这也是再版此书的意义。为此，附四篇新作于后，它们从不同角度延续着本书的线索。

我未做删改。就让它定格于二〇〇八吧。

王 军

2015 年 11 月 13 日

前 言

在常与非常之间

　　请原谅在这本书的目录里，我写下了太多的"非常"，这可能缘于我的职业偏好，当记者的总是好奇非常之事，这也是这个职业惹一些人生气的原因之一。

　　"非常"之"常"，乃"常识"之"常"。在大学新闻系读书的时候，在揣着记者证游走于大街小巷，去面对一位又一位"非常人物"，目击一场又一场"非常事件"的时候，我想得更多的却不是"非常"。

　　不知"常"岂知"非常"？我在想，人类能够走到今天，总是靠着一些常识的。

　　"常"与"非常"，就像"生"与"死"那样互为表里。孔子说："未知生，焉知死。"我愿把它掉个过儿："未知死，焉知生。"

　　1961年，新闻记者简·雅各布斯（Jane Jacobs, 1916—2006）出版了她那本在城市规划界引发一场"地震"的《美国大城市的死与生》，可贵之处就在于"死"在"生"前。我以为，这不是消极而是积极，因为它充满了一种希望，一种对生的希望——对于被异化的城市而言，你不知道它是怎样死掉的，又怎能让它活过来呢？

　　记者好奇"非常"也同此理。在确定选题时，他们是以"常"来裁量"非常"，而工作的结果，却是让读者品读"非常"来感知"常"。所以，记者往往以问题为导向来探解这个世界。他们不是向这个世界发难，而是基于对常识的忠诚。

　　这个常识要回答的问题是：一个个活生生的生命被摆在了什么样的位置？这确实是对人类的终极发问。

　　正是因为人类没有回避这一声发问，才有了文明的演进，并生出记者这个行当。

　　这并不意味着记者享有了某种道德优势。记者为"常"而"非常"，实是因为不如此便不得活命。这是人类社会的规律使然，也是这个职业的宿命所在。

　　曾记得1987年我迈入中国人民大学的校门后不久，老师给我们放了一盘录像带，一位电视记者拍摄某国兵变，但见镜头内一列列士兵疾驰而过，杀气正酣，突然镜头出现一次剧烈的抖动，我们知道，这位记者中弹了，牺牲了，但是，镜头还在他的肩上，还在记录着。

我至今仍感谢我的老师，使我在懵懂成年之际有了这样一次灵魂出壳。这次经历使我不得不怀着一种神圣的情感来思考记者的意义。

每年都有新闻记者非正常死亡的报告，这个世界并不太平。人类文明在今天已达到一个空前的高度，但在这颗星球上，还有那么多人喜欢掏枪。这不是人类社会的必然，而是人类社会的局限。

对暴力的崇拜源于恐惧与贪婪，这是人性的短处，好在人类始终没有放弃爱与沟通的勇气。以忠实报道事实为天职的记者增进的是人类沟通的可能。一个容忍记者正常工作的社会，一个可以沟通的社会，才有对人类局限的超越。

《城记》出版之后，我有两大心愿，一是完成《梁思成传》的写作，二是从财产权与公共政策演变的角度，来探解上世纪50年代以来北京的危房问题：为什么一个城市在和平发展与经济增长时期，它的细胞——住宅——出现了如此大面积的衰败？这是人类城市史上罕见的现象，很值得研究。我如能为此写一本书，就叫《胡同之死》。

怀着这两个愿望，我一有空便扎进档案馆和故纸堆，那个世界着实迷人。无奈总有电话响起，把我拽到一个又一个"非常现场"，迫使我表现出记者的状态。

在昨与今之间，我的笔墨拉起了抽屉，好在这不是一种折磨。还是套用孔子的那句话：未知今，焉知昨？对今日城市的理解使我对历史有了更多的发现，这是多么丰富的乐趣，诚拜我的职业之赐。

我就这样在现实中寻找着历史的答案，手捧采访本踏访一个又一个城市，写下一篇又一篇报道。在这些报道的基础上，我完成了《采访本上的城市》，取这样的书名，是因为它代表了我的一种生存状态——拿着采访本到城市里去。

我好奇城市面对生命的态度。20世纪以来，人类的思潮翻江倒海，人类的技术一日千里，人类拥有了太多的利器，他们已能够轻易地把城市推倒重来，他们的本性在城市里酣畅地宣泄。"眼看他起高楼，眼看他宴宾客，眼看他楼塌了"，城市里诞生了太多的戏剧。

中国的城市化与人类的新技术革命被诺贝尔奖获得者、美国经济学家斯蒂格利茨（Joseph E. Stiglitz）认为是21世纪初期对世界影响最大的两件事情。

发生在中国的这件大事，被记者出身的CCTV大楼的建筑师库哈斯（Rem Koolhaas）描述为："正处在一个不可能的状态下——改变着世界，却没有蓝图。"这样的判断是否像他设计的大楼那样不可思议？

约占世界人口五分之一的中国，正在进行一场人类历史上规模空前的城市化实践。中国已成为当代国际城市规划和建筑界的大舞台，不同地区甚至是不同时期的规划思潮在这里骤然围聚，激烈交锋，这向中国的城市暗示了怎样的未来？

持续释放的巨大机遇，会使中国成为21世纪伟大城市与建筑作品的诞生地吗？

在这个世纪里，"伟大"将获得怎样的定义？它是对生命的俯视还是对生命的仰视？

一个个巨大的疑问鼓动着我撒开脚丫子，《采访本上的城市》就是用脚写出来的一本书，多是走到哪里就写到哪里，它包含了我在《城记》完成之后，对中国城市化浪潮的调查性思考，以及对相关历史问题的回顾。

我的探索从三个层面展开，宏观层面着眼于城市布局：单中心或多中心？破旧立新或新旧并存？中观层面着眼于城市街区：大街坊或小街坊？宽马路或窄马路？微观层面着眼于城市细胞——建筑、物权、税收，等等。

《城记》是在宏观层面上展开的叙事，《采访本上的城市》则试图将笔力渗透到中观与微观层面。

"布局——街区——细胞"及其背后的公共政策与文化含义，构成了我认识城市的体系。在这样的三个层次里，城市是敏感的，是可以有无穷变化的，但每一种变化都是可读的。这样，就可以用逻辑的方式来求证事物，而不必画符念咒用桃木宝剑去捉妖。

必须说明的是，《采访本上的城市》并不是为了阐释这样的理论，它表现的只是这种认识体系的可能性——看我能不能把城市的故事还原得更加本质？

这本书以一个个故事连缀而成，故事与故事之间，情节上的联系或有或无，但它们多被这样一个"场"控制着。

《城记》完成之后，有一个问题我始终不能释怀，就是在过去的十多年间，房危屋破一直是拆除北京老城区的理由，却少有人关心是何原因导致了老城之衰，以至于是否定于简单地把危房这样一个社会问题等同于一个物质问题，以为推土机一推便可了之，殊不知问题竟是越推越多。

我曾想在《城记》里展开这个问题，无奈一本书只能完成一个任务。我就把这个任务交给了《胡同之死》。但这是一个浩大工程，《采访本上的城市》只是朝着这个目标的进行时态，但仍有加以呈现的必要——如果它能够引起人们对我热爱的这座城市更多的关心，我就可获得内心的安宁了。

王　军

2008 年 1 月 28 日

钟楼脚下的笑声。　王军 摄

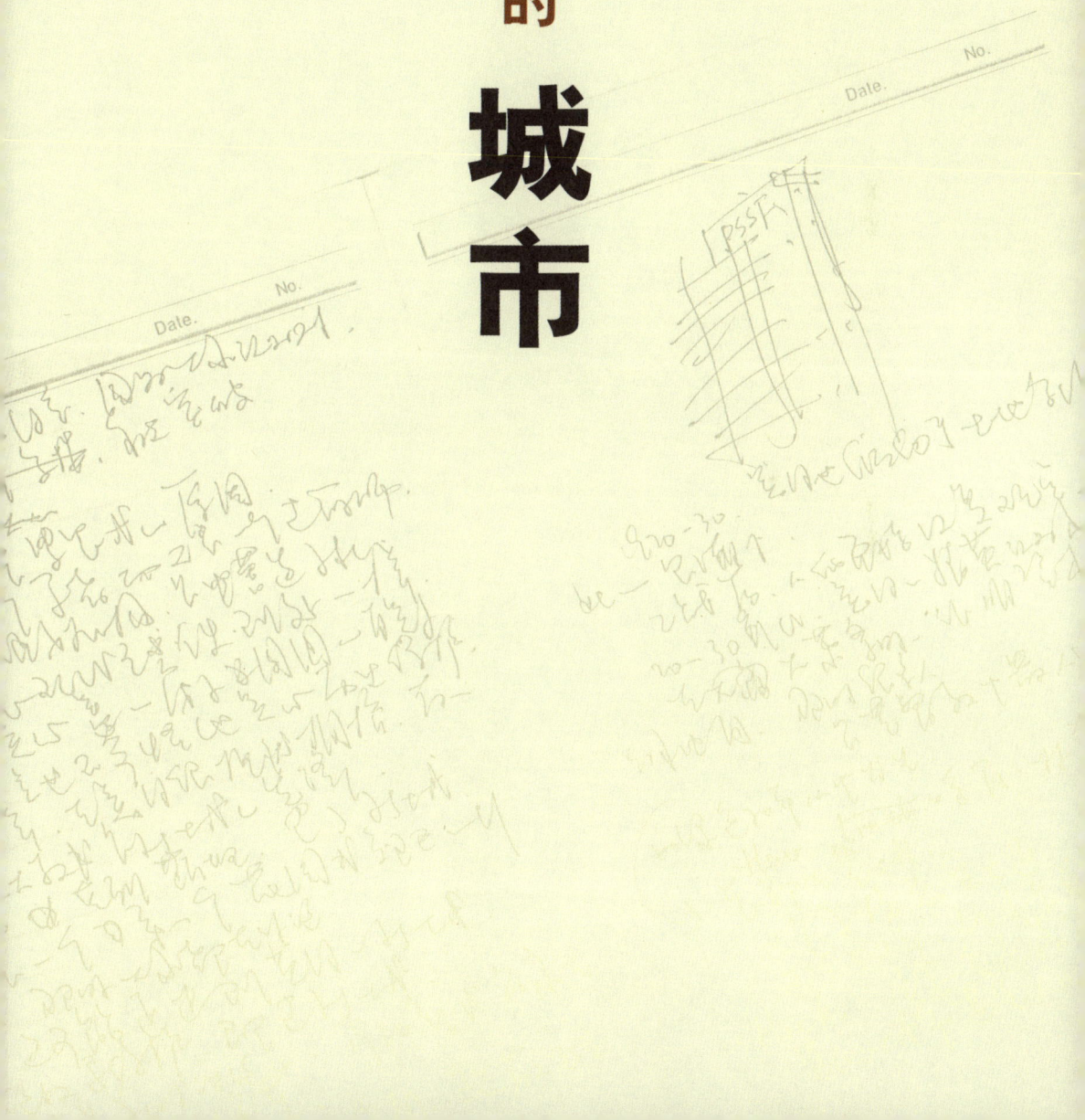

采访本上的

城市

非 常 城 市

当城市为汽车而造

"我们必须作一个集体的决定来回答我们要怎样组织我们的生活。交通不是一个技术问题,它是一个政治问题。"

19世纪下半叶,人类发明的两样东西改变了城市,一是电梯,二是汽车。

电梯使城市向高空生长,汽车使城市在大地蔓延。

城市便有了两样东西,一是摩天楼,二是高速路。

摩天楼把街道立了起来,它腾出了空地,汽车便当然地侵入。

高速路让人类像寄生虫那样活在了车里。城市的步行空间被汽车统治。道路要足够宽,行人要足够少,一切以车速为尺度。

一个自然人失去了站在街道上的尊严,最"自然"的方式就是驾车狂奔。

人类的习性发生了变化。尽管统计数字表明美国人已过度肥胖,但人们仍然热衷于享受不需要步行的自由,再短的距离,也要握着方向盘去。

对石油的争夺更加激烈,战火吞噬了无数生命,而它被冠以各种高尚的名义。

2007年,英国的一项民意调查显示,汽车被列为十大最烂的发明之一,因为在全球气候变暖危及人类安全的今天,它仍一如既往地向空中排放尾气。

为汽车而造的城市甚至没有了逛街的乐趣,人们便追问城市的意义。

城市的"繁荣"

2007年5月26日,北京市机动车保有量突破300万辆。

当日晚高峰,全市时速低于20公里的拥堵路段不到30个,仅集中于东西二环及燕莎、中友等商业中心附近。

如果每天的情况都如此,交管局紧绷着的神经将大大舒缓,但这是一个星期六。

"到周一早高峰,一些易堵点段,

仍会继续呈现数百米车龙的常见场景。"北京市交管局的一位负责人说。

300万辆的记录，意味着北京每1.46个家庭就拥有了1辆机动车。《北京日报》发表评论称，这是"发展繁荣的标志"。

从200万辆提高到300万辆，北京用了不到4年的时间。

4年前，北京大学的一位经济学教授公开表示：堵车是城市繁荣的标志。

"十五"期间（2001年至2005年），北京市投入1000亿元建设交通基础设施，到2007年，城市主干路总里程达到955公里，高速公路总里程超过600公里。

配有大型停车场的购物中心开始在城市外沿的环线分布，那里更像是美国西部的城市——人们不再在街道上徜徉，要干点什么事，都得开车去。

这样的生活方式，随着道路工程的延伸，正朝着故宫的方向挺进。更准确地说，它是从故宫周围推土机的轰鸣声中溢出的。

悉尼大都市规划指导委员会主席爱德华·布莱克利（Edward J. Blakely）对这样的情况感到不适："我在北京看到一辆美国的SUV，它像一辆坦克，坐在里面的却是一个小姑娘。这些车辆正在毁灭城市的街道。"

"城市应该为车还是为人？"他对我说，"哪一天没有了石油怎么办？难道我们不应该去想想如何建设一个不需要石油也能够生存的城市？这样的城市才是世界第一啊。"

玉米饼的愤怒

中国已成为世界第四大汽车生产国和第三大汽车市场，近十年汽车保有量以年均12%左右的速度增长，是世界上汽车保有量增长最快的地区。

照这样的速度，预计未来20—30年内，中国的汽车保有量将接近美国的水平。

仅占世界人口5%的美国，消耗了

芝加哥"玉米棒"公寓的下半部是汽车停车楼，那里是好莱坞"汽车样板戏"的经典拍摄场地，在这些电影里，时常有小汽车从这里的停车楼内飞驰而出，再冲入河里　王军 摄

汽车像人那样巢居在芝加哥"玉米棒"公寓里　王军　摄

世界石油产量的 26%。在美国南部各州，即所谓"阳光地带"，平均每个家庭每天至少要做 14 次汽车出行，每年至少花 1.4 万美元来养两辆车，一年有 6 个星期的时间被困在汽车里，通常是因为堵车；每年因交通事故死亡约 4.4 万人，几乎与"越战"死亡的士兵一样多。

为确保石油安全，美国每年要投入巨额的军费在波斯湾，并急于寻找可替代能源。

当提高乙醇使用量的强制标准被写入美国能源法案之后，被用来制造乙醇的玉米变得像石油那样抢手。

国际市场的玉米价格节节攀升。2007 年 4 月，愤怒的墨西哥人走上街头游行抗议，因为他们餐桌上的玉米饼从每公斤 7 比索涨到了 15 比索。

在地球上还有十多亿人吃不饱肚子的时候，汽车正在从人类的口中夺食。

"事情本来可以不必如此。"美国新都市主义协会主席罗伯特·戴维斯（Robert Davis）认为城市对此负有责任，"在 20 世纪 20 年代进入汽车时代时，我们兴建了许多多功能的步行尺度的社区，我们本应将这些传统继承下去。但是，一直以来我们却把自己深深地卷入激进的创造'美妙新世界'的试验中，当年那部神奇的流动机器——汽车，已经变成生活中不可缺少的设施。而与此同时，它还是把我们与其他公民分隔开的监牢。"

美国梦的开始

罗伯特·戴维斯称，这一切始于1939年的世界博览会。

在那次展会上，通用汽车大出风头，他们的"未来世界"是最受欢迎的展台，那里向人们呈现了一幅乌托邦的图景：一幢住宅被茵茵的草坪包围，从没有几辆车行驶的高速路上分出一条私家路，舒适的私家车正朝着自家的小院驶来。

这样的景象很快成为了美国梦的最新版本。"二战"后，通用汽车公司主席查理斯·威尔逊（Charles E. Wilson，1890—1961）就任艾森豪威尔（Dwight D. Eisenhower，1890—1969）总统的国防部长，他的名言是："对通用汽车公司好的东西，对国家就好。"

于是，工程浩大的国家州际和防御高速路计划从那一届政府开始施行。

福特公司为"二战"的胜利做出了贡献，政府便允许它在生产汽车的同时生产住房。对这两样东西的需求来自退伍的士兵，他们方便地从政府的计划中获得住房贷款，自己多年的积蓄则用在了购车上。

批量生产的住宅迅速散落到郊外的新镇，购物场所却是在其他的地方，车轮上的生活从此开始。

州际公路在建时，通用汽车和其他公司提出买断并拆除城市中的有轨交通系统。失去了这样的交通工具，城市就像断了气脉的巨人，迅速被滚车流肢解。

越来越多的人们开始逃离城市，散住在密度稀薄的郊区里。他们必须开车上下班，必须去买第二辆、第三辆车，这种场景通用汽车公司甚至也没有料到。

产业革命后的欧美城市聚集了太多的人口和资本，环境污染、疫病流行、交通拥堵，城市规划学家便主张面向乡村疏解城市功能。

这时，汽车派上了用场。

房子要像福特汽车那样

在美国梦开始之前，理论家们已在畅想汽车时代的城市。

福特公司1908年推出著名的T型汽车，1913年又以流水线装配，汽车价格陡降，不再是富人的奢侈品。

这样的汽车1924年被法国建筑师勒·柯布西耶（Le Corbusier，1887—1965）写入了影响了世界的著作《走向新建筑》："我已经40岁了，为什么我不买一幢住宅？因为我需要这工具，我要买的是福特汽车那样的房子。"

房子要像福特汽车那样，就必须批量化生产，所以，"必须建立标准"。

标准化生产的房子是塔楼。"塔楼之间的距离很大，把迄今为止摊在地面上的东西送上云霄；它们留下大片空地，把充满了噪声和高速交通的干道推向远处。塔楼跟前展开了花园；满城都是绿色。塔楼沿宽阔的林荫道排列；这才真正是配得上我们时代的建筑。"

传统的城市遭到了诘难，因为，"房屋密密麻麻地堆积起来，道路错综交织，狭窄而且充满了噪声、油烟和灰尘，那儿房屋的每层楼都把窗子完全敞开，向着那些破破烂烂的肮脏垃圾。"

柯布西耶提出了一个改建巴黎市中心的方案，主张成片拆除那些"狭窄的阴沟似的街道"，代之以大草坪和大塔楼。

这个离经叛道的想法未在巴黎实现，却成为了一股思潮。

1933年，由柯布西耶主导的国际现代建筑协会《雅典宪章》把城市像机器那样定义，居住区、工作区、休闲区分布在不同的位置，它们只能以汽车联系。

美国人佩里（Clarence A．Perry，1872—1944）1929年提出"邻里单位"的概念——为使小学生不穿越车辆飞驰的街道，街坊的大小以小学校服务的半径来确定，街坊内的道路限制外部车辆穿行。

于是，街坊变得很大，路网变得很稀。

1942年，英国人屈普（Alker Tripp，1883—1954）又提出城市道路按交通功能分级设置的理论。

汽车时代的城市就这样被武装到了牙齿。

来自苏联的版本

"邻里单位"和"道路分级"于"二战"后来到中国的城市，上世纪50年代，开始采用苏联的标准。

"邻里单位"即住宅小区，面积一般在20公顷上下，边长约400米乘500米，内部道路曲曲弯弯甚至不能贯通，这样，过境车辆就被排斥在外。

"道路分级"即按等级划分快速路、主干路、次干路、支路，它们相互不能越级相交，除了小区内的道路，其余皆被汽车主宰，路宽也按等级排列。

城市的商业被安排在两个地方，一是小区中央的服务站，二是以点状分布的商场。

满足日照成为第一法则，小区内的楼座必须保持足够的间距，它们只朝向阳光而不朝向街道，柯布西耶所痛恨的"两侧像峭壁一样的七层楼夹着的"街道消失了。

一同消失的是沿街的商业和逛街的乐趣。

尽管小区外侧的地段最有商业价值，可那里只有不连贯的楼房立面甚至是围墙。那里被规定为宽阔的城市干路，人流被视为障碍。

这样的安排更像中国北宋之前的城市——宽大的里坊以坊墙包围，四侧开门，如同住宅小区。

里坊之外的街道禁止买卖，要买东西得到集中供应的市场，如同购物中心。

北宋时拆除了坊墙，坊巷与城市贯通，沿街开设店铺，便有了《清明上河图》描绘的繁华。

元大都就以这样的方式从平地上

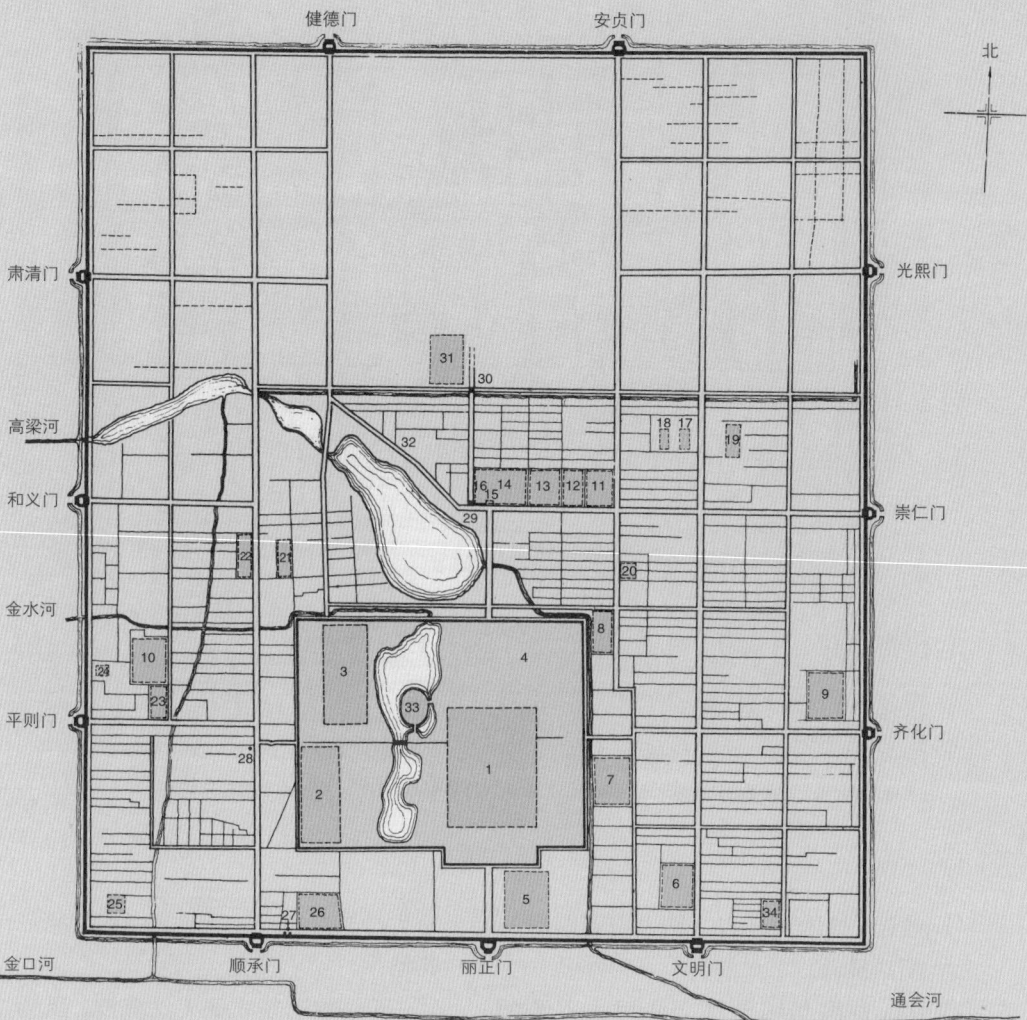

健德门　安贞门

北

肃清门

光熙门

高粱河

和义门

崇仁门

金水河

平则门

齐化门

金口河　顺承门　丽正门　文明门

通会河

1. 大内	10. 社稷	19. 柏林寺	28. 万松老人塔
2. 隆福宫	11. 大都路总管府	20. 太和宫	29. 鼓楼
3. 兴圣宫	12. 巡警二院	21. 大崇国寺	30. 钟楼
4. 御苑	13. 倒钞库	22. 大承华普庆寺	31. 北中书省
5. 南中书省	14. 大天寿万宁寺	23. 大圣寿万安寺	32. 斜街
6. 御史台	15. 中心阁	24. 大永福寺 (青塔寺)	33. 琼华岛
7. 枢密院	16. 中心台	25. 都城隍庙	34. 太史院
8. 崇真万寿宫 (天师宫)	17. 文宣王庙	26. 大庆寿寺	
9. 太庙	18. 国子监学	27. 海云可庵双塔	

0　500　1000　1500 m

元大都图　（来源：《中国古代建筑史》，1984 年）

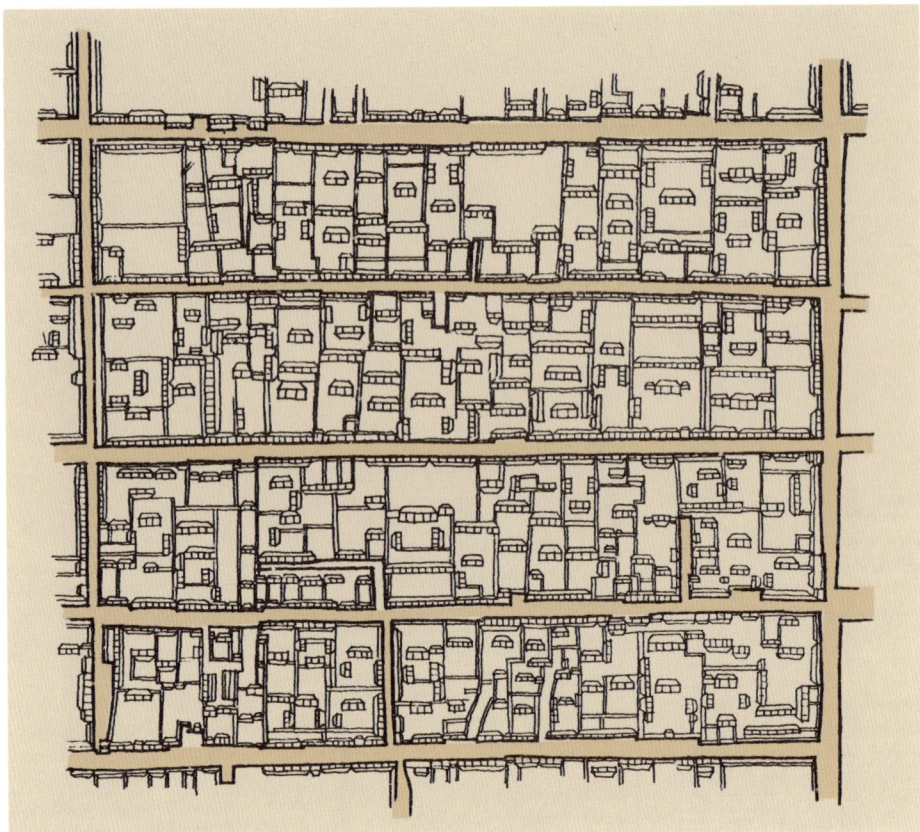

《乾隆京城全图》中典型的元大都时代的胡同　（来源：《中国古代建筑史》，1984 年）

建起，城内设 50 坊，坊内以等距离的胡同贯通。

胡同与城市混合使用，不像如今小区内的道路，街坊因此融入了城市而不是孤岛，城市也获得了高密度的路网。

路网密度高，"金角"、"银边"多，商机也多，就业也多。

如果路网被小区撑大了，不少"金角"、"银边"就被吞没在 400 米乘 500 米的"草肚皮"内。

商业与就业做出这样的牺牲是为了行车畅快——街坊越大，红绿灯就越少。

可一堵起车来便无法疏解，因为你只有一个方向。

"对城市的洗劫"

纽约曼哈顿棋盘式的路网在汽车到来之前便已划定，它与北京街巷胡同的密度惊人地相似——东西向的街相隔 60 米，南北向的街相隔 240 米，

简·雅各布斯2006年4月25日在加拿大多伦多逝世。生前她在家中与世界银行专家交谈　方可 提供

这是一个步行者的尺度。

这样的路网使临街面增加，城市就业容量扩大。

1949年纽约为满足城市交通，出台单行线政策，提高了交叉口的通过率，并以发达的公交系统支撑城市。

可是，纽约公共工程局的"沙皇"罗伯特·莫斯（Robert Moses，1888—1981）对小汽车充满幻想，他要把高速路插入市中心。

一场街道保卫战开始上演，《建筑论坛》的女记者简·雅各布斯成为这场"圣战"的"贞德"。

1961年，她与她的支持者参加规划委员会的听证会，他们从座位上跳起来，冲向了主席台；1968年，她因扰乱建设高速路的听证会而被拘禁，警方说她试图撕毁速记员的文案。

"我们曾经是淑女和绅士，可我们只在那里推来搡去。"雅各布斯对这样的恶作剧非常开心。

她无法忍受用车轮去碾碎纽约的街道，那里有那么多的营生，她正是在那里徜徉时找到了第一份工作。

纽约曼哈顿的路网与北京旧城惊人地相似，并未因摩天大楼的发展而被肢解　王军 摄

1961年她出版《美国大城市的死与生》，写下的第一句话便是："此书是对当前城市规划和重建活动的抨击。"

她说，多样性是城市最可宝贵的品质，大规模重建计划却使这一切荡然无存。

在她的笔下，柯布西耶是把反城市的规划融进罪恶堡垒里的人，"他让步行者离开街道，留在公园里。他的城市就像一个奇妙的机械玩具"，"至于城市到底是如何运转的，正如田园城市一样，除了谎言，它什么也没有说"。

为汽车而造的洛杉矶被她比作"非洲的野生动物保护区"，因为那里只有车流没有人流，失去了城市的密度，街道便无人监视，成为犯罪的天堂。警察会提醒你赶快回到车里，因为步行是危险的。

"快车道抽取了城市的精华，大大地损伤了城市的元气。这不是城市的改建，这是对城市的洗劫。"她说。

"无摊城市"

2005年5月，《美国大城市的死与生》来到了中国，译林出版社推出了中文版。

2006年9月，建设部副部长仇保兴在中国城市规划年会作题为"紧凑度和多样性"的发言，介绍了雅各布斯认为的保持城市多样性的四个条件：

地区的主要功能必须要多于一个，最好是多于两个。这些功能必须确保人流的存在，他们都应该能够使用很多共同的设施；

大多数的街段必须要短，在街道上容易拐弯；

建筑物应该各色各样，年代和状况各不相同，应包括适当比例的老建筑，因此在经济效用方面可各不相同。这种各色不同建筑的混合必须相当均匀；

人流的密度必须要达到足够高的程度。

仇保兴为街道上的商贩作了辩护：他们应该是多样性的一部分，我们的城市应该宽容，对小商小贩不应"赶尽杀绝"，应该让他们有合理的分布，给予他们更多的引导，"市长不应只考虑去改善30%有车族的生活，而是要为占人口70%的无车市民做些什么"。

在此之前的4月份，合肥市提出，大规模取缔全市的流动摊点、无证摊点，彻底迈入"无摊城市"。这被当作"创建全国文明城市"的举措。

面对媒体的质疑，合肥市市容局的负责人后来做出解释，所谓的"无摊"指的是在城市不准设立摊点的区域内没有摊点，尤其是主次干道上没有违规的摊点。

而这正是"道路分级"的要求，规划师的"洁癖"已传染给了管理者。

城管队就像规划师那样去打扫街道，他们与小摊贩打起了游击，在有的城市，甚至以生命的代价"悲壮执法"。

汽车之城在这一刻登峰造极——住宅小区外面的主次干道，如同孙悟空用金箍棒画出的圈圈；圈圈里面可享受步行的待遇，圈圈外面是汽车的领地；要想出圈圈，对不起，要么去开车，要么去坐车，尽管逛街购物是人类古老的娱乐方式。

柯布西耶的幽灵

始建于元大都时代的北京东直门内大街，被规定为城市主干路，按照建设部颁布的《城市道路交通规划设计规范》，那里"不宜设公共建筑物出入口"，可城市古老的生长方式仍在那里延续。

在过去的十多年里，全国各地的商家纷至沓来，或租房或建房，使这条街成为了通宵达旦的美食街。

但这不是规划师的想象。于是，美食街被拆掉一半，建成宽大的主干路；路中央立起了栏杆，尚未被拆除的另一半也被它劈成了两半。

猫捉老鼠的游戏在这之后开始。一到深夜，就有商家把板凳放到栏杆的两侧，贪吃的食客便可踏上踏下逛来逛去，这可能是人类最有创意的逛法。

这样的挑战很快遭遇到管理者钢铁般的意志，板凳消失了。

"我是在读大学的时候知道柯布西耶的，那时他已经死了。"美国麻省理工学院建筑系主任张永和对我说，

美国西部"汽车城市"菲尼克斯的市中心冷冷清清，整个城市以大马路和超低密度的社区扩张，居民们难以想象离开了小汽车的生活　王军 摄

"可现在，他还活在中国的城市里。"

张永和在北京出生、长大，眼看着一条条街被拆成了一条条路，"街是让人逛的，路是让车跑的，现在能逛的地方越来越少了"。

2004年，他做了一个方案，要在大马路中间盖房子，"这样，路就变成了街，人就可以逛了"。

他甚至宣称："那些高层建筑，总有一个使用寿命，等拆完寿的时候，我们还可以把胡同、四合院修回去。"

而在波士顿——他现在工作的城市，1959年建成的高架中央干道，寿还没有拆完就被拆掉了。

麻省高速路管理局的官方文件称，波士顿有着世界级的交通问题，祸因是高速路横贯市中心。

当年为修这条道路，两万居民被迫拆迁，换来的却是：城市被切断了气脉，并引来如洪水猛兽般的车辆，光是这条路，交通拥堵给驾车者带来的损失，每年估计为5亿美元。

市政当局不得不斥资146亿美元将高架路埋入地下，买来的教训是：路修到哪里，车就堵到哪里；你越为汽车着想，汽车就越不为你的城市着想。

老街道获"平反"

1993年，新都市主义协会在美国维吉尼亚州的亚历山大市召开首次会议，170名来自政府、学术机构、民间团体的人士汇聚一堂，反省近代以来城市发展模式，后来在1996年形成了《新都市主义宪章》。

《宪章》称赞了查尔斯顿、旧金山、纽约、多伦多，因为这些城市的

简·雅各布斯将孩子们在公共空间里嬉戏玩耍、邻居们在街边店铺前散步聊天、街坊们在上班途中会意地点头问候等活动称为"街道芭蕾"（Street Ballet）。图为美国新奥尔良法国老城的街道生活　　王军 摄

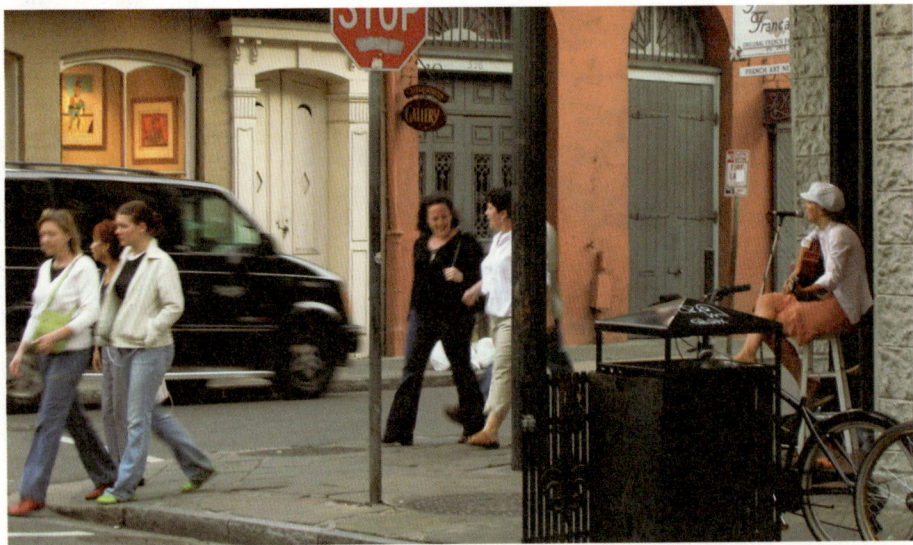

历史基底区仍然同以往一样继续发展并提供新的职业岗位，"在这些城市中，人们逐渐认识到一种特殊的城市形式遗产——街区的大小、街道的类型以及建筑的类型"。

老城市的街道获得了"平反"，因为在这样的网络状系统中，"大量高度联系的道路确保任何特定出行的行程在可能的条件下达到最短。最短行程也反映了从多个方向到达最多目的地的能力，从而减少了在高速干道上盲目兜圈子的可能性"。

分等级的城市道路被认定为"最差的步行环境"，因为，"人们的住所与目的地之间极少直接相连，甚至经常需要穿越主干道或停车场等恶劣环境"。

柯布西耶受到了谴责，因为他所做的改建巴黎市中心的规划，在北美众多城市更新项目中受到模仿，"其结果多数是灾难性的"，这使步行"面临消失的危险"，"有些建筑师甚至忘记了怎样设计适合步行者的公共场所"，"在城市里，汽车可以开到任何地方，而行人则不可能"。

"美国的错误是在高速路上花钱太多，在公共交通和铁路上却花钱太少。"为《新都市主义宪章》撰写前言的乔纳桑·巴内特（Jonathan Barnett）在费城接受我采访时说，"我们提出，在城市里大部分需要重建的是公交系统，要通过公交系统来改变城市，在城市正在开发的区域，让高密度的建筑能够成长。可在美国，要传达这样的信息是不容易的。"

"100 年前的城市确实是太拥挤了，他们需要阳光。可日照的规范太僵化了，我们有其他方式而不仅仅是通过满足日照来建设健康的社区。"这位宾夕法尼亚大学的城市与区域规划学教授认为。

他对中国的城市感到忧虑："我看到中国也在大量建设高速路，高速路把人赶出了城市。我告诉我的中国朋友，你们应该多看一下荷兰，而不是美国，因为美国可用来发展的土地太多了。"

交通的政治

提高城市的密度，以公共交通、步行、自行车来取代小汽车出行，成为美国城市规划界的思潮，以这样的理念建设的城市，是老城市生命的延伸。

恩里克·佩那罗舍（Enrique Peñalosa）在美国受到了欢迎，这位哥伦比亚首都波哥大的前任市长，在1998 年至 2001 年短短 3 年的任期内，将他的城市从几乎是无望的交通拥堵中解救出来。

"在波哥大，我们选择建设一个为人民的城市，而不是为汽车的城市。"恩里克说，"为汽车而造的城市必将因拥堵和不安全的街道而承受痛苦，并提供可怜的就业机会。我们取而代之的是，给我们的市民可享受的公共空间和空前的出行条件。"

在他的领导下，波哥大建设了一

个具有世界先进水平的快速公交系统（BRT）、拉丁美洲规模最大的自行车道路网络（全长250公里）、世界上最长的步行街（全长17公里）、通往城市最贫穷地区的数百公里长的人行道、1000多个新建或改建的公园；每年有两个工作日，禁止私家车进入全市3.5万公顷的范围。

2006年10月，恩里克出席曼哈顿交通政策会议并发表演讲，他的讲话赢得一次次热烈的掌声，甚至是全体起立鼓掌。

"今天，我们不是在谈论交通问题。"他说，"我们真正在谈论的是：我们需要什么样的城市？我们必须作一个集体的决定来回答我们要怎样组织我们的生活。交通不是一个技术问题，它是一个政治问题。"

"如果我们把街边的停车场变成人行道那将如何？当我们要去修第二条地铁的时候，为什么不去建快速公交系统？让公交车比小汽车跑得更快！在我们古老的历史性市中心，人们说这里的道路太窄了，不方便公交车的使用。我们说你完全正确，所以从现在开始，不能再有任何一辆小汽车跑到这里来。很多城市就是这样做的，许多地方只有公交车和自行车能够驶入。"

"我们的工作在朝着怎样的方向？什么是我们的目标？我们的目标是一个孩子能够骑着自行车到达任何一个地方。如果我们是一个民主的社会，每个人都应该享有安全出行的权利。我们应该思考自行车不仅仅是一个可爱的不错的东西，它还是一种权利。自行车道是重要的，20%是因为它安全，80%是因为它是个象征，就是花25美元买一辆自行车的人，与花3万美元买一辆小汽车的人，重要性是一样的。"

"我们设置了燃油附加费，同时把25%的汽油税投入到公交系统。在这个世界，已有不少城市向我们展示了交通政策的可能性，比如伦敦向小汽车收取的交通拥堵费，哥本哈根的自行车道和公交线。解决方案就握在我们手里，人民会作出调整，如果我们给他们这样做的理由。交通拥堵费和大容量公交系统应该加入这场讨论。"

既修地铁又建立交

2005年，中国建筑设计研究院总建筑师崔恺撰文提起一件让他难忘的事情。

1999 年世界建筑师大会在北京召开，与会的印度建筑大师柯里亚（Charles Correa）向他皱起了眉头："北京是个古老的城市，我很喜欢，但我一直不明白为什么你们要建这么多高层住宅，破坏了北京水平的轮廓线。"

崔恺随口答道："是啊，但北京人口增长很快，盖高层也是不得已。"

柯里亚闻罢随手拿起桌子上的一张餐巾纸，在上面画了 10×10 的一组方格，并马上计算了起来：4 个格子做 20 层同 21 个方格做 4 层在容积率上是差不多的，说明北京建多层建筑同样可以解决居住问题。

柯里亚说："印度也有严重的人口问题，但我们还是用高密度的多层建筑解决了，保持了城市的肌理和尺度，这是城市的特色。"

崔恺把那张餐巾纸揣进了衣袋，留作纪念。

大马路将一幢幢高楼送入北京的老城，故宫周围的混凝土屏障已经矗立。

这个城市大气污染物浓度的 70% 至 80% 来自机动车的尾气，但这并不妨碍机动车以每天 1000 多辆的速度增长。

北京市已将公交优先作为一项战略来实施。2009 年，城市轨道总里程将由 2007 年的 142 公里提高到 228 公里，2015 年达到 561 公里。

这个城市既修地铁又建立交。2006 年，动物园被削去了一块，建成于 1942 年的猴山因立交桥的修建而被拆除，虽然它给几代人带来了欢乐。

这样的欢乐显然不够刺激，新下线的北京奔驰汽车引来了汽车族的惊叫。

按照工业发展规划，北京汽车产业将以年均 12% 左右的速度增长，2008 年汽车产销将突破 100 万辆，2010 年再增至 130 万辆。

本该此消彼长的小汽车与公共交通，在北京齐头并进地发展着。它告诉人们，北京的城市形态是 20 世纪以来人类各种建筑与规划思想相互混杂的结果　王军 摄

老城市的瓦解

"我们的规划师是糊涂了呢，还是装糊涂呢？"

2007年6月，中国城市规划设计研究院总规划师杨保军，随手从办公桌上拿起一份地方官员对城市规划的指示："你看，光建大马路还不行，上下行道路之间，还要搞尺度惊人的绿化带。"

中国适宜城镇发展的国土面积仅为全部国土面积的22%，其中的耕地又占全国耕地总面积的60%，人地关系的高度紧张，使杨保军有理由相信城市要以紧凑的布局发展，"我们的资源条件决定了我们的发展模式不可能像美国那样扩张"。

可是，宽大的马路和滚滚的车流正在消解城市的密度。杨保军对我说："在现在这个阶段，我们应该好好思考城市的本来意义了。"

被异化的城市

王军：在你看来，汽车是怎样改变了城市？

杨保军：早期的城市，没有汽车，只有马车和行人，街道是社会交流的场所，步行的空间是存在的，人是城市的主人、空间的主宰，所以它是人的尺度。包括街道两侧建筑的立面，都要满足人的需要，要做得细致、精美，这是因为步行的速度慢，人们能够欣赏。老城市街道的宽度是宜人的，那时生活在城市里有很多乐趣。

工业化出现之后，城市的物质空间被改变了。工业要求速度、效率，追求简单、大规模和批量化，人们对情感的追求降低了。当把赚钱当作唯一目的的时候，必然出现异化。反映到城市里，就是新的经济活动与老城市之间的矛盾，于是开始大刀阔斧改造老城。

工业化初期，老城市遭到了外科手术式的破坏，等汽车出现了，人们认为汽车是先进的，因为它把人的能

北京旧城东部地区卫星影像分析图（2003年12月）。红色部分为尚存的老城肌理，可见其被高层建筑蚕食的状况　（来源：王南，《中国传统城市美学初探》，清华大学建筑学院硕士论文，2005年6月）

力大大提升了，大家认为这是往好的方向的改变。那个时候，能源、污染等问题还没有暴露，于是拼命发展汽车，这立即与城市老的系统发生了矛盾。

老的街道，不宽不直，但很有情趣，可现在要把它弄直；原来的十字路口很好玩，是人们相互接触的地方，可是汽车最怕十字路口。于是，人们认为必须改变老的城市，否则就不能以汽车为交通工具了。他们认为问题就出在老城市上面，认为汽车是好东西，汽车的城市也就是好东西。人们开始畅想：城市应该更自由、更灵活。于是强调点与点的联系，这个地方是工业区、商业区，那个地方是休闲区、居住区，它们之间以汽车来联系。城市的生活就简单化了。原来的商业遍地都是，就在你身边，可现在，它们被摆到不同的地方集中供应，这样的城市走路的人是受不了的。

人们认为对城市搞这样的功能分区还不够。原来的路网是均质的格状，它适应了当时均匀分布的产业，可由于城市的各项功能被集中到了不同的地段，各个地方的交通量就不均衡了，于是交通专家提出，这样的均质分配的路网是一种浪费，应该把道路分等定级。于是出现了快速路、主干路、次干路、支路等道路分级。这样的做法被认为是一场革命，因为它适应了交通的需求，这是站在汽车的角度来思考的结果。于是更认为原来的城市不好，因为它是网络状的。

对多样性的扼杀

王军：那么，今天怎样看待这样的问题呢？

杨保军：上世纪70年代，后现代主义出现了，人们发现道路一旦分级，就把城市生活改变了。分级的道路是树枝状的，可城市不是树，它是网。在树枝状的结构里，树梢与树根是无法直接联系的，可城市不是这样的。在道路分级的理论里，不同等级的道路不能越级相交，这意味着人们的活动必须按道路的等级来进行，这就把城市的多样性扼杀了。

王军：我们看到，有的城市正在改变这样的状况，有的城市还在继续。

杨保军：在美国，雅各布斯批判了只考虑汽车的城市，新都市主义还在继续这样的努力。新都市主义说穿了，就是用老都市的模式来解决现代主义的问题，希望从传统城市的社区、邻里、尺度等方面来实现回归，认为这才是更本质的东西。新都市主义在美国不是百分之百地受到拥护，但它开始被采纳了。这一是因为能源问题，二是因为环境问题。在经济发展到一定阶段的时候，他们开始关注人了。

而恰恰是在发展中国家，还在继续那种迎合汽车需要的模式。在这个阶段，经济增长被看作最重要的目标，人们欣赏等级式的道路，那种英雄主义的道路，要把它做得激动人心。而平易的均等化的路网，就不被接受。所以，道路的宽度一划就是100

采访本上的城市 非常城市

米，为的就是气派，哪怕它不是城市需要的东西。从文化的角度、传统的角度来看，就是这样。你跟决策者对话，大家根本不在一个平台上。

关于汽车产业的认识，美国的汽车产业导致了利益群体的出现，他们影响了决策。可是，不到黄河心不死，很多危险已有人预言了，但在没有出大问题的时候，他当你讲的是疯话，等出了问题的时候，他又说你为什么不说。

分等级的道路被认为是一场革命，另一场革命则是以小学为中心来安排的邻里单位。这套东西被苏联吸取，成为了小区理论，又带到我国。于是居住区也分等级，一个居住区里面是三到五个小区，一个小区15到20公顷。这是什么概念呢？小区内部的道路通而不畅、顺而不直，不希望外边的人走进来；小区内部又是三到四个组团。这样，一个大板块形成了，它与外部环境是封闭的。

在计划经济模式下，又提出"千人指标"，这是从苏联学来的。比如理发店该怎么配，依据是一个男人或女人多长时间会理一次发，这样算下来，多少人配一个理发店。可是，在市场经济条件下，一个人一个月要洗几次头不是你能够规定的。于是一些小区的住宅楼，一层开起了发廊，尽管周围的邻居有意见。

在计划经济的思维里，消费是有目的的行为，所以把商业放在一个点上。可事实上，消费是无目的的行为，人们喜欢一边逛一边买。

王军：为什么到了市场经济条件下，还在建这样的小区呢？

杨保军：开发商与规划部门是相互影响的，一是开发商不敢以全新的方式来做，人们也习惯了，认为搞一个小区先要用围墙把它围起来才踏实；二是规划的规范就是这样定的。什么事物都有惯性，大家用熟了，就不愿改变了。

我们规划部门发现郊区大盘围起来，问题还不大，可城市及其边缘地带的楼盘就不能太大，应以街坊模式来安排。在上海，我看到一位外国规划师设计的大楼盘以街坊的方式来做，这样就有了城市的氛围，而不像小区那样。政府批准了这个方案，当时我们都觉得新奇，但它确实不错。

"四菜一汤"

王军：如果还继续那样的模式，会出现怎样的情况？

杨保军：这样搞，第三产业上不去。其他国家发展到我们这个水平，第三产业早就上去了，占GDP的比重早就超过50%了，可我们才30%多。为什么这样？没有人从空间上找原因。

在老城市那种网络状的结构里，人是均等地流动，这样就可以延伸很多服务。可现在，在一个小区，你要去买包烟都不方便，而在老城区，一回头就有。

第三产业有门槛规模，从经济学的角度讲，1万人，或是100万人，你把他们放在100个点上，还是放在一起，效果是完全不同的。如果放在一起，就可以供应一个电影院；如果分散开来，就只能供应最基本的生活用品。人口规模越小，服务就越低端。在分等级的道路系统中，第三产业被分散到一个个点上，服务规模上不去，就业的机会就少了。

过去我们设计一个小区，标准面积是400米乘500米，里面是"四菜一汤"。"四菜"就是四个组团，"一汤"就是小区中央的绿地和商业，它是小区的商业中心。后来发现，这样的小区盖出来后，小区外的路边马上就出现了摊贩，生意还不错，可小区里面的商业生意却不好。这也不难理解，因为人是顺路而购物的，他不会先回家放下包，再去小区的中央买东西。在这样的情况下，你把小区外面的摊贩撵走了，他们还会回来，因为有这个需求。

于是后来改了，把商业从小区的中央挪到小区的入口，但问题是没有连续性。在老城市里，商业是连续不断的，只有这样，才有逛头。

王军：造成这样的情况，城市规划该负多大的责任呢？

杨保军：我们的规范也该改一改了。我们的规划师是糊涂了呢，还是装糊涂呢？

我们原来学习城市规划的时候，是充满理想的，但后来，许多做出来的东西跟理想的不一样。我去过一个地方，一到新区什么也没法看，马路上看不到人，就几幢楼摆在那里，找

个说话的人都难。可在老城区就不是这样。

新区生活不方便，因为它不是生活的空间，它是生长的机器，是为GDP服务的。我们忘了城市本应有的目标，我们忘记了自己。

我们有那么多城市，可真正算是城市的地方却不大，它就活在市中心里；外面不是人生活的地方，那里生活配套不完善，文化的感受没有。

广州在新中国成立初期，城市面积50多平方公里，现在已发展到上千平方公里，但真正有城市氛围的地方，还是那50多平方公里；到外面一看，就是一堆楼，一堆厂房。于是，大家都得到市中心去寻找城市的感受。于是一条条道路插到市中心，交通越来越堵。

看来我们还是不懂城市，城市到底应该如何经营，要用心去体会，要把自己当作生活在里面的人来体会。我们应该尊重规律，城市是有生命的，我们应该把它当作有机体来对待。

我们应该把产业空间经营成生活的家园。在江浙一带，有的地方打工的人挣了钱要寄回家，居然找不到邮局，晚上要看电影，没有，他们就待不住了。城市说到底是要来改善我们的生活的，这些年经济增长很快，但生活质量是否同步增长了呢？

王军：你在工作中接触了很多市长，他们都是怎样看这些问题的？

杨保军：有一种倾向，就是相互比拼竞争，并不是说竞争不好，而是要看竞争什么。比如今天我跟你谈的

这些想法，虽然能给市民带来便利与欢乐，但它没有视觉冲击力。内蒙古有一个城市，搞了很好的节水工程，但工程在地下，是市政管网的东西，去参观看不到。它太平实了，许多市长就不愿做，他们更喜欢去搞一个大家都看得到的调水工程，这是很不好的取向。目前全国三分之二的城市严重缺水，该不该节约水资源？可我们只想调水不想节水。

城市规划的本质

王军：还是回到汽车与城市这个话题，很多城市都崇拜立交桥，你有何评价？

杨保军：它是以车为本，人是不会喜欢的。城市的主角是车了，于是去建立交，车堵到下一个路口，然后再建立交，就像抽鸦片似的。

香港也有车，但控制使用，通过公共交通吸引人，上下班不开车。提高公交服务水平，限制小汽车的使用，这是我们迟早要做的。

我去伦敦，印象很深，就是让居民选择出行，开车进城要收费，这减少了三分之一的小汽车出行。他们认为这还不够，因为人的出行是有惯性的，像在哪里见朋友、到哪里吃饭、去哪家银行，这些成了习惯就难以改变。在伦敦开车30分钟可达的地方，大家就认为是方便的。这怎么办？于是展开入户调查，问你平时都爱去哪里，告诉你在你所在的区，步行5分钟就有你喜欢的地方。这就改变了出行方式，步行的比例就提高了。另外，动员社会知名人士步行或使用自行车、公交，因为他们的影响大。在学校告诉孩子们，全球气候变暖意味着什么，为什么要减少排放量。动员学生不让家长开车送他们上学，并展开评比。让大学生去说服教授，说能不能不开小汽车而去乘公交车。教授说他要带的资料多，所以要开车，学生说我们帮你带，教授就不好意思了，就不开车了。仅几年的时间，伦敦的出行情况就有了明显的变化。他们的汽车保有量在增长，但汽车的出行却没有增长。我想，我们迟早也会

在欧洲，汽车已是越开越小而不是越开越大　　王军　摄

这样做的。

王军：再回到城市规划这个专业，你还有哪些建议？

杨保军：就是要重新回到城市规划的本质。城市规划是为了创造美好的生活，在这个前提下才会有正确的技术。不同的时代，赋予规划不同的任务，但无论如何，规划不是简单地发展经济。资本是敏感的、强势的，它会忽略公平，但规划师要讲公平、要讲长效。如果没有人去考虑整体的、长远的事情，城市就会被糟蹋了。如果历史悠久的城市被毁于一旦，我们怎样向后人交代？

规划法规可约束地方变更规划的行为，但公共参与更为重要。城市是大家的，不能只由政治精英、技术精英，或者是开发商来决定城市，不能听不到市民的声音。应有法定程序来规范公共参与，只有市民拥有了相当的选择权和决定权，城市才可能搞好，因为只有他们最热爱自己的城市。政治精英、技术精英、开发商可能一下子就走掉了，我们去论证的并不是我们生活的城市，而只有市民在那里不会离开。

大 马 路 之 痒

"怎么能在城市里面修公路呢？"

仅用了数月时间，南北纵穿北京前门大栅栏保护区的煤市街扩建工程已将周围拆得犬牙交错，黄汇以失落的口气说："我们做的那个方案什么时候才能得到审批啊？"

这位北京金田建筑设计公司的总建筑师，在前门地区屡败屡战。北临天安门广场的前门商业区，东为鲜鱼口，西为大栅栏，均是北京市公布的第一批历史文化保护区，汇集大量商业老字号、古戏楼、会馆、四合院民居。2005年，这里各拆出两条25米宽的大道南北纵穿，鲜鱼口的叫前门东街，大栅栏的叫煤市街。

这之前，黄汇参加了鲜鱼口工程的规划设计工作，提出将前门东街建成地面地下双层道路的设想，将道路宽度缩窄至18米，过境交通从地下穿行。"这样做虽然增加了一些成本，但因为少拆房，又减少了拆迁投入。"黄汇说，"更重要的是，道路变窄了，车辆分流了，大家就逛得起来了，这才会有商业呀！另外，地面地下道路宽度加起来是36米，交通流量还增大了。"

她的努力未获成功，原定的道路宽度如同一条高压线横在那里不能改变。就在这个时候，隔街相望的大栅栏工程的建设单位找到了她。"他们对我的想法非常感兴趣，我就把前门东街的模式搬到了煤市街来，做了一个方案，正等着政府审批。可就在这个时候，路已经拆起来了。这是上级部门决定的。"黄汇说。

拆这两条路是为分流机动车，把前门大街变成步行街。而在早些时候，世界银行的一份评估报告提出，应该按照世界遗产的标准保护大栅栏，避免大规模的道路拓宽和新路建设，"中国和国际的经验表明，虽然道路对经济发展和人口移动是重要的，但为了计划中的交通需求去修越来多的道路，只会引发更多的交通和更大的拥堵。北京的二环路和三环路就是活生生的例证。"

"道路宽了，人气就散了。"说这话时，黄汇打开了图纸，指着前门商业区南侧的广安大街，"这条大街宽70米，东西横贯北京南城，结果，过去的菜市口、珠市口、磁器口三大商业区都衰落了。这么宽的路，这么多的车呼啸而过，谁逛啊！"

她去了一趟菜市口百货商店，原来人头攒动的场面消失了。"好几个售货员围着我一人，问我买什么？我特别难过，故意多买了几样东西，想给他们一些宽慰。"

磁器口西南侧的大都市街门庭冷落，黄汇被请去参加论证，看怎样搞活。"前面是这么宽的马路，商业怎么活得了？"黄汇颇有些无奈，"广安大街简直就是一条公路，怎么能在城市里面修公路呢？"

"北京是个大郊区"

"北京是个大郊区。""建筑罗马奖"获得者葛满囤教授（Grover Mouton）作出这样的评价。

在美国新奥尔良土伦大学设计中心的办公室里，他对我说："我访问过北京，在那里看到的情况是，大家都在追求道路的宽度，这些宽马路跟两边的建筑不发生关系，只是快速通过，这是一种典型的郊区模式。从北京城市路网巨大的尺度来看，也是一种郊区模式，这失去了城市的感觉。"

长安街以120米的宽度东西横贯北京市中心，道路两侧禁止机动车停靠，车流奔腾。路旁一个宣传牌向行人发出警告："进一步将受到谴责，退一步将得到尊重。"

在这样的大街上，徒步穿行是危险的。1957年北京市政府在讨论长安街宽度的时候，清华大学教授梁思成说："短跑家也要跑11秒，一般的人走一趟要1分多钟，小脚老太婆过这条街就更困难了。"

如今，长安街及其延长线已建成不少地下通道和过街天桥。行人如不选择"上天"或"入地"的穿行方式，执意在路面横穿，则被视为不文明。更严重的是，这可能是一种"要命"的行为。

1999年北京召开世界建筑师大会，南非建筑师学会主席维维安·雅弗（Vivienne Japha）在横穿北京的一条道路时，不幸遭遇车祸去世。英国建筑学者彼特·戴维（Peter Davey）为此撰文称："北京，一座有着1200万人口的巨大城市，在广阔的大地上延绵伸展，集中体现了世纪之交建筑和城市发展的种种过失"，"小型运输机械常常不得不与体型庞大的运输卡车，以及为数众多的出租汽车和公共汽车抢道，要么以惊人的速度呼啸而过，要么陷入到永远无法摆脱的交通堵塞之中。"

1958年北京城市总体规划将长安街、前门大街、鼓楼南大街3条主要干道的宽度调整为120至140米，并

双向十车道的北京长安街　王军　摄

提出一般干道宽80至120米，次要干道宽60至80米。

当时，国家计委多次对北京的道路宽度提出质疑，有人以"房必五层，路必百米"相讥，更有人批评这是"大马路主义"。而北京市的一位领导人表示："道路窄了，汽车一个钟头才走十来公里，岂不是很大的浪费？将来的问题是马路太窄，而不会是太宽。"

"宽而稀"与"窄而密"

"建大马路是不明智的。"美国规划协会全国政策主任苏解放（Jeffrey L．Soule）在华盛顿接受我采访时说。

"你看，这是一个密度较高的路网，我要去一个地方，如果前方堵车了，我就能方便地改变行车路线，选择其他的途径到达。因为在这样的路网中，一个地点总是与多条道路相连。"他在自己的办公室拿出笔和纸边画边说，"而你建一条大马路，也就

只能通到一个地方，像北京那样的快速环线，要是堵车了，大家都出不来，只能挤在那里，使拥堵范围迅速扩大，这是很脆弱的情况。所以，你还不如把一条大马路，分解成许多条小马路，使它们形成系统。"

"我们评价一个地方的交通，主要是看它的路网质量，而在这样的评价体系中，道路的宽度已经不重要了。"他得出这样的结论。

在路网规划方面，北京市长期以来实行"宽而稀"的双向交通模式，而西方发达国家的城市道路多是"窄而密"，这些城市借助路网优势，发展单向交通。

纽约交通管理局从1949年开始推行单行线，伦敦则将三分之二的道路辟为单行线，结果，无需投入巨资拆迁扩路，事半而功倍。

北京的路网稀，一个主要原因就是"大院"多。上世纪50年代北京兴起机关大院建造热，后来又把住宅小区建设到城市里面来。在西方，住宅小区一般建在郊区，城市里以小街坊

布局，自然形成密度较高的路网。

"但是，美国也有过惨痛的教训，那就是上世纪五六十年代也在城市里建了许多大马路，甚至出现了一批超大街坊、靠大马路和小汽车维持的城市。今天我们已经认识到，这样的城市是非人性的。"苏解放说。

在美国西南部城市菲尼克斯，司机瑞布因头痛异常而放弃午餐。他载着我一大早从图桑赶赴这里，在高速路上堵了1个多小时才进入市区。

菲尼克斯的街道尺度巨大，宽且直，很像北京。但城市密度很低，路旁多独幢住宅，漫无边际。如此低的密度再配上宽阔的道路，就能使车辆飞驰。

在这里，街上几乎看不到人，步行是乏味而危险的。因车速快，为方便行车人辨识，房屋上都有巨大的编号。

瑞布就被这些复杂的编号弄晕了头脑，不断打电话询问，在高速驾驶中四处张望。又折腾了1个小时，终于幸运地抵达那家餐馆。之后，他就头痛发作，并怀着对乘车人深深的歉疚。

大马路的"美国症"

上世纪中叶，美国西部兴起一批像菲克尼斯、洛杉矶、图桑这样的"汽车城市"。在这些地方，汽车能开到哪里，城市就会蔓延到哪里。

洛杉矶由高速公路网构成，整个城市以稀薄的密度如撒哈拉沙漠般蔓延，一出门就上高速，一切都是点对点。

在这样的环境里，离开了小汽车就很难生存。老人如果开不了车，就只能到福利院等待上帝的旨意。孩子们的处境同样不妙，街道是不安全的，在那里看不到玩耍的儿童。城市里没有那么多故事发生，一见钟情的

美国旧金山古老的缆车不仅是有趣的城市风景，还是有活力的公交工具　王军　摄

美国费城原本繁华的滨河地区被高速路"地沟"切断气脉　王军　摄

北京中关村被四环路截成南北两个部分，紧凑
且宜于步行的城市空间遭到肢解　王军　摄

在市民们的抗争下，从大马路的"虎口"余生的法国老城，已是新奥尔良的金字招牌　　王军 摄

机会很少。飞驰的车辆刮起旋风，"风干"了生活的趣味。

在如此低密度的超大城市里，公共交通是血本无归的营生，人们纷纷成为小汽车的"寄生虫"，并对油价的涨落格外敏感。

与北京相同的是，这些"汽车城市"街坊巨大，多为独立的"大院"，美国人对它们的称呼直译过来就是"大门社区"（gated community），它们四面筑墙，是城市失去安全感的产物。

与北京不同的是，"大门社区"内部的房子也是低密度的，如果密度高上去了，车辆就会剧增，大马路就会被堵成停车场，北京就发生了这种情况。

在城市里开大马路，在上世纪五六十年代的美国，也是真刀真枪地干，许多人为此欢呼。

在那场运动中，旧金山的滨海地区被一条高架路切断，车是开快了，可老港湾美景不再，人气顿失。1989年的一场地震将高架路震倒，人们如梦方醒，放弃了重建计划，代之以公共交通，商业迅速复兴。

费城就没有这么好的"运气"了，其滨河地区被一条下嵌式高速路切断气脉，从此一蹶不振，看上去如同北京的四环路过中关村。目前，费城当局正着手用步行系统覆盖这个高速路"地沟"，以期重振雄风。

在美国，类似的计划还包括，华盛顿国会附近的一条高速路将被埋入地下。可要清除这些城市里的"生态屏障"，耗资甚巨，拿到议会审批如上刀山。

"这是进步吗？"

当年美国的大马路工程激起民愤，抗议活动此起彼伏，建设计划不断受阻。结果是，有的城市没有变得更加糟糕。

葛满囤曾参加了一场著名的"战役"，他是新奥尔良法国老城保护计划的规划师，当时一条大马路要从法国老城附近穿过，引发公民诉讼，葛满囤所在的保护委员会表示大马路经过区是法国老城的保护范围，道路工程因此而破产。如今，市民们都庆幸赢得了那一场战斗，毫发无损的法国老城已成为新奥尔良的金字招牌。

华盛顿建筑博物馆有一个常设展览，讲述这个城市曲折的历程。纪录片显示了上世纪60年代人们对大马路的复杂情感。当时城市出现大规模交通拥堵，大马路修建计划随之出台。没想到这些道路引来更多车流，使城市成了一个死疙瘩。抵制大马路的街头抗议出现了，标语是："通往死亡之路！""这是进步吗？""谁在控制土地？"

修马路就要拆房子，社会矛盾因此而激化。民间组织"交通危机紧急委员会"（Emergency Committee on the Transportation Crisis）的新闻发言人史密·艾伯特（Sammie Abbott）发表演讲："住在郊区的白人想要痛快地进入市中心，就要去毁掉黑人的社区，这些马路是让谁在受难？我写下这样的誓言：'白人的马路不能穿过黑人的家园！'修马路在经济与人种方面的歧视，我拒绝承受！"

可在当时，修马路是一个巨大的产业，提供了全美三分之一的就业岗位，问题迅速上升到政治层面。最终，越来越多的街头抗议和道路越修越堵的现实，迫使当局另谋出路。"二战"后华盛顿规划的3条环城快速路仅有一条建成，取而代之的是一个庞大的地铁发展计划。

华盛顿地铁1966年决策，1968年选线，2001年建成，公共交通承担了市民出行量的80%。

北京地铁1965年开工建设，但此后长期偃旗息鼓，大马路却是所向披靡。到2005年，北京已建成4条环城快速路，六环路也投入建设。结果是，小汽车呈爆炸式增长，公共交通承担市民出行量仅为24%。

"城市应该为人而设计，不能为车而设计。"葛满囤对我说，"城市一旦建成就很难改变，像菲尼克斯那样的大马路城市，现在简直是没法救了。北京的城市密度比菲尼克斯高，还要那样做，那只会成为比菲尼克斯还要大的郊区。"

"成都是个大村庄"

可在中国，大马路总是与"雄伟"、"壮丽"等词汇放在一起，并成为人们理想的城市标志。

一本题为《成都批判》的书，开头便讥讽"成都是个大村庄"，论据之一便是"成都更没有一条北京长安街那种规格的街道，甚至于没有一条8

车道"。作者唱了葛满囤的反调。

大马路文化在中国源远流长。唐长安城"街衢绳直，自古帝京未之有也"，通城门的大街多宽100米以上，最窄的顺城街也宽20至30米。由城南的明德门往北，是一条长近5000米、宽155米的朱雀大街。唐末国力衰败之时，朱雀大街因其巨大尺度，老百姓居然能够偷偷摸摸地在里面种庄稼。

长安城也是由"大门社区"组成，每个街坊均以坊墙围合并开坊门，城市里看到的是一堵堵墙，商业被限制在"东市"与"西市"两个地方，这两个市场也以坊墙围合。

宋代对城市进行了改建，坊墙被拆除，大家可以临街做买卖，出现了像《清明上河图》那样的都市景象。北京现存的元明清古城，就是以开放的街巷方式从平地上规划建设，成为中国城市发展史上的里程碑。

在这个城市，封闭的里坊消失了，代之以胡同街巷系统。胡同是居住区，两侧的街巷安排商业；胡同几百米长，相隔约70米一条，里面没有商业，幽静宜人，而要买东西，走几步就可到胡同口，正是"结庐在人境，而无车马喧"的意境。

"诞生于13世纪的这些街道系统在今天仍被我们使用，是了不起的事情，完全应该作为遗产来爱护。"元大都研究者、中国考古学会理事长徐苹芳对我说，"关键是这个城市到底是发展小汽车还是公共交通？如果你选择的是公交，胡同两侧的街道正可安排公交路线，大家从胡同里出来，走几步路怕什么？"

公交车与小汽车赛跑

就在黄汇为纵穿鲜鱼口、大栅栏的那两条马路操心的时候，2004年12月，中国首辆大容量快速公交车从北京前门向南开出。

这条大容量快速公交线，设计全长16公里，一期路线单程5公里，其中快速公交专用线2.5公里。这条路线配有8辆大容量公交车，12分钟完成单程，运营客车车长18米，可容纳近200人，为普通公交车的两倍，高峰时还可以两辆或三辆串联发车。

北京市交通委员会同时传出消息：北京将在6条城郊道路上开工建设大容量快速公交。预计到2008年或2010年之前，北京大容量快速公交里程将发展至300公里。

世界银行的评估报告认为，高质量的公共交通，可为大栅栏地区在提供人流的可达性和避免拆毁社会生活之间，提供一个平衡点。应在全市统一的停车政策之下，相应提高这个地区的停车收费，促使大家使用公交。

可是，行驶在前门大街上的大容量快速公交，并没有对在鲜鱼口、大栅栏"开膛破腹"的那两条马路产生任何影响。事实上，这个城市是既要发展公交，又要发展小汽车，后者的劲头明显超过前者。

上世纪50年代的大马路规划正在

因有强大的公共交通支持，纽约曼哈顿摩天楼与小马路友好相处，这些地方成为步行者的天堂。图为华尔街证券交易所　王军 摄

这个城市"开花结果"，扩路工程随处可见。大马路正携带着洪水般的小汽车和令人窒息的尾气挺进古城的核心区，除造成文化遗产保护方面的损失，还为9.07%的北京儿童铅中毒"贡献"了力量。

打开《北京旧城二十五片历史文化保护区保护规划》，道路扩建工程随处可见——

皇城东北部的东板桥、嵩祝院北巷，将开出一条20米宽的城市道路；

国子监、雍和宫地区，将把安定门内大街、雍和宫大街各拆至60米宽、70米宽，并东西横贯一条25米宽的城市道路；

雍和宫保护区要开出一条柏林寺东街，南北向打通一条连接北二环路的道路；

南锣鼓巷保护区要拆出一条30至35米宽的南北向城市次干道；

什刹海保护区，将拓宽德胜门内大街，在钟鼓楼以北拆出一条东西向城市次干道，开出一条大道从鼓楼东侧钻入地下，过什刹海，再从柳荫街以西钻出来；

……

这个规划向人们传达了这样的信息：北京古城是既要保护又要改造。

还有就是：交通拥堵等于马路不宽。

快速路"肠梗阻"

从世界范围看，尚无哪个城市因为公交车与小汽车并重发展而获得成功。

华盛顿公交发达，但过宽的道路又吸引了过多的小汽车，交通拥堵时常发生。一位当地居民向我抱怨道：

"这个城市只能凑合着住。"

纽约则毫不迟疑地选择了公交主导模式。纽约地铁四通八达，双向4车道，支撑着世界上摩天楼最为密集的曼哈顿。市政当局没有盲目扩建马路，街道不宽正好打消人们开车出行的念头，曼哈顿近80%的居民没有私家车，逛街成为一种享受。著名的时代广场生意兴隆，也无需开辟步行街，在这里人与机动车非常友好。

交通政策决定着城市形态。选择"小汽车＋大马路"的城市，一般以低密度、大尺度扩张。中世纪形成的城市，则是步行者与马车的尺度，街道窄、人口密度大。欧洲城市顺应这个特点，通过发展"步行＋公交"，走出了一条保护与发展的"双赢"之路。

北京旧城同样是高密度的中世纪城市，它的胡同、街巷体系正可适应"步行＋公交"模式，可这个城市的倾向却是"小汽车＋大马路"，造成的后果被互联网上的一篇帖子幽默为："北京的二环路：第二停车场；三环路：第三停车场；四环路：第四停车场；五环路不堵车，因为它收费。"2004年，五环路取消了收费，又是车流滚滚。

北京全立交的环城快速路两侧高楼林立，置身如此高密度的城市环境，快速路只能频开进出口，否则城市就会被甩到身后。进出口车辆的干扰，使飞驰的车流骤然减速，如此快时慢来回折腾，事故隐患丛生。最终车速全降了下来，快速路出现"肠梗阻"。这是世界上少有的城市经验。

立交桥把若干个十字路口的拥堵迅速集中到一处。高峰时间，沿长安街东延长线全立交的京通快速路进城，车辆从四五环路堵至二环路；而长安街西延长线以红绿灯调节，进城时间却与京通路相当，甚至更快。这时，修建立交所耗巨资已失去意义。

北京以古城为单中心的城市结构，已使城市主要功能的30%至50%被塞入其中，古城担负着全市三分之一的交通流量。大量人口在郊区居住，在中心区就业，激起城郊之间的交通大潮。在城市功能未向外转移之时，古城区内的扩路工程引发"决堤"效应，将交通"洪流"直接引入并"泛滥"其中，中心区的交通"死结"越拧越紧，环境质量持续恶化。

两院院士侯祥麟认为，大城市过度发展小汽车不合中国国情："我国的交通运输是模仿经济发达国家以汽车为主的模式，四五十年后，汽车保有量即使只达到中等发达国家目前的水平，4人一辆车，也将有约4亿辆。单车耗油量降到每年1吨，仍需汽油、柴油4亿吨，这是难以承受的。"

巨额投资难解困局

大马路使北京脱胎换骨。

这个城市从上世纪50年代以来被大马路吞噬的文化遗产，包括与天安门南北呼应的地安门、西长安街的庆寿双塔寺、朝外大街的东岳庙山门、菜市口大街的粤东新馆和观音院过街

观音院过街楼1998年在北京菜市口大街
工程中遭到拆除　岳升阳　摄

拆除前的观音院过街楼　　岳升阳　摄

此处过街楼为北京市宣武区文物保护单位，原坐落于官菜园上街和自新路之间，西观音院在路西侧，坐南朝北，四层殿；东观音院在路东侧，只有房五间。两院之间通过此处过街楼相接，是北京寺庙建筑的一种特殊形式，也是北京唯一残存的过街楼实物。旧时这一带十分荒凉，每到进香之日香火极盛，在门洞上贴满求福的字条，求福者在西院进香后去东院休息，就需通过过街楼。（引自《北京名胜古迹辞典》，1989年）

楼、广安大街的曹雪芹故居旧址，以及数量可观的牌楼、雄伟的古城墙和城楼等等。

"当年为了保护城楼，梁思成曾提出环岛绕行方案，结果被人批评为让汽车走弯路浪费汽油。可后来呢？把整个城墙都拆了建二环路，绕了一个巨大的弯子！这岂不是更浪费汽油？"清华大学建筑学院副院长吕舟说。

1954年，为保留地安门和一些街道的牌楼，梁思成又提出环岛绕行方案，后来在政治批判中他被迫检讨："我竟不顾人民极端缺少住房的情况，建议在它们周围拆除百十间的房屋，开出绕行的马路。"

在高密度的城市环境里发展小汽车交通鲜有成功的经验　王军 摄

如今，大规模拆房建路则被当作政绩并受到鼓励。"市计委每年给各区县一定数量用于市政建设的财政拨款本无可厚非，可偏偏给50米（含）以上宽的主干路补贴，支路不管，于是各区大干快上主干路，而主干路恰恰对北京旧城破坏最大。"2004年7月，《北京规划建设》杂志发表文章如是评论。

将交通拥堵归结为"道路面积率低"、"道路建设的速度赶不上机动车增长的速度"——这些早已被国际学术界质疑的命题，长期被一些行政和专业人员遵奉，并当作继续扩路的理由。

按照这样的观点，交通设施占城市面积近三分之二的洛杉矶，才最合北京的胃口。可是，这个城市已长大成人，实在套不上洛杉矶的"轮滑靴"。

硬把自己的脚塞进他人的鞋，使城市交通一瘸一拐。2003年，民建北京市委的一份调查报告显示两组数字——

北京市对交通基础设施的投入在"九五"期间达400亿元，占GDP的4.3%；"十五"期间预计投入838亿元，占GDP的5.15%。这样的投资力度在全世界都是少见的。可是，现实的北京交通并没有得到根本缓解。

从1990年到2001年的10年中，北京市区交通流量以平均每年超过15%的速度递增。统计资料显示，在高峰小时内的双向断面车流量，二环路为1万辆，三环路为1.1万辆，四环路为1.3万辆。这就意味着在高峰时段这三条城市环线平均每小时每车道通过1666辆至2166辆汽车，接近甚至大于高速公路的饱和汽车量。

经济学家茅于轼测算："北京一年堵车大概是60亿的直接损失。"而这个可怕的数字却会让一些人这样联想：如此糟糕的情况，表明北京还需要更多更大的马路。事实上，架桥修路已是快马加鞭。

北京市规划委员会所在的南礼士路，人行道被削去了一半，让给了自行车道，原来的自行车道，则让给了小汽车。在这样的情况下，小汽车已没有不开进去的理由。

产生浪漫故事的人行道开始遭到宰割。东城区交道口南大街的人行道，有的居然只能摆下两只脚，有的索性是往墙上撞。步行者的空间被压缩，他们受到歧视，必须去买一辆车以换取尊严。

可目前的情况是，在这个城市的不少地方，走路不方便了，骑自行车不方便了，乘公交车不方便了，开小汽车也不方便了。

全是因为一个字：堵。

北京交道口南大街的人行道被拆成了自行车道　王军 摄于 2005 年 5 月

交道口南大街的斑马线消失在房基里　王军 摄于 2005 年 5 月

街 道 的 异 化

"中国的文化有求大的一面，什么街都叫大街，什么楼都叫大楼，什么酒馆，哪怕再小，也敢叫大酒楼。"

杨保军参与了许多城市的规划，是许多市长的高参。近年来，市长们迷上了大马路，让他十分着急。

他不断向市长们提出忠告，却每每陷入"说了也白说"的境地。

他揭示了大马路费而不惠的一面，同时对现象背后的问题进行思考。他说，不顾实际地修大马路是愚蠢的；同时感慨，中国文化有追求大的喜好，"什么酒馆，哪怕再小，也敢叫大酒楼！"

他认为，大马路失去人的尺度，增加的不仅仅是城市问题；追求所谓的气派，"这是跟科学、民主不沾边的"。

大马路已成一股风

王军：据你了解，大马路在国内城市是一种什么样的状态？

杨保军：大马路，近年来是一股风，很猛，范围广泛，许多大城市都在刮。这些城市对现代化的理解有偏差，以为大马路、大高楼就是现代化，这当中自然有对财富积累的向往，但实质是一种暴富心态。媒体也起了不好的作用，动不动就报道哪个城市一天一个样，多少年大变样，立交桥修了多少等等。这些都是从建设角度看问题，虽然从经济上看，不是没有一点道理，城市是需要发展，但综合起来看，这样做又潜伏危机。

王军：你都看到了什么样的情况？

杨保军：北方一个大城市，想搞出自己的特色。我问他们想搞什么样的特色？他们说要修最宽的马路。我说这是愚蠢的，有这样的需要吗？有这样的可能吗？代价是什么？副作用是什么？他们都没有考虑。怀有这种想法的城市不少。中国的文化有求大的一面，什么街都叫大街，什么楼都

巴黎香榭丽舍大街成功的奥秘不在车行道的宽度，而在人行道的宽度。良善的公共交通系统使香榭丽舍有理由拒绝小汽车的"统治"，并使街道两侧的商业高密度紧凑发展，增加了逛街的乐趣。图为香榭丽舍大街上，由普利茨克建筑奖获得者、英国建筑师诺曼·福斯特（Norman Foster）设计的公交车站　　王军 摄

香榭丽舍大街人行道上的露天咖啡是爱情诞生的场所　　王军 摄

叫大楼，什么酒馆，哪怕再小，也敢叫大酒楼。

一个十几、二十万人口的县城，想出名，就要修80到100米宽的马路，我对他们说，你们为什么出这种名？一个省会城市，要修160米宽的马路，我反对，还是修出来了，也说是要搞出自己的品牌，我对市长说，你要建多少条这样的马路才能形成品牌呀？他说每条路都要是宽的。我说，北京虽然有不少大马路，但也有窄马路呀？他居然说，我们都要搞双向8车道的马路。真这样搞下去，全国还找不出第二个！

我又问他，你这个城市已经有历史了，现状的房屋怎么办？他说拆，或者拆房子，或者拆绿化，或者拆道路中间的隔离带，或者取消自行车道，把自行车放到人行道上去。我说，这叫以人为本还是以车为本？他说我限制自行车了，他们就去坐公交车。我说，一个城市有自行车人口，就是因为居住与办公是一个合理的距离，自行车是很好的交通手段，你怎能强迫他们去坐公交呢？但他们听不进去，结果树被一排排砍掉。

王军：这种情况很普遍吗？

杨保军：刚才我讲的是一个大城市的情况。中等城市呢？多是跟风，丧失了鉴别能力，觉得马路窄了不过瘾，动不动就搞60米、80米宽的道路。有的城市，规划限制道路宽度为40米，结果他们非要搞成100米。2004年建设部等四部委联合下发了《关于清理和控制城市建设中脱离实际的宽马路、大广场建设的通知》，但这种情况仍屡禁不止。他们的对策是：分成两期建，先建一期，再等着政策解冻。小城市也这样搞，一些小城镇也学起来了。有一位民主党派人士提出，城市建设出现的问题已经影响到乡村，乡村也在抄城市，也搞这样的东西，危害很大。

"这是跟科学、民主不沾边的"

王军：你对大马路为何这样反感，甚至认为它潜伏危机？

杨保军：比如那条160米宽的马路，从功能上看，根本比不上把它分解成两条或三条马路的情况。为什么？一条车道3.5米宽，正常情况下，通行量是每小时1000辆小汽车，而并行两车道，通行量就减少为每小时1800辆了。为什么少了？因为并线、超车要减速，相互干扰。以此类推，并行3车道通行量就更少，这是一个递减的关系。你想想，并行6到7条车道，通行量将会损失多少？所以，从国际上看，大城市一般不会这么做，美国高速路有10车道的，但它不是城市道路。

从行人横穿的角度看，宽马路又是危险的；从土地开发角度看，要提高土地的价值，也不如把一条大马路分解成几条小马路，提高路网的密度，这样就可以服务更多的街坊。房地产开发有一句行话"金角银边草肚皮"，你路网密了，"金角"和"银边"就多了，"草肚皮"就小了，土地的价

拉德方斯（La Défense）虽然使巴黎实现了新旧城市的分开发展，但其平面部署堪称"现代主义败笔"，其超大尺度的广场让步行者失去了从这头走到那头的勇气，逛街的乐趣全无，以至于人们只愿在此办公而不愿在此居住　　王军 摄

值就上去了，整个城市就能获得更多的利益。可大马路、大街坊的模式正与此相反。从城市景观看，道路过宽，就失去了人的尺度，也难以跟两边的建筑取得协调。人会感到自己不是空间的主宰，自己是多余的了。唯一的"好处"就是所谓的气派，这种思想历史上有过，拿破仑时代就搞过大马路，一般是一个帝国强盛时为歌功颂德的需要才这样做，这是跟科学、民主不沾边的。

王军：中央政府为什么会对地方城市的马路宽度三令五申？有人也许会说，财权与事权是对等的呀？修城市道路是地方政府花钱的事，怎么修应由他们决定呀？

杨保军：关键是，大马路成风，已与我们的国情国策发生冲突。第一，超过当地财政能力，大马路既占地又花钱，效果不好。耕地保护是基本国策，你这样搞就多占地，跟基本国策有冲突。第二，导致拆迁矛盾。一些地方为了搞大马路、大广场，拆迁补偿不到位，弄得老百姓没有地方住。大马路费而不惠，财政效益低下。一些地方政府这样搞，美其名曰"改善环境、招商引资"，这也是唯一的理由。可即使这样做，也要根据实际情况，不能胡搞。总的来看，城市建设都有贪大求洋的倾向，我接触到的城市，大部分都有这个情况，好一些的只是收敛一点。

香港能在弹丸之地起高楼，得益于步行与公交系统的成功　王军　摄

王军：这股风刹得住吗？

杨保军：要改变这种情况，就要多管齐下，行政命令只能起一定作用。应该让大家有一个正确的认识，从领导到民众都要有一个明是非、辨美丑的能力。遗憾的是，在我们国家，谈建筑、谈艺术还只是专业圈子里的事情。什么是尺度，什么是比例，什么是美，一般人不学这个，没有概念，不是把它作为基本文化素养来对待。而发达国家重视美育，培养孩子们对美的修养，大众对色彩、比例是清楚的，在这些国家出现不和谐的东西，人们是要骂的。可我们缺少

这种教育，就见怪不怪了。所以，要引导，让大家知道什么是美的，什么是丑的。

现代主义规划误区

王军：可能有人会说，发生这些现象，跟城市规划专业有很大关系。为什么大马路不好，还有人规划呢？

杨保军：这就要从专业上进行梳理了。城市空间相当于一个壳，这个壳是用来承载核的，核是什么？是人。过去的城市，是以人的尺度来设

计的。中世纪的城市，是人走在里边的感觉，那时有了马车，以马车的尺度来安排，也是人性化的。后来出现汽车，就产生很大的冲击。工业革命后，出现一种倾向，就是城市以积累财富为主导，人文退居二线。城市里面更多的是对财富的欢呼，留给人的空间变少了。到了后现代，大家发现财富增长了，精神家园却失落了，就开始怀念过去的城市了。人们就开始反省，希望唤醒对街道生活的感觉。

王军：唤醒对街道生活的感觉，是一个什么样的概念？

杨保军：你想想，一个孩子生下来后，先是在母亲的怀抱里，懂事后对家庭有了感知，再大一些，就要走进社会了。这个过程，是先迈出家门走上街道。他走上街道后，就会知道这个社会是美的还是丑的。如果街道是友好和安全的，他就会对社会产生健康的心态。如果他到街道上一看，这个社会是乱糟糟的，是拥挤的、污染的，甚至是无立足之地的，那他对这个社会也不会友好。

我们逛街是为什么？有的人可能是有目的的，有的人可能是没目的的，没目的也要去逛，因为这是一种生活方式。所以，街道要安全，要不断有故事发生，要有起伏，要有高潮，这样的城市才有风采。我经常

由汽车和快速路、过街天桥、高层建筑组成的功能主义城市景观　王军 摄

1996年拟定的《新都市主义宪章》收录了威廉·H·怀特（William H. Whyte）在《城市：重新发现中心》中对"空洞无物"的城市中心区的评论："在一场反对街道的圣战中，它们将行人向上布置在高架高速公路，向下布置在地下中央大厅，或布置在密闭的中厅与走廊内。它们将行人布置在任何地方，但却唯独不将他们布置在街道上。"

问大家，你在哪里感知城市？肯定不是在宾馆，而是在你穿行于城市的时候。在这个时候，街道就很重要了，它会让你感到，这个城市是否对人友好？

王军：也许有人会说，一个城市除了要有你讲的那种味道，它还得有效率呀？

杨保军：我已经说了，大马路恰恰是没有效率的。现代主义城市规划的手法对我们的影响太深了，它完全是机器的理念。现代主义城市规划的奠基人柯布西耶说，住宅是住人的机器。这没错，可人还有其他的需求啊，柯布西耶没有考虑到精神方面的东西。所以，他把城市搞得简单得不能再简单了，搞得像机器一样高速运转。于是，功能严格分区，这个地方是上班的，那个地方是睡觉的，这个地方是公园，它们之间，用最快的速度连接，中间没有故事发生。后来，后现代主义就反对这个，认为城市不是像树那样长着直直的权，城市应该是一个网，不能把它简单化。

巴西利亚就是现代主义城市规划的代表，非常乏味，它以汽车为本，尺度巨大。我去那里拍照，连景都取不全，你想想这是什么样的尺度！当地人不喜欢这个城市，那是自然。

而我们受这种东西的影响太深了。我们学苏联，苏联是一公里一个街坊，道路宽、路网稀，支路不发达，使得主干道堵得一塌糊涂，干道之间没办法疏解。而我们大多数规划师，包括政府官员，对这个都习惯了。

新都市主义

王军：可是，情况已经发生了，该怎么办？

杨保军：当然要想办法改正错误，最重要的是要改变认识。你看欧洲，上世纪70年代就宣告现代主义灭亡了，试图修正过去的错误。哥本哈根就恢复了步行系统。应该明确，城市不能靠马路的宽度取胜，必须注重路网。最近我看了深圳的蛇口，这是深圳唯一不堵车的地方，道路系统是小格网，街道窄，但密度高。这是深圳最先规划的地方，没有采用大马路、大街坊的方式，规划师都没想到效果会这么好。

美国西部小汽车交通发达，导致城市品质下降，地方的文化认同感和社区感消失了。它那里就是一片社区、一片停车场，特别乏味。于是，新都市主义孕育而生。这个新都市，其实就是老都市，是要找回现代主义运动之前那个老都市的感觉。而实现这样的回归，本身就说明社会财富发生过严重的浪费，我们该警惕啊。

王军：这种新都市主义对中国城市发展有何借鉴意义？

杨保军：新都市主义想解决的问题是，第一，城市要紧凑发展，认为蔓延式发展对人的活动不利。从生态保护的角度看，任何物种都要有一定的密度，比如一个羊群，头数太多了不行，一下子草就吃完了，都饿死了；但是只有一头羊，这个物种也会完了。第二，要重视城市混合使用的功能。

大工业时代的城市，功能很难混合。现在，城市以服务业为主，功能的混合成为可能，拥有多样性的城市才是最有活力的。第三，要尊重历史、尊重文化。要通过保护，把文化遗产组织到城市中来，形成特色，增进人们的文化认同感。第四，就是重新找回街道的感觉。街道也是公共活动的中心、休闲的中心，街道不是要很大，但必须是宜人的。公共空间是城市的主体框架，公共空间做好了，城市的品质就上去了。

我认为，我国城市的发展，最应该采取的就是这种模式。我们的国情是，人多地少，必须降低能源消耗，节约用地很重要。所以，中央提出要搞节能省地的住宅。建设部的领导说，中央特别关注城市规模问题，包括圈地问题，城市规划能否解决这些问题？

一些地方盲目扩大城市规模，难道就没有大马路的影响？有的城市，路大、广场宽，但空荡荡的。而老城区又没有人去改善。所以，要落实科学发展观，就要讲求集约型发展。

反城市与反人性

王军：再回到大马路这个问题上。有人会说，马路宽了，确实就容下更多的车了。你怎么看？

杨保军：以为宽马路就能解决交通，过去的交通规划就是这种套路，可后来变了。上世纪六七十年代，美国的规划师已经发现，路修得再快，也快不过交通的增长量。你一条路修好后，没过多久又满了，又迫使你修另一条路，恶性循环就开始了。

北京市近年来推行公交优先，零距离换乘的公交车站开始普及　　王军 摄

比如北京的二环路，刚建好时，媒体报道说，过去45分钟转一圈，现在只需27分钟，大家都欢天喜地。可据我观察，这27分钟的纪录仅保持了3个月，过了半年，这条路又恢复了常态。后来又修三环路，修好后媒体报道说，转一圈的车行时间，由过去的1个小时减少到40分钟了，我又去观察，仅过4个月就又堵起来了。于是又修四环路，还这样。事实表明，靠这个是解决不了问题的。

交通是一个系统工程，从全世界大城市看，城市交通的战略意图要明确，就是你到底要鼓励什么样的交通？你看，世界著名的大都市，地铁里程一般都超过300公里，可承载城市30%至40%的客运量，好一些的可承载60%至70%的客运量。为什么伦敦有着300万至400万辆机动车，比北京还多，却不像北京这样堵呢？

王军：你认为理想的模式是什么？

杨保军：中国的大城市，一定要公交优先。其次，通过城市的合理布局，尽量减少和降低交通的出行。要看到，在一定的人口和建设量的情况下，不同的模式产生的交通量是不同的。工作与居住的地点不能太远，如果布局不合理，就会产生大规模、长距离的交通。

另外，还要有交通政策来配套，世界上没有哪个国家敢说自己光靠建马路就能解决交通问题，必须制定配套的交通政策。比如新加坡，针对中心区拥堵，就推出车伴政策，你1个人开车进城就要多交费，4个人一起开车进城，费用就低得多，这样就减少了进城的车辆。政府鼓励你坐公交车，你偏要开车进城，停车费就很贵。当然，这样做的前提是，你要把公交搞到位。

交通不是一个简单的修路的问题。还要看到，城市的道路有多重功能，交通只是其一，每条街都应有自己的性格。城市是为人而存在的，忽视了这一点，只求快、只求大，其结果就是反城市、反人性的。

采访本上的城市 非常城市

波士顿"大开挖"

拥有哈佛大学、麻省理工学院的波士顿,在为它的一着不慎付出代价。

总投资146亿美元之巨的大开挖计划(The Big Dig)正在缝合波士顿近半个世纪的"城市伤口",并与当今世界钢筋混凝土消耗量最大的中国城市形成反差。

2006年11月4日,大开挖计划的领导者、刚刚卸任的美国麻省高速路管理局主席兼首席执行官马修·阿莫约罗(Matthew J. Amorello),来到北京出席由《瞭望》周刊社与清华大学建筑学院、易道环境规划设计公司共同举办的《改变与演变:城市的再生与发展》论坛。

他登台演讲,打开一张高架路在密集的楼宇间穿梭的图片,"你看,这是我们把主干道拆除前的情况,它和中国的城市比较类似"。

大开挖计划又称"中央干道/隧道计划",它在波士顿滨海地区约13公里长的范围内,将一条修竣于1959年的高架中央干道悉数拆除,把交通引入地下隧道,修复地面城市肌理。

"这条6车道的高架路不但不能满足交通的需要,还把城市撕成了两半。"马修·阿莫约罗解释了拆除的原因。

1991年动工的大开挖计划,主体工程2006年1月告竣。"这是美国有史以来规模最大、技术难度最高、环境挑战最强的基础设施项目。"麻省高速路管理局在其官方网站上称,"其规模相当于上世纪的一些伟大工程:巴拿马运河、英吉利海峡隧道、跨阿拉斯加管道系统。"

在大开挖计划实施的15年间,中国城市的高架路、立交桥如雨后春笋般涌现,它们多被当地官员和民众视为城市现代化的标志。

"过街天桥龙出海,地下通道穿长街,三元桥蝴蝶那个飞呀飞天外,安贞桥明珠绕呀花台,立交桥是修得特别呀快,你就数哇数哇数哇,怎么

波士顿滨海高架中央干道被拆除前的情形　　EDAW 提供

就数不过来。"歌手蔡国庆的一曲《北京的桥》传遍大江南北。

"你怎么评价北京中心城区的那几条环路,将来它们会不会也被拆除,像波士顿那样?"我向马修·阿莫约罗提问。

"那是当然!"他不假思索地回答。

波士顿之悔

尽管麻省高速路管理局将大开挖计划与上世纪的一些伟大工程相提并论,但这个项目亡羊补牢的色彩使这样的标榜大打折扣。

"二战"之后的美国为汽车而造城,大马路所向披靡。1959年波士顿中央干道建成之时,人们并未感到它会惹来什么麻烦。

"当时没有想到会有这么多的车,50年代的时候每家只有一辆车,现在每家有好几辆了。"马修·阿莫约罗演示了一张图片:高架路上塞满爬行的车辆,上面醒目标出日均通行量——19万车次。

"每天16小时都是这样,你们看到的还不是高峰期的情况。"马修·阿莫约罗坦言。

麻省高速路管理局的官方文件称,波士顿有着世界级的交通问题,祸因是高速路横贯市中心。

中央干道刚投入使用时,日均通行量为7.5万车次,后来通行量增长两倍多,成为美国最拥挤的高速路,事故发生率是全美城市州际高速路平均水平的4倍。

"这条中央干道给波士顿带来的问题并不仅仅是交通。"马修·阿莫约罗表示,"它阻断了波士顿北端、滨海地区与市中心的联系,限制了这些地区参与城市经济生活的能力。"

从上世纪70年代开始,波士顿的规划师就梦想着将这条道路埋入地下——中央干道修好没多久,他们就后悔了。

拥有哈佛大学、麻省理工学院的波士顿在为它的一着不慎付出代价。

当初修建中央干道,人们是希望缓解汽车入城的拥堵,滨海地区因海运衰退而萧条,那里就成为高速路穿行的地带。

结果适得其反,高速路引来更多的交通,导致更大的拥堵。它如一堵墙嵌在波士顿的心脏里,将城市与海滨隔绝,有着300多年建城史的波士顿失去了滨海城市的风韵。

波士顿的遭遇是上世纪五六十年代美国城市改造运动的缩影,当年由联邦政府发起的这个运动意在推动对美国老城市的大规模改造,高架路、立交桥纵横于城市之中,其情形颇似现在的中国。

为建设新的行政中心,波士顿拆掉了一整片老街区,市民们的心被刺痛了,开始为文化遗产的留存而战,波士顿成为美国老城保护的先锋。

市民们的抗议使波士顿大部分传统建筑得以保留,曲径通幽的街巷、紧凑而宜于步行的市中心、人性化的老街区尺度,仍昭示着这座城市的灵魂。

然而，滨海地区美景不再，徒有高架路在那里夜以继日地倾泻"交通垃圾"、制造尾气和噪声，行人无以驻足，死气沉沉。

惊世之挖

大开挖计划在上世纪80年代开始初步设计，80年代末最终设计完成，1991年动工兴建。

项目由两大部分组成：其一，在6车道高架路的地下修建8到10车道的高速路，北端由14车道的大桥跨越查尔斯河。地下高速路开通后，将地上高架路拆除，修复地面使其成为适度开发的城市空间；其二，扩建I-90高速路，使其通过地下隧道穿过南波士顿和波士顿港，与机场贯通。

工程面临巨大的投资压力。中央干道为州际高速公路的一部分，146亿美元的投入以联邦政府为主、地方政府为辅分担。波士顿当局为争取联邦政府投资费尽周折，由于通货膨胀等因素，又需不断追加投资；地方投入的部分多依靠当地税收，意味着所有人

高架路拆除后按周边城市肌理铺入路网　　　EDAW 提供

将过境车辆引入地下隧道　EDAW 提供

需为此付费，不同意见又纷至沓来。

工期一拖再拖，有评论称："波士顿空有两所世界著名的大学，还有那么多顶尖的科学家和经济管理专家，他们怎么也不出来帮帮政府，尽快把这个世界罕见的马拉松工程结束掉？"

历时15年，大开挖计划的主体工程2006年1月终于完工，接下来的工作是恢复地面、修筑公园。

整个工程总长的一半为隧道，深入地下26至36米，工程的混凝土用量高达290多万立方米，挖掘土方1200多万立方米。

如此巨量的土方如何处理是一大环境课题。经论证，它们被用来垫高波士顿港的观光岛，将其建设为新的国家公园，而在此前，那里曾是垃圾填埋场。

如此一举两得，颇似北京在明代挖南海及故宫筒子河，将土方用以堆筑景山。

在这样长的时间内给城市的心脏做手术而不使其休克，是大开挖计划的另一大看点。在波士顿上世纪50、60年代的高速路建设中，工程方较少考虑对周围街区的影响曾导致民怨沸腾。此次当局吸取教训，在整个施工过程中，设计了一个交通可持续方案并获得成功。

缝合城市的伤口

"我们通过空间的设计鼓励大家直接走到海滨，更好地使用水边的资源，更好地欣赏海上美景。"马修·阿莫约罗介绍了大开挖计划正在进行的地面恢复工程。

大开挖计划在地面拆出来的开阔

地，将被建成一条壮观的绿色走廊，其不同地段将被安排建设文化艺术中心、园艺中心、公园、广场、可负担住宅、零售店及其他商业建筑、行政机构。

地面的路网依托周边街区的肌理铺设，形成步行系统，提倡功能的混合；面向低收入阶层供应的可负担住宅，占一些地块开发项目的15%甚至50%。

英国曼彻斯特市委执行副主席伊蒙·博兰 (Eamonn Boylan) 在论坛上介绍了曼彻斯特市中心重建工程："波士顿40年前没有做到的事情我们在曼彻斯特做到了，我们所做的包括促进街区的混合使用。"

1996年，爱尔兰共和军的炸弹使曼彻斯特市中心9万多平方米范围内的建筑受损，700多个商家流离失所，公共汽车站、零售中心被摧毁。市中心重建工程随后展开，于2002年完工。

这项重建工程面临与波士顿共同的课题：如何缝合城市的伤口？

付诸实施的方案是赋予各地块独立功能并能够很好地连接，商业零售、文化设施、住宅、公园、广场等相互融合，使市中心昼夜保持活力。

延续城市既有的肌理和人性化的设计是项目成功的关键。"我们能够从任何一个角落轻松地走到其他地方。"伊蒙·博兰说，"结果怎样呢？我们的市中心换了一张面孔，并提供了非常多的空间与商机。"

大开挖计划的地面恢复工程在续写这样的传奇，它在使城市向老都市回归——像老都市那样以人为尺度，保持较高的城市密度，道路密而不宽，发展公共交通，让步行者享受城市。

经历这场大折腾，波士顿市长托马斯·梅尼诺 (Thomas M. Menino) 得出这样的结论："一个城市的未来是它的过去合乎逻辑的延伸。"

地面铺设步行系统　　EDAW 提供

伟大城市之梦

尽管在历史长河中，人类给城市植入了各式各样的形体，附加了无穷无尽的意义，但时至今日，我们仍无法否认，那些真正伟大的城市，正是能够让人活着并且活得更好的城市。

两千多年前的古希腊哲人亚里士多德（Aristotle，公元前384—前322）说："人们为了活着而聚集到城市，为了生活得更美好而居留于城市。"当今中国乃至世界城市发展所面对的一些共同问题，已迫使我们必须回到城市的起点来梳理当下的意义。

尽管在历史长河中，人类给城市植入了各式各样的形体，附加了无穷无尽的意义，但时至今日，我们仍无法否认，那些真正伟大的城市，正是能够让人活着并且活得更好的城市。

大约公元前5000年以后，随着农业生产力的提高，少数新石器时代的村落发展成为小集镇和城市。人类最早的城市出现在今日战火纷飞的伊拉克境内，它们沿幼发拉底河和底格里斯河两岸而立。

这场"城市革命"是人类历史上最为重要的变化之一，它不仅意味着人类中的一群，已能不再依靠种植食物谋生，更意味着人类文明步入了崭新一页：城市这个庞然大物，开始同文字一样，实现着人类文化的积累和进化；人类文明的每一轮更新换代，都密切联系着城市作为文明孵化器和载体的周期性兴衰历史。

作为人类在地球表面上创造的最大物质体，城市是人类智慧的结晶，又是人类问题的场所。城市的两面性随着技术文明的发展暴露得越加充分和复杂。不同的价值观在塑造不同的城市。虽然没有一个城市不在声称它是为人而造，可对人的理解千差万别，城市的面相千奇百怪。

城市被放到手术台上

创造城市的先民大概预料不到，穿过漫长的时光隧道，当蒸汽机喷发的能量将城市推入快速发展轨道的时

摄像头将功能主义城市武装到牙齿　　王军 摄

候，城市竟成为人类的一大问题。

　　18世纪60年代至19世纪60年代，"产业革命"催发工业化，工业化催发城市化，大量人口从乡村涌入城市。

　　恩格斯（Friedrich Engels, 1820—1895）在《英国工人阶级状况》中描述道："大工业企业需要许多工人在一个建筑物里共同劳动；这些工人住在近处，甚至在不大的工厂近旁，他们也会形成一个完整的村镇。他们都有一定的需要，为满足这些需要，还需要有其他的人，于是手工业者、裁缝、鞋匠、面包师、泥瓦匠、木匠都搬到这里来了"，"于是村镇变成小城市，而小城市又变成大城市。城市愈大，搬到里面就愈有利"。

　　就在城市制造巨大机遇之时，因工业进入城市而带来的环境污染，因功能过度聚集而引发的交通拥堵，因卫生设施不良而扩大的疫病流行，因公共政策不善而导致的住宅短缺，使城市遭到空前的质疑。

　　"产业革命"留下的一大"遗产"，就是催生了针对城市的"医术"——现代城市规划理论，后者将城市放到了手术台上。

　　现代城市规划理论的启蒙者霍华德(Ebenezer Howard, 1850—1928)，将大城市视作"重病患者"，主张是用乡村来稀释城市，用不断减少居民数量的办法来"医治"这些"病人"。

　　这位英国的社会活动家在1898年发表《明天：一条走向真正改革的和平道路》，提出建设"田园城市"的设想，认为应该建设一种兼有城市和乡村优点的理想城市，城市四周被农地围绕以自给自足，严格控制城市规模，保证每户居民都能极为方便地接近乡村自然。

但这一学说在实践中并不顺畅，它所设计的经济自治、完全独立，能够疏解大城市工业和人口，兼具乡村环境特点的"田园城市"并未出现。"大树下面不长草"的超级城市如同一块巨大的磁石，吸干了"田园城市"的养分。

霍华德建立的"田园城市有限公司"1903年在伦敦郊区建设的第一个"田园城市"，经过25年发展，人口只达到区区1.4万，生活在那里的居民，

仍需通过与伦敦等工业城市的联系来获取生存的可能。

霍华德的追随者昂温（Raymond Unwin，1863—1940）对此作出妥协，1922年他出版《卫星城市的建设》一书，提出卫星城镇不该再是经济自治和完全独立于中心母城的情况，它们和中心城市在经济等各方面都应有紧密的联系。

可在实践中，与中心城市紧密联系的结果是，卫星城镇成为了睡觉的地方，它们非但不能疏解中心母城密集的功能，反而拥挤了大量外溢的人口，城郊之间上下班的交通大潮越发汹涌，大城市更是"病入膏肓"。

曼哈顿的天空。城市分散主义者说：纽约能给我们一个后花园吗？　王军 摄

北京半个世纪的轮回

沙里宁(Eliel Saarinen，1873—1950)预见了卫星城镇的"陷阱"，这位杰出的芬兰规划师在1918年担纲赫尔辛基城市规划，提出著名的"有机疏散"理论。在他看来，城市交通拥堵的根本原因并非道路面积不足，而是城市功能组织不善，迫使工作人口每日往返"长途旅行"。

他建议把城市的人口和就业岗位分散到可供合理发展的非中心地域，尽可能实现每个区域居住与就业的平衡，从而最大限度避免跨区域交通的发生。

与霍华德、昂温创造的在母城之外30至60公里处分布卫星城镇的"行星体系"不同的是，沙里宁提出的"半独立城区联盟"，是一种更为紧凑的布局——各个城区之间，以不到1公里的绿带隔离；城市是一步一步逐渐离散的，新城不是"跳离"母城，而是"有机地"进行着分离活动。

1943年，沙里宁的著作《城市：它的生长、衰退和未来》出版，系统总结了20多年"有机疏散"的理论和实践。一年之后，这本书随美国副总统华莱士（Henry A. Wallace，1888—1965）的航班抵达中国。美国汉学家费正清（John K. Fairbank，1907—1991）托前来访华的华莱士为中国建筑学家、费氏的好友梁思成捎来一箱图书，其中就有沙里宁的这一部。

梁思成对"有机疏散"理论颇为服膺，阅罢此书，他于1945年8月在《大公报》发表《市镇的体系秩序》一文，指出战后中国城市发展需避蹈西方覆辙，否则，"一旦错误，百年难改，居民将受其害无穷"。

梁思成提出的对策正是"有机疏散"，即将一个大都市分为许多"小市镇"或"区"，每区之内，人口相对集中，功能齐备，区与区之间，设立"绿

北京的胡同、院落体系，在紧凑与舒适之间，获得了最佳的平衡　　王军 摄

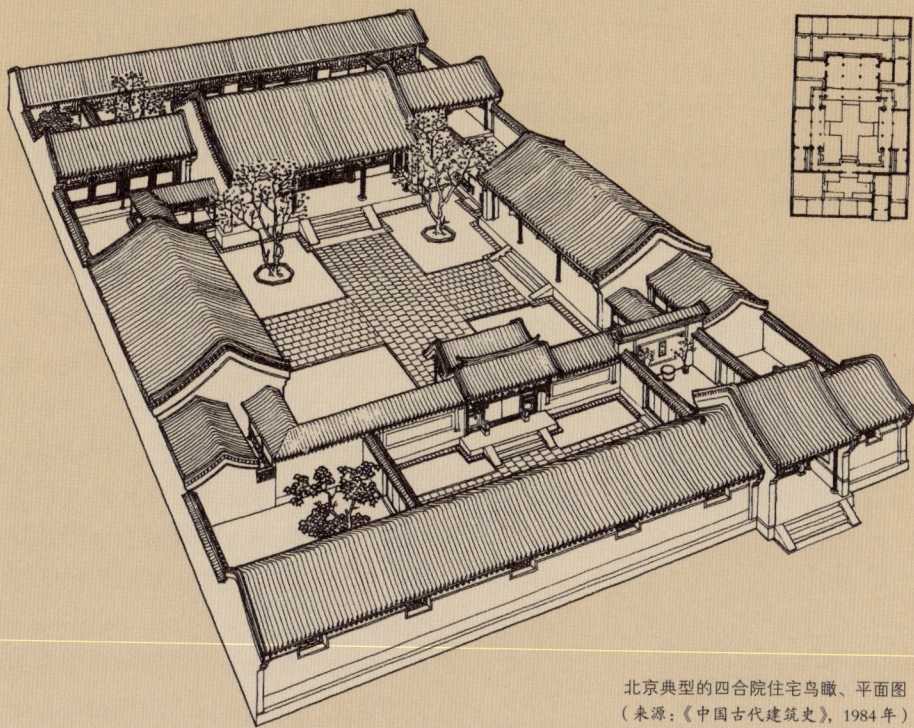

北京典型的四合院住宅鸟瞰、平面图
（来源：《中国古代建筑史》，1984年）

荫地带"作为公园，并对每个区的人口和建筑面积严格限制，不使成为一个"庞大无限量的整体"。

1947年7月8日，正在美国访问讲学并担任联合国大厦设计顾问的梁思成，拜访了在美国创办匡溪艺术学院的沙里宁，敦促这位大师收中国学生为徒。回国后，梁思成将自己的助手吴良镛推荐到沙氏门下受业。

1950年2月，梁思成与曾在英国接受城市规划系统训练的陈占祥，提出将行政中心区安排在北京古城西侧建设的方案。

他们所构想的北京市区，以古城区、行政中心区和商务区组成，相互以绿带隔离；各个城区之内，居住与就业相对平衡，跨区域交通被尽量减少——这正是沙里宁所理想的"半独立城区联盟"。

两位学者预言，如果将行政中心等城市功能集中在古城区内发展，不但会损毁文化遗产，还将导致大量人口被迁往郊区居住，又不得不返回市区就业的紧张状况，"一一重复近来欧美大城已发现的痛苦，而需要不断耗费地用近代技术去纠正"。

他们的建议未获采纳，他们的预言不幸成真。北京在过去50多年间持续在古城之上建新城的后果是，功能过度密集的中心城区成为吸纳发展机遇的"黑洞",这使城市的"大饼"越摊越大,郊区出现的若干个30万人口的卧城更加恶化了这样的局面,城市的交通拥堵和环境污染日趋严重。

求得沙里宁真经的吴良镛仍在高擎"有机疏散"的大旗。2001年他领导完成"大北京规划",力图面向北京所在的区域,改变核心城市过度集中的状况。这个行动导致了北京城市总体规划的修编,2005年出台的这项宏大计划又回到当年梁思成与陈占祥的立场:新旧城市分开发展,城市功能平衡分布。

雅各布斯的怒吼

在北京遭遇这场世纪轮回期间,地球上的其他城市也不太平。对城市的"诊治"出现了"过度医疗","重病患者"奄奄一息,"城市问题"演变为"规划问题"。

美国建筑师赖特(Frank Lloyd Wright,1869—1959)和法国建筑师柯布西耶成为这场戏剧的导演。前者在1930年代发表《消灭中的城市》和《宽阔的土地》,提出"广亩城市"(broadacre city)理论,主张使城市向广阔的农村地带扩展;后者则反其道而行之,分别于1922年和1933年发表《明日城市》和《阳光城》,主张"把乡村搬进城市"。

赖特发展了肇始于霍华德的城市分散主义理论,认为随着汽车和廉价的电力遍布各处,那种把一切活动集中于城市的需要已告终结,分散住所和分散就业岗位将成为未来的趋势,应该发展一种完全分散的、低密度的城市来促进这种趋势,居住区之间以高速公路连接。

"广亩城市"上世纪五六十年代在美国的西部成为现实,那里的洛杉矶、菲尼克斯、图桑等汽车城市,已完全失去了城市的密度,"大马路+独幢住宅+花园"的扩张模式,使整个城市如同郊区,中小商业纷纷败落,小汽车成为城市主宰。这样的城市因其在土地及能源上的高耗费而遭致社会各界炮轰,主张城市紧凑发展的呼吁日益强烈。

柯布西耶的学说则是城市集中主义的宣言,他主张以人口高密度、建筑低密度的方式改造城市中心,在较小的用地上发展高层建筑,腾出大片土地辟作花园绿地,以大马路、高架桥满足小汽车之需。

柯布西耶以汽车为尺度构想的"梦幻之城"制造了垂直生长的"郊区城市"。塔式高楼之间是步行者的沙漠,大绿地、大马路、高架桥缩减了人气导致商业衰退,城市里面修"公路"刺激车辆增长,"交通垃圾"四处倾泻,"都市里的田园"终被令人窒息的尾气湮没。

"梦幻之城"与"广亩城市"的共同之处是将房屋密度视为城市问题的祸首,却制造了新的甚至是更为祸害的问题。雅各布斯1961年出版《美国大城市的死与生》,以异常激烈的言辞抨击现代城市规划理论,试图将霍华德及其信徒，包括他们的"敌人"柯布西耶送进思想的坟墓。

这位《建筑论坛》杂志女记者的语言充满暴力，她指责那些规划精英们只对城市"应该"是什么发生兴趣，从来不去理睬城市是怎样的存在，他们永远在告诉人们"你的腿应该长多长"，却不能明白"能踩到地上就行"。

雅各布斯为大城市与高密度作了辩护，认为没有密度就没有多样性，没有多样性就没有城市的活力；她讥讽规划精英们无一不是"放血疗法的后裔"，他们使城市及其周边变成了一碗单一的、毫无营养的稀粥，其结果是城市的自我毁灭。

《美国大城市的死与生》在城市规划界引发了一场地震。雅各布斯将这本书"献给纽约城"，那是一座给她带来运气的高密度城市。

可是，她的雄辩之词并不能击垮她的对手，她遭到更为猛烈的回击：纽约能给人们一个后花园吗？难道每个家庭对后花园的需求不是一种人性？

"城市属于人民"

一场跨世纪的"官司"由此展开，两班人马唇枪舌剑难分伯仲。城市应

北京旧城如同一个大花园，又不失都市气息。图为北京旧城西部地区航拍照片，可见西长安街、中南海、妙应寺白塔等。摄于1945年9月4日　（来源：美国国家档案馆）

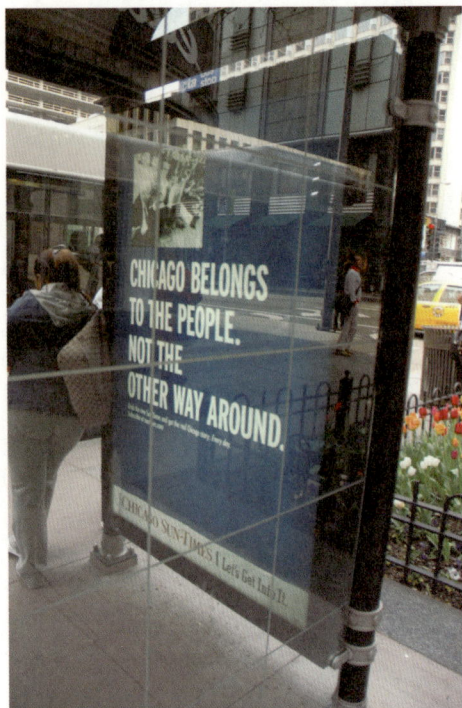

芝加哥街边广告："芝加哥属于人民而不是相反。" 王军 摄

该紧缩发展还是分散发展，学术界至今难获共识。无法绕开的"块垒"仍是100多年前牵动霍华德的那个命题：在密度与环境之间，城市应该求得怎样的平衡？

对东方城市的发现为西方世界打开了一扇窗户。

美国规划学家亨瑞·S·丘吉尔(Henry S. Churchill)以现代建筑观点评论道，北京的城市设计"像古代铜器一样，俨然有序和巧为构图"，"整个北京城的平面设计匀称而明朗是世界奇观之一"，"北京是三维空间的设计，高大的宫殿、塔、城门，所有的布局都具有明确的效果"，"金光闪烁的琉璃瓦在单层普通民居灰暗的屋顶上闪烁"，"大街坊为交通干道所

北京市在部分路段以物理隔离的方式安排公交专用车道。波哥大则是将这种方式在整个城市里普及为一个系统，才改变了对小汽车交通的依赖 王军 摄

法国波尔多将道路面积的三分之二辟为公交车道之后，人们不再以小汽车为通勤工具　王军　摄

围合，使得住房成为不受交通干扰的独立天地，方格网框架内具有无限的变化"。

在13世纪的元代统一规划建设的北京，有着与纽约惊人相似的高密度方格状路网，街巷与胡同两侧的联排式庭院铺满每一方土地，这种紧凑的组织使北京拥有了城市的密度，还为每一户家庭供应了人性的花园。登高俯瞰，北京消失在一片绿海之中，绿涛之下，是上百万人口的生息。

这个庞大的都市以房屋内纵横向柱列形成的"间"为统一模数的基点，建筑材料可以统一预制，快速施工。整个城市就是这样以纯粹的几何形拓变和复变而成，由此生成秩序、效率和变化。

中世纪的城市是步行者的尺度，可是今天，疯狂的汽车在以时速的尺度制造城市，北京因此而被肢解，接下来的情形与其他地方相似：都市气息或被车速风干，或被交通淤死。

在人与汽车之间，恩里克·佩那罗舍选择了前者。1998年他出任哥伦比亚首都波哥大的市长，这个700万人口的都市饱受交通拥堵与尾气之苦。"波哥大的人民已经用很多年来仇恨他们的城市了。"他说。

恩里克向他的选民发问："这个城市是属于谁的？"选民们回答："属于人民！"

"但我看到的情况是，这个城市还不属于人民。"恩里克说，"因为20%的人控制着80%的道路面积。"

他转过身去，把80%的道路面积划给了80%的人，建设了先进的大容量快速公交系统、拉丁美洲最大的自行车道路网络、世界上最长的步行街。

仅用两年多时间，没花多少钱，波哥大得救了。

"现在，波哥大的人民已感到自豪并希望他们的生活得到继续的改善。这是我们要给全世界城市讲述的故事。"这位市长成为世界级的红人，他被频繁邀请出访，为各大洲的城市"号脉"。

他开出的"药方"只有一个——"城市属于人民"，而伟大的城市正与此相关。

对一些城市而言，蓝天正在成为一种梦想　王军　摄

非常计划

故宫改建计划始末

40多年前，一个改建故宫的计划在神秘地进行着，故事以一些人的悲剧收场，使一些人的声名流传。

故宫博物院院庆80周年之际，40多年前几乎改变故宫命运的一件大事被人提起。

2005年10月14日，文化部副部长、故宫博物院院长郑欣淼，在《光明日报》发表文章《回眸·检视·展望——写在故宫博物院建院80周年之际》，对此披露道："20世纪60年代初，曾有人提出故宫'地广人稀，封建落后'，要对它进行改造；[1]'文化大革命'初期，故宫还出现了一个荒诞可笑而又十分可怕的'整改方案'。"[2]

对这些鲜为人知的史实，文章点到为止，未加细述，但已令人生奇：这样的事情究竟是怎样发生的？

查看2005年10月出版的《故宫博物院八十年》一书，其中有郑欣淼写的一篇同名文章，谈到了更多情况——

那个改造故宫的方案，是"在故宫内部建设一条东西向的马路，并将文华殿、武英殿改造成娱乐场所"；

"文革"时期的"整改方案"，是"在太和殿前竖立两座大标语牌，一东一西，高度超过38米高的太和殿，用它压倒'王气'；太和殿宝座要搬倒，加封条；在宝座台上塑持枪农民的像，枪口对准被推翻的皇帝。把过去供皇帝到太和殿主持大典之前临时休憩之处的中和殿，改建为'人民休息室'，把一切代表封建意识的宫殿、门额，全部拆掉，等等。这些方案中有的项目竟实现了，'人民休息室'也布置起来了，其他的因无暇顾及才得以幸免"。

郑欣淼在文章中称："只有摒弃以阶级斗争为纲和历史虚无主义的史观，坚持唯物辩证法，才能正确地评估历史，才能正确地评价传统文化，也才能看清故宫的价值。这个认识正在转化成巨大的物质力量。故宫博物院自20世纪80年代以来发展较快，得到党中央、国务院及社会各界的重视和支持，就与社会上对其认识的不断提高密切相关。"[3]

回顾历史时，郑欣淼作这样的分析："故宫建筑宏伟壮丽，故宫所藏多是瑰宝，因此才成立故宫博物院。但故宫又是封建皇宫，在许多反对封建推翻帝制的革命者头脑中，总有一个阴影挥之不去：如此看重故宫对不对？保护故宫与反封建宗旨是否一致？"

他讲述了故宫的一段往事。1928年，国民政府委员经亨颐提出"废除故宫博物院，分别拍卖或移置故宫一切物品"的议案，称故宫博物院"研究宫内应如何设备，皇帝所用的事物"，"岂不是预备哪个将来要做皇帝，预先设立大典筹备处吗？""皇宫不过是天字第一号逆产就是了。逆产应当拍卖"。国民政府将经亨颐的提案函请中央政治会议复议，结果引发激烈争论，终被否决。

"但是经氏的这一观点却并未销声匿迹。"郑欣淼说，"中华人民共和国成立后，这种思想不绝如缕，常以不同方式表现出来，其实质仍是如何对待我们的历史和传统。国家对故宫博物院很重视，但皇宫、皇帝与'封建'的联系仍像梦魇一样使许多人困惑。"[4]

故宫太和殿　　梁思成 摄于1930年代初

"故宫要着手改建"

1958年9月,《北京市总体规划说明(草稿)》有这样的表述:"故宫要着手改建。"[5]

《规划说明》具体提出:"把天安门广场、故宫、中山公园、文化宫、景山、北海、什刹海、积水潭、前三门护城河等地组织起来、拆除部分房屋、扩大绿地面积,使成为市中心的一个大花园,在节日作为百万群众尽情欢乐的地方。"[6]

此前,毛泽东在多次讲话中,对北京的城市面貌表示不满。

1958年1月,在南宁会议上,毛泽东说:"北京、开封的房子,我看了就不舒服。"[7]同月,在第14次最高国务会议上,毛泽东说:"南京、济南、长沙的城墙拆了很好,北京、开封的旧房子最好全部变成新房子。"[8]

从太和殿屋顶南望太和门、午门   梁思成 摄于 1930 年代初

毛泽东是两次提到张奚若时说这番话的。1957年4月27日，中共中央发出《关于整风运动的指示》，提出向主观主义、官僚主义、宗派主义宣战。5月1日，毛泽东征求民主人士、教育部部长张奚若对工作的意见，张奚若即把平日感受归纳为"好大喜功，急功近利，鄙视既往，迷信将来"，提了出来。[9]

毛泽东在南宁会议上对此评论道："'好大喜功'，看什么大，什么功，是反革命的好大喜功，还是革命的好大喜功。不好大，难道好小？中国这样大的革命，这样大的合作社，这样大的整风，都是大，都是功。不喜功，难道喜过？'急功近利'，不要功，难道要过？不要对人民有利，难道要有害？'轻视过去'，轻视小脚，轻视辫子，难道不好？"[10]

毛泽东定下调子："古董不可不好，也不可太好。北京拆牌楼，城门打洞也哭鼻子。这是政治问题。"[11]

1958年3月，在成都会议上，毛泽东又提出："拆除城墙，北京应当向天津和上海看齐。"[12]

这之后的4月14日，周恩来致信中共中央："根据毛主席的指示，今后几年内应当彻底改变北京市的都市面貌。"

周恩来在信中介绍了4月10日国务院常务会议就"彻底改变北京市的都市面貌"做出的决定，并请中央审议和批准：

一、今后每年由国家经济委员会

太和殿屋顶正脊西望　梁思成　摄于1930年代初

增加一定数量的市政基本建设投资，首先把东、西长安街建设起来。今年先拨款在西长安街建筑一二幢机关办公用的楼房，即请北京市进行安排和列入规划。建成以后，由北京市统一分配使用。

二、今后中央各机关所有在北京市、郊区内的办公用房和干部宿舍，除中南海地区范围以外，一律交由北京市统一管理、调剂和分配。

三、在进行建设的时候，要注意布局的合理和集中，不要过于分散。同时，要注意和长远建设规划相结合。应当建筑什么，哪些应当先建筑，哪些应当后建筑，建成以后又如何使用，都要有明确的目的性。

四、东单通往建国门的马路，要

在今年拆通，请北京市列入今年的计划和着手进行。[13]

紧接着，中共北京市委提出一个十年左右基本完成城区改建的计划。

4月17日，中共北京市委办公厅印发《北京市1958—1962年城市建设纲要》，提出："根据社会主义建设全面大跃进的新形势，必须加快城区的改建。"具体内容如下：

改建城区，首先要从中心区开始，要采取成街成片逐步改建的方针。拆一片就按照新的统一的规划和设计建一片，建成新的街道和居住区。城区现有旧房（皇宫等除外）共一千六百多万平方公尺，其中破旧的可以在十年左右拆除改建的约占70%左右，即一千一百多万平方公尺。如果平均每年拆一百万平方公尺左右旧房（包括展宽马路等拆房），新建二百

北海、故宫地区航拍照片，摄于 1945 年 10 月 13 日 （来源：美国国家档案馆）

万平方公尺左右新建筑，可以争取在十年左右基本上完成城区的改建。

《建设纲要》还对故宫及其周边地区提出具体设想：

1959年把筒子河改建成市中心的大游泳池和大溜冰场，把故宫充分加以利用，同中山公园、景山等配合起来，使它成为市中心文化娱乐活动的场所。[14]

在这之前，北京市都市规划委员会在苏联城市规划专家组的帮助下，于1957年春天拟订了《北京城市建设总体规划初步方案》（下称《初步方案》），1957年3月11日、14日经中共北京市委常委讨论通过。1958年4月，都市规划委员会党组又根据一年来的工作经验，对《初步方案》做了若干局部的修改和补充。

1958年6月8日，中共北京市委将修改后的《初步方案》印发各单位，并在通知中说明："现在，为了适应当前各项建设的迫切需要，以草案形式印发各单位研究执行。准备根据实践的经验，再加修改和补充，然后提交市人民代表大会或采取其他适当的形式，正式通过。"[15]

6月23日，中共北京市委就《初步方案》向中央提交报告，其中介绍了十年左右完成城区改建的计划：

虽然解放以来我们盖的新房已经有二千一百万平方公尺，而城内古老破旧的面貌还没有从根本上得到改变。根据中央和主席最近的指示，我们准备从1958年起，有计划地改变这种状况，北京城内80%以上是平房，而且多数年代已久，质量较差，还有相当数量已成危险建筑，每年都要倒塌几百间以至上千间，比起上海和天津，改建起来是比较容易的。而且从改善城市交通的需要来看，也必须对城区进行改建。我们初步考虑，如果每年拆一百万平方公尺左右旧房，新建二百万平方公尺左右新房，十年左右可以完成城区的改建。[16]

《初步方案》对历史形成的北京城市面貌做出这样的评价：

北京是我国著名的古都，在城市建设和建筑艺术上，集中地反映了伟大中华民族在过去历史时代的成就和中国劳动人民的智慧。它的城市布局气魄庄严，许多建筑群和建筑物的设计与建造具有高度的艺术水平。但是，北京城是在封建时代建设起来的，它不能不受当时低下的生产力的限制，同时它是在阶级对立的社会条件下建设起来的，它当初建设的方针完全是服务于封建统治者的意旨的；它的重要建筑物是皇宫和寺庙，而以皇宫为中心，外边加上一层层的城墙，这充分表现了封建帝王唯我独尊和维护封建统治、防御农民"造反"的思想。[17]

《初步方案》表示："对于古代遗

留下来的建筑物，我们必须加以区别对待：有的保护，有的拆除，有的迁移，有的改建。对它们采取一概否定的态度显然是不对的；但是，相反的，对它们采取一概保留，甚至使古建筑束缚我们的发展、限制我们生活的观点和做法，也是极其错误的。"

《初步方案》将中南海及其东面和西面的地区，确定为中央首脑机关所在地；提出逐步地把城墙拆除，沿着护城河两岸修建滨河环路，即第二环路。

就在这时，全国形势发生重大变化。1958 年 8 月 17 日至 30 日，毛泽东在北戴河主持召开中共中央政治局扩大会议，做出两项对中国历史进程产生重大影响的决定，一是 1958 年钢产量 1070 万吨，比 1957 年翻一番；二是农村建立人民公社。

北戴河会议之后，全国进入了"大跃进"和人民公社运动的高潮。在这种情况下，北京市又对《初步方案》做出重大修改，于 1958 年 9 月草拟了《北京市总体规划说明（草稿）》并提交市人民委员会审核。

这个方案在指导思想上，突出了城市建设将"着重为工农业生产服务，特别为加速首都工业化、公社工

北京市总体规划方案（1958 年）　　（来源：《建国以来的北京城市建设》，1985 年）

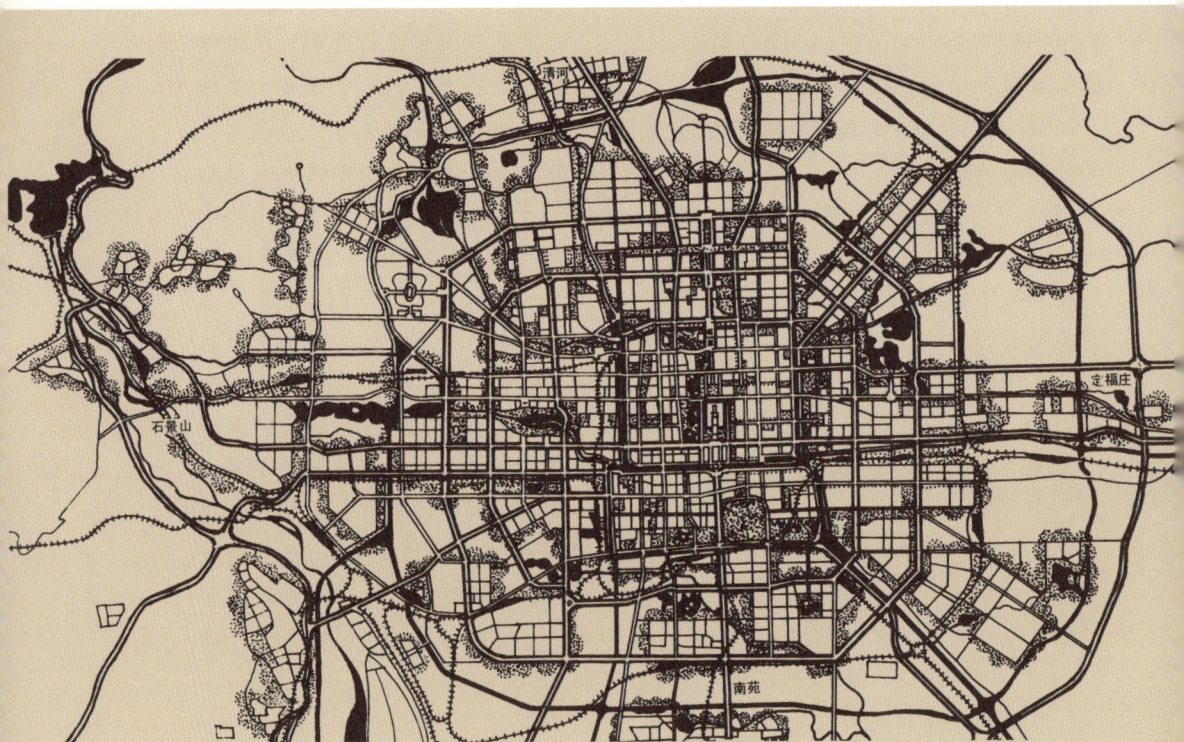

业化、农业工厂化服务，要为工、农、商、学、兵的结合，为逐步消灭工农之间、城乡之间、脑力劳动与体力劳动之间的严重差别提供条件"。

方案提出，要"以共产主义的思想与风格"，对北京旧城进行"根本性的改造"，"坚决打破旧城市对我们的限制和束缚"：

旧北京的城市建设和建筑艺术，集中地反映了伟大中华民族在过去历史时代的成就和中国劳动人民的智慧。但是旧北京是在封建时代建造起来的，不能不受当时低下生产力的限制，而当时的建设方针又完全是服从于封建阶级的意志的，它越来越不能适应社会主义建设的需要和集体生活的需要，也和六亿人民首都的光荣地位极不相称。因此，一方面要保留和发展合乎人民需要的风格和优点；同时，必须坚决打破旧城市对我们的限制和束缚，进行根本性的改造，以共产主义的思想与风格，进行规划和建设。把北京早日建成一个工业化的、园林化的、现代化的伟大社会主义首都。

对旧城进行的"根本性的改造"，包括"故宫要着手改建"、"城墙、坛墙一律拆掉"、"把城墙拆掉，滨河修筑第二环路"：

要迅速改变城市面貌。在五年内，天安门广场、东西长安街以及其他主要干道要基本改建完成，并逐步

向纵深发展。宣武区及崇文区也要成片地进行改建。拆些房屋，进行绿化。

在居住区里选择适当位置，拆些房屋，建设一些无碍卫生的工厂，以便利居民就地参加劳动生产。

展宽前三门护城河，拆掉城墙，充分绿化，滨河路北侧修建高楼。故宫要着手改建。把天安门广场、故宫、中山公园、文化宫、景山、北海、什刹海、积水潭、前三门护城河等地组织起来，拆除部分房屋，扩大绿地面积，使成为市中心的一个大花园，在节日作为百万群众尽情欢乐的地方。

中心区建筑层数，一般是四、五层，沿主要干道和广场，应以八、九、十层为主，有的还可以更高些。

城墙、坛墙一律拆掉。[18]

在此前后，北京市城市建设委员会提出："对于那些在政治上、文化上或者艺术上有价值，留下既不妨碍我们的现实生活并且还可以丰富我们生活的建筑则加以保护，如天安门以及故宫里的一些建设物"，[19] "故宫要改建成一个群众性的文体、休憩场所"。[20]

陶宗震，当年北京市城市规划管理局的建筑师，向我回忆起当时一位局领导的发言："他说，为什么不能超过古代？天安门可以拆了建国务院大楼，给封建落后的东西以有力一击！"[21]

改建方案开始制定，时任北京市城市规划管理局技术室主任的赵冬日被令操刀，他生前向我回忆道："1958年以前有改造故宫这么一说，这东西

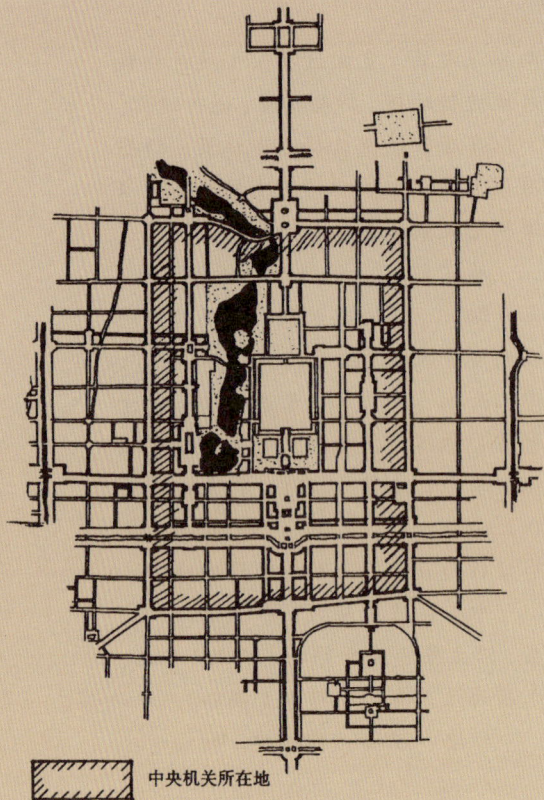

1953年规划中的中央机关所在地（行政中心）

（来源：李准，《"行政中心"析》，《北京规划建设》杂志，1995年第4期）

不落实，是刘少奇提出的。都这么一说，不落实。要把整个故宫改造。市中心嘛，搬到首都中心嘛，不是首都中心找不出地方吗？当时叫我做过方案，我也就瞎画了一下，谁都知道，不可能的事情。我估计他说也是随便一说，不是正式要干。我估计他说也是瞎说，不可能的。"[22]

"当时彭真说，故宫是给皇帝老子盖的，能否改为中央政府办公楼？你们有没有想过？技术人员随便画了几笔，没正经当回事。'文革'期间，把这事翻出来了，有人说你们要给刘少奇盖宫殿。其实，彭真说的话，实际是主席说的话。"时任北京市城市规划管理局副局长的周永源，生前向我作了这样的说明。[23]

谢荫明、瞿宛林[24]在《党的文献》2006年第5期发表《谁保护了故宫》一文，称"在'大跃进'前后，有人说是群众的要求，也有人说是根据某领导的意见，曾有过一个拆除故宫、改为中央政府办公楼的建议"。

这篇文章引用"《原北京市委设想改造故宫方案的照片》文字说明"，介绍了"参与其事"的"少数规划人员"描绘的"四种改建故宫的平面图和鸟瞰图"——

第一方案是拆午门，在午门位置上建中央大楼，使天安门成为党中央入口之大门；第二方案是拆端门，在端门位置建中央大楼，把中南海党中央和国务院迁至市中心位置，党中央设三个主要门：天安门、东华门、西华门，中南海改变为群众性公园。第三方案是将故宫及天安门全拆，"彻底打碎封闭森严的封建艺术布局，代以开敞明朗活泼的气氛，使庄严美丽现代化的新型建筑，代替已经古老落后的帝王宫殿建筑"，以"五组建筑围绕在主体建筑周围布置，以象征'工农商学兵'紧密团结在党中央周围"。第四方案更是彻底，要将故宫、中南海、南河沿以西民房全拆，"中心思想是把党中央和国务院办公用地放在城市中心部分，全部改建故宫，保留有象征意义的天安门作为党中央和国务院的主要入口"。

毛泽东围城之际保故宫

让毛泽东动怒的张奚若，曾于1948年12月18日在北平围城之时，带着解放军干部请建筑学家、清华大学教授梁思成绘制北平文物地图，以备被迫攻城时保护文物之用。

此前一天，毛泽东亲笔起草中共中央军委给平津战役总前委的电报，要求充分注意保护北平工业区及文化古迹："沙河、清河、海甸、西山等重要文化古迹区，对一切原来管理人员亦是原封不动，我军只派兵保护，派人联系。尤其注意与清华、燕京等大学教职员学生联系，和他们共同商量如何在作战时减少损失。"[25]

1949年1月16日，毛泽东再次起草中共中央军委关于保护北平文化古迹的电报，其中提到了故宫："此次攻城，必须做出精密计划，力求避免破坏故宫、大学及其他著名而有重大价值的文化古迹"，"你们对于城区各部分要有精密的调查，要使每一部队的首长完全明了，哪些地方可以攻击，哪些地方不能攻击，绘图立说，人手一份，当作一项纪律去执行"。[26]

1949年1月31日，北平和平解放。同年9月27日，新政协第一届全体会议决定中华人民共和国定都北平，将北平改名为北京。首都规划随即展开。

参与规划工作的梁思成，与应邀到北京指导工作的苏联专家发生分歧。梁思成与北京市都市计划委员会（1955年改组为北京市都市规划委员会）企划处处长陈占祥，共同提出中央人民政府行政中心区应在古城之外的西部地区建设，以求得新旧两全、平衡发展；苏联专家则提出中央人民政府行政中心区应放在古城的中心地区建设，并着手对古城的改建。毛泽东支持了后者。[27]

北京的城墙、城楼、牌楼等古建筑开始被陆续拆除。1952年8月，天安门东西两侧的长安左门与长安右门被拆除，梁思成、张奚若曾极力表示反对。1956年5月，北京市规划局、北京市道路工程局展修猪市大街[28]至北长街北口道路，拆除大高玄殿前习礼

张奚若像　张文朴 提供

亭及牌楼、故宫北上门和东西连房，又引发激烈争论。对古城愈演愈烈的拆除，终导致张奚若1957年5月向毛泽东坦陈己见。

毛泽东与故宫有过一段渊源。他早年在湖南省立第一师范学校就读时的老师易培基，1929年曾出任故宫博物院院长。1919年12月，毛泽东率代表团赴京请愿驱逐湖南军阀张敬尧，就住在故宫脚下的福佑寺。

1936年，在陕北的窑洞里，毛泽东向斯诺讲述了1918他第一次来到北京之后对故宫的印象："我自己在北京的生活条件很可怜，可是在另一方面，故都的美对于我是一种丰富多彩、生动有趣的补偿。我住在一个叫做三眼井的地方，同另外7个人住在一间小屋子里。我们大家都睡到炕上的时候，挤得几乎透不过气来。每逢我要翻身，得先同两旁的人打招呼。[29] 但是，在公园里，在故宫的庭院里，我却看到了北方的早春。北海上还结着坚冰的时候，我看到了洁白的梅花盛开。"[30]

"为什么近20年后，毛泽东在同美国记者斯诺'翻古'时，如此深情地谈到北京美丽的早春呢？原来此时此地，他得到了晚来的青春幸福——同老师的掌上明珠产生了恋爱关系。"曾担任毛泽东秘书的李锐在《三十岁以前的毛泽东》一书中写道。[31]

那时，25岁的毛泽东在北京大学任图书馆助理员，每月有8块钱工资，他与他的老师杨昌济的女儿、18岁的杨开慧产生了爱情。

"他的心盖，我的心盖，都被揭开了！我看见了他的心，他也完全看见了我的心……"10年后，杨开慧回忆起当初的相恋，"从此我有一个新意识：我觉得我为母亲而生之外是为他而生的，我想象着，假如一天他死去了，我的母亲也不在了，我一定要跟着他去死！假如他被人捉着去杀，我一定要同他去，共一个命运！"[32]

1930年11月14日，杨开慧在长沙被军阀杀害。此前，她被告知，如果与毛泽东脱离夫妻关系，便可活命。但她选择了牺牲。

1954年4月，毛泽东在4日之内三登故宫城墙——

4月18日下午，他乘车至故宫神武门内，由东登道上神武门城楼，沿城墙向东行至东北角楼转向南，经东华门、东南角楼，到达午门，由午门城楼下城墙，回中南海。

4月20日下午，他乘车至故宫午门内，登午门城楼，参观设在那里的历史博物馆出土文物展览，下城楼回中南海。

4月21日下午，他乘车至故宫神武门内，由西登道上神武门城楼，沿城墙西行，经西北角楼、西华门、西南角楼，到达午门下楼离去。[33]

3次路线相加，毛泽东正好在故宫城墙上绕行一周。这是1949年之后，毛泽东到故宫仅有的3次记载，而这3次他只登城墙不入宫内。

在城墙上漫步徐行，毛泽东有何感想？他为什么不到故宫里面走走？

详细规划经过

1952年10月，北京市政府召开会议讨论工程项目，梁思成在笔记本上记录了一位发言者的意见："不同意天安门内做中央政府。"[34]

1953年7月，北京市市政建设部门及各区委对城市规划发表意见，绝大部分人主张拆掉城墙，认为要保护古物，有紫禁城就够了，并提出："中央主要机关分布在内环[35]，将党中央及中央人民政府扩展至天安门南，把故宫丢在后面，并在其四周建筑高楼，形成压打之势。"[36]

1955年，梁思成的建筑思想遭到批判。当时在中宣部任职的何祚庥在《学习》杂志发表文章称："旧北京城的都市建设亦何至于连一点缺点也没有呢？譬如说，北京市的城墙就相当地阻碍了北京市城郊和城内的交通，以致我们不得不在城墙上打通许许多多的缺口；又如北京市当中放上一个大故宫，以致行人都要绕道而行，交通十分不便。"[37]

何祚庥的意见也为一些规划专业人员认同。1951年4月28日，北京市都市计划委员会道路系统专门委员会对北京市原有道路的优缺点进行了讨论，提出："为解决故宫对东西交通的阻碍，计划在东华门至灵境胡同黄城根[38]之间，开辟地下道一条，专为东西向汽车通行使用。"[39]

1951年6月6日，北京市都市计划委员会道路系统组组长林治远，在关于北京市道路现况的报告中认为，北京市道路存在的问题包括："内城中部东西交通不便，以故宫为中心的皇城建筑隔断了中部东西交通，虽自民国后开辟了东西长安街、景山前街，但仍不能通畅。"[40]

革命历史博物馆要求在故宫内建设，1955年4月6日，北京市城市规划管理局党组在致中共北京市委的《建筑拨地工作报告》中，以此为例表示："无规划或规划上有争论的地方，则尽量说服暂时不建。"[41]

1957年1月8日，文物收藏家张伯驹以政协委员的身份视察北京市都市规划委员会之后提出："故宫保持有五百多年历史，必须保存其完整

梁思成1930年代在故宫午门前西朝房留影，由他担任法式部主任的中国营造学社，当年借用此处房舍办公　　林洙 提供

性，确定紫禁城为故宫博物院范围，绝对不得拆建或开修马路。"

北京市都市规划委员会对此答复："在北京市总体规划初步方案上已考虑到保留故宫。"[42]

1957年4月16日，北京市都市规划委员会在答复人大代表和政协委员关于"机关除城内原有的，应该注意分布到城外"的意见时称："关于机关办公楼的分布问题，在规划中考虑：中南海及其东面和西面的地区作为中央首脑机关所在地。"[43]

位于中南海东面的故宫是否涉及"中央首脑机关所在地"的范围？答复未予说明。

1958年北京总体规划方案上报中央以后，北京市都市规划委员会立即展开分区详细规划研究，当时专门成立了城区组研究旧城的详细规划。后来，都市规划委员会与规划局合并，成立了城区规划室（规划局四室），由赵冬日、沈其两位专家领衔；建筑设计院也成立了相应的规划班子，由张镈总建筑师领衔，开展了大量工作。

这些单位对旧城从整体上应该建成什么样，做了较为深入的探讨，这项研究一直延续到20世纪60年代进入高潮。

北京市城市规划设计研究院前副院长董光器在2006年10月出版的《古都北京五十年演变录》一书中，印出9张这一时期完成的北京城区规划方案图，显示旧城之内，基本没有保留胡同系统和成片的四合院，取而代之的是多层和高层建筑；从天安门到故宫，或

只保留部分建筑物，或全部拆除重建。

"故宫能不能局部改建，护城河能不能改成暗河，在当时也是十分敏感的问题。"董光器在书中写道，"市委、市政府没有明确的指示，但在学术界，包括历史学家在当时也确有世界上没有永恒的存在，万事万物均在变化之中的说法。何况当时的规划只是一种模拟试验，并非实施方案，思想不妨放开一点。因此，有的方案做了对天安门城楼和太和殿的改建方案。"

董光器回忆道，在旧城详细规划研究过程中，市委和党中央都没有对此进行正式讨论，唯有周恩来总理在1958年总体规划上报前，小范围地听过一次汇报。

当听到旧城改建大体需要花费150多亿元时，周恩来说这是整个抗美援朝的花费，代价太高了，你们这张规划图是一张快意图，我们这个房间就算是快意堂吧！

看到规划方案在中南海西侧副轴终端放了一组大型公共建筑，准备建国务院大楼，周恩来明确表态，在他任总理期间，不新建国务院大楼。

董光器的感受是："周总理在当时对加快旧城改建持保留态度。"[44]

"进行革命性改造"

"大跃进"时期，文化部的一些机构被下放至北京市，其中包括了故宫博物院。

1958 年 10 月 13 日，北京市文化局党组提出《关于故宫博物院进行革命性改造问题的请示报告》（下称《请示报告》）："过去由于清规戒律的限制，不准动原状，不准用灯光，各次陈列迁就主要宫殿，分散零乱，多而不精，参观极不便利。而且对封建落后的陈迹不能大力铲除，保留得过多。房屋及环境的清除整理，阻力更大，至今未能脱出残败零乱的现状。库房虽然积极清除了一百多万件非文物，但尚远不彻底"，需要"坚决克服'地广人稀，封建落后'的现状，根本改变故宫博物院的面貌"。

报告提出两个改革方案："第一个方案，是将紫禁城内前后两部分划分为二，后半部分从乾清门后由故宫博物院办陈列，前半部分交园林局建设成为公园。这样博物院的陈列成一线，可以大大精干，在紫禁城东西后部开辟两个便门后，故宫可以四通八达，参观便利。"

"第二个方案，是按第一方案多保留从太和门起三大殿[45]及两庑中间主要宫殿，此外交园林局管理。这样主要的宫殿建筑还是作博物馆陈列，可照顾各方面的意见，参观亦便利。绿化部分大部交园林局，博物院更可集中精力办好博物馆事业。但这个方案工程比较大，三大殿两庑及乾清宫两庑要安装灯光，三大殿一带房屋都需油饰彩画。"

报告还提出，多开一些东西交通便门，增辟休息地点；对故宫的宫殿建筑拟大事清除，保留重要的主要建筑，以70%以上的面积园林化等等。[46]

《请示报告》提出之后，从1958年11月到1959年4月，一系列中央会议连续召开，旨在纠"左"。"大跃进"运动中出现的高指标、浮夸风，以及人民公社建立中存在的诸多混乱现象，引起了毛泽东的警觉。

1959 年 2 月 27 日至 3 月 5 日，中共中央在郑州召开政治局扩大会议，会议的主题是人民公社问题。毛泽东指出，"我们在生产关系的改进方面，即是说，在公社所有制问题方面，前进得过远了一点"，造成同农民关系的紧张状态，必须纠正"平均主义倾向和过分集中倾向"，并强调不允许"无偿占有别人劳动成果"。[47]

3 月 5 日，会议结束之前，毛泽东从建筑角度谈起了民族风格问题，认为"北京的城市建筑是封建主义的"：

在建筑上，我赞成洋气，开封不像个样子，完全是老式的房子，北京的城市建筑是封建主义的。完全老式的，乌龟壳式的，我不喜欢这个乌龟壳。为什么一定要讲保存民族风格，你那个铁路、枪炮、飞机、火车、电影、拷贝，中国与外国有什么区别，有什么民族风格？我看有些东西不要什么民族风格。[48]

此前，毛泽东表达过类似的观点。1953 年 2 月，他在武汉召集中南局几位负责人谈话时说：

你们在东湖盖的这两所房子像乌龟壳，有什么好看？落后的东西都要逐步废除，木船是民族形式，要不要用轮船代替？为什么人们不喜欢旧毛厕，要用抽水马桶？就是说，要提倡进步，反对保守，反对落后。还是大洋房比小平房好，有些人对保护老古董的劲头可大了，连北京妨碍交通的牌楼也反对拆除。[49]

正是基于这样的认识，1955 年，毛泽东发起了对梁思成建筑思想的批判。[50]

"毛主席讲了'大屋顶有什么好，道士的帽子与龟壳子'，把批判梁思成的任务交给了彭真。"时任中国建筑学会秘书长的汪季琦在晚年回忆道。[51]

1959 年 6 月，在北京市文化局党组的《请示报告》提出 8 个月后，中宣部对此做出回应。

谢荫明、瞿宛林在《谁保护了故宫》一文中，引用相关档案，披露了中宣部部长办公会议讨论《请示报告》的情况——

中宣部部长陆定一说："好事常常办成坏事，主观上想办好事，结果并不完全是这样"，"故宫改革方案文件的精神要整个考虑一下。北京的城墙要拆，因为它影响几百万人的交通问题。但是，故宫是另外一种问题"。

陆定一表示："我们对故宫应采取谨慎的方针，原状不应该轻易动，改了的还应恢复一部分"，"故宫的性质，主要应该表现宫廷生活，附带可搞些古代文化艺术的陈列，以保持宫廷史迹"，"讲解说明要实事求是地讲清这些史迹即可，少说一些标语口号"，"关于房子改造问题，小房、小墙可以拆一些，但要谨慎。马路可以宽一些，这是为了消防的需要，不是为了机动车进去。故宫就是要封建落后，古色古香。搞绿化是需要的，如果辟为公园不好管理，绿化一下即可。故宫前半部，可以不交园林局，绿化由故宫统一搞。搞故宫的目的就是为了保留一个落后的地方，对观众进行教育，这就是古为今用，这点不适用于其他各方面的工作。故宫的方针，第一条是保持宫廷史迹，使人能详细地、具体地了解宫廷生活；第二条才是古代文化艺术的陈列"。

"陆定一保故宫，立了一大功！"2005 年 11 月 14 日，中国文物保护学会顾问谢辰生在接受我采访时，回忆起与这次会议相关的一个情况——

当时，文化部文物局局长王冶秋接到通知：到中宣部出席处级以上干部会议（即部长办公会议），讨论北京市提出的故宫改造方案。

"王冶秋一听就火了，拒绝出席。"谢辰生说，"后来，他见到我，直后悔，说那个会真应该参加！我问他是怎么回事，他说，原以为中宣部开的那个会是戴着帽子下来的，没想到却开成了一个保护故宫的会，陆定一把那个方案给否了！"

"王冶秋对我说，陆定一否掉了在故宫里开马路的那个方案，这条马路计划从西华门横贯至东华门，将文华、武英二殿辟作娱乐场所。北京市提出的两大改建理由是，故宫'地广人稀，封建落后'。陆定一说，'封建落后'，故宫就是封建落后嘛，不封建落后哪叫故宫呢？'地广人稀'，留个地方给老百姓游览休憩，有什么不好？我看，故宫一万年也不要点电灯泡，我们中宣部处级以上干部，个个都是'保皇党'！"[52]

1964年6月12日，谢辰生参加故宫复原陈列的讨论，第一次看到了陆定一在那次中宣部部长办公会议上的讲话记录。当天，他在日记里写道："如果不是这次定一同志顶住，故宫真不知如何得了。可能现在已是面目全非了。有些人是好心办坏事。好事过了头就会走向它的反面，这就是辩证法。"[53]

在北京市文化局党组提出《请示报告》之后，故宫博物院拟定了一个"清除糟粕建筑物计划"。

《紫禁城》杂志2005年10月推出"故宫博物院80年专号"，刊出一则短文，对此予以披露："1958年，正是'大跃进'和人民公社化在全国形成全民运动的高潮时期。在当时的形势下，故宫博物院在有步骤地实施古建筑修缮整理的同时，也着手计划改建工程，预备对院内一些不能体现'人民性'的'糟粕'建筑进行清理拆除。"[54]

1958年12月15日，故宫博物院向北京市文化局提交了《清除糟粕建筑物计划和59年第一批应拆除建筑物的报告》，其中说明对院内各处残破坍塌及妨碍交通道路、妨碍下水道之小房及门座等建筑，需即行拆除。

北京市文化局1959年1月7日同意此报告，并提出要求："（1）能暂时利用者，可不拆除；（2）对过去宫廷仆役（太监、宫女等）所住的房屋及值班房等，选择几处有典型性的加以保留，并标出文字说明，以便和帝王奢侈生活进行对比，向观众进行阶级教育；（3）拆除室内的墙时，应注意建筑物的安全；（4）能用材料，拆除时应注意保护，拆除后应妥为保存和利用；（5）拆除的建筑物应照相留影。"[55]

计划执行的情况是，"绛雪轩罩棚、养性斋罩棚、集卉亭、鹿囿、建福门、惠风亭等一批'糟粕'建筑，于一年之内被拆除"。[56]

改建计划被再度提起

1961年3月，故宫被国务院公布为第一批全国重点文物保护单位。

1963年2月，北京市城市规划管理局在北京展览馆举办"北京市城市规划设计汇报展览"。此间，故宫改建计划被再度提起。

有关规划官员和技术人员被召集至颐和园听鹂馆用餐。席间，北京市副市长吴晗引经据典谈论故宫，称故宫自古以来就是变化着的，溥仪为骑自行车还锯掉了故宫的门槛。

1963年3月25日，吴晗在中共北京市委机关刊物《前线》的"三家村札记"中，发表《谈北京城》一文，为故宫改建造势：

尽管北京城的建都有了一千多年的历史，今天的北京城却绝不是辽、金时代的北京城。辽、金时代的北京城，在今天北京城的西面和西南面，都早已毁灭了，一点影子也没有了。明初营建的北京城，也不尽和元代的城相同，明代北京城的北城比元代的北京城向南缩五华里，现在德胜门外五里的土丘，就是元代北城的遗址，元代南城就是现在的东西长安街，明代把它向南扩展了。至于外城则是公元1550年以后修建的。从以上历史发展的情况来说，历史上都市的建设不是不可以改变的，相反，各个时代都为了符合自己的需要，进行了重建或扩建。今天的北京城并不是历史上各个王朝北京城的原样，不但位置不同，规模、设计、建置也不相同。

同样，作为政治中心的中心，统治者在那里发号施令的宫殿，也是如此，不但辽、金时代的宫殿没有了，就是元朝的也被拆除了。

这位明史专家称："现在保留下来的清朝的宫殿，不但不是明朝的原来建筑，而且，也不完全是清朝原来的建筑。当然，作为一个古代建筑艺术品，应否保留以及如何保留，是一个可以研究的问题，不过，要是像某些人所说，因为是古代建筑，就绝对不能改变，把事情绝对化了，那也是不符合历史实际情况的。"

吴晗得出结论："北京城的历史发展告诉我们，无论是城市建置，政治中心，街道布局，房屋高低等等，都不是不可改变的。相反的结论是必须改变。我们必须有这样的历史认识，才不至于被前人的阴影所笼罩，才能大踏步地健康地向前迈进。"[57]

董光器在《古都北京五十年演变录》中，印出一张1963年北京市城市规划管理局作的北京城区布局方案图，显示天安门、端门、故宫皆被拆除改建为大型公共建筑。[58]

1964年，国民经济调整的任务基本完成，一个新的发展阶段可望到来。国务院副总理李富春提出《关于北京城市建设工作的报告》："考虑到国际形势和国内条件，首都面貌应当逐步改变，如果中央同意，即可让北京市迅速作出东西长安街的改建规划。"[59]中共中央批转了这个《报告》。

为此，北京市政府发动北京市规划局、建筑设计院、工业建筑设计院、清华大学、建筑科学研究院、北京工业大学6家单位分别编制规划方案，并于1964年4月10日至18日，邀请各地建筑专家审核、评议规划方案。

在此期间，故宫改建方案在内部专室展出。一位知情者对我说，改建方案对故宫建筑有保留的，也有不保留的，几种方案都有，大家只是做做看，学术上有各种观点，但都是内部探讨式的，并没有形成决策和事实。中共北京市委第二书记刘仁看罢故宫改建方案，哈哈一笑离去。

清华大学土木建筑系1965年1月

编辑的《教学思想讨论文集（一）》中，收录了一篇题为《要用阶级观点分析故宫和天安门的建筑艺术》的文章，有言曰：

今天劳动人民当家作了主人，故宫不再是封建统治阶级的宫殿，而成为人民的财富，所以我们也就改造它、利用它，使它为今日的社会主义服务。

但是由于故宫的建造本身是为封建统治阶级的，因而今天群众对它并没有多大感情。我们访问过的一位解放军刘同志说：我去故宫是解放初期，看了之后觉得空空荡荡、松松垮垮，台上放个破椅子，看着"腻味"！比行军还累！而现在人大会堂比它大的多，我上上下下倒一点也不累。咱们不感兴趣的东西，就是不合咱们的需要。另一位退休的建筑工人张大爷说："故宫在我们这些老手艺人看来，也不过拿它当个'古物'，其实也不怎么样，老式样！"一位妇女主任也说："皇宫盖的拖拖拉拉，死板，不好看！"……

另外大家还说："又费工、又费料。""大木头垛着，人家可以盖五十间，它只能盖一间，也果不了几个人！""占那么大的地方，而且还在城中间。"

……今天大家去看故宫比较多的是拿它当个展览品。然而，我们过去有些人，却被故宫的建筑气派吓唬住，拜倒在封建帝王脚下，至今还不起来。……

刘同志说："49年进城，我乍一到天安门，首先觉得不舒服：这是国家经济、文化中心，可是气氛不对头。往这边一瞧，是城门楼；往那边一瞧是五个黑洞洞；中间连着一条窄路，两旁红墙夹着。东西摆的不少，但用途不大，像三座门、红墙当然过去是有用的。围护紫禁城，不让老百姓接近。当时我觉得这么大的国家，应该有一个好的中心。"……

群众喜爱天安门，可是对天安门的建筑形式并不十分满意。前面说过刘同志还说："现在有了大会堂、博物馆的搭配，天安门又经常修缮，所以也壮丽，从整个广场看，北边显得配不起来。"居民委员会马主任也说："天安门是老房子，要能盖一个新的主席台，修得比人大会堂更漂亮，那更好！两边的文化宫和中山公园的大门像庙门，我看得改！"张大爷说得更具体："天安门也不过是城楼上加一个殿座。老人谁没见过城门楼？要是新盖一个大楼，比大会堂高出一倍去，可多威望，要比天安门精神！"……

我们现在认为：人民建造故宫，付出了巨大的劳动，但是他们建造的东西，不代表他们的意愿，他们是被迫劳动、按着统治阶级的意图行事的。所以故宫决无"人民性"，它是封建帝王的建筑。

"砸烂故宫！"

1966年"文化大革命"爆发，其信号是吴晗响应毛泽东倡议而作的京剧剧本《海瑞罢官》遭到批判。

在这场风暴中，中共北京市委书记彭真、刘仁、郑天翔等7人和副市长吴晗、乐松生等6人分别被扣上了"叛徒"、"特务"、"反革命修正主义分子"、"反动资本家"、"反动学术权威"等罪名。刘仁、邓拓、吴晗被迫害致死。

故宫改建计划被列为中共北京市委要给刘少奇盖宫殿的"罪证"。

梁思成日记载，1967年8月16日，北京市规划局两位工作人员"来问彭真想拆故宫改建为党中央事，及关于改建广场及长安街事"。[60]

1967年9月30日，《城市规划革命》第1期"北京市城市规划管理局革命大批判材料选编"刊登署名《东方红》战斗队"的批判文章《揭开"故宫改建"规划的黑幕》，称"'故宫改建'就是这群赫鲁晓夫式的人物篡党、篡国的又一起严重反革命事件"。

改建计划胎死腹中，紫禁城并未获得安宁。

"文革"时印出的《毛主席语录》称："那些封建皇帝的城池宫殿还不坚固么？群众一起来，一个个都倒了。"[61]

1966年5月23日，泥塑"收租院"展览在神武门城楼开幕，后移至故宫奉先殿继续展出。为此，1966年6月至7月，奉先殿工字形大殿被改为长方形。

11月21日，奉先殿前清代祭祖所用的焚帛炉，因正对着殿内的毛主席像，被认为与展览内容不符而被拆除。

同年8月3日，故宫城隍庙内泥塑神像11座、泥塑马一对被毁；8月16日，除"收租院"展览外，故宫其余各处停止开放，实行闭馆。

故宫博物院大理石门匾被纸盖住，墨笔大书"血泪宫"三字；神武门外砖墙上，"火烧紫禁城！！！""砸烂故宫！"的大字报贴出。

故宫"整改方案"随即出台。顺贞门、天一门、文华殿、乾隆花园内的门额被摘，中和殿宝座被拆。

"整改方案"的其他项目未及实施，即遭遇"批判资产阶级反动路线"大潮。1966年6月进驻故宫博物院，带领全院职工批判"黑线"、贯彻"红线"的军宣队，转眼间成了被批判揪斗的对象，10月不得不撤离故宫，"整改方案"寿终正寝。

1966年8月18日，毛泽东、林彪在天安门广场第一次接见全国各地的红卫兵及群众代表。当晚，周恩来得知红卫兵准备冲入故宫"破四旧"，当即指示关闭故宫，并通知北京卫戍区派一个营的部队前去守护。[62]

次日，红卫兵要冲故宫，工作人员按照周恩来的指示把红卫兵劝退。几日后，周恩来又派军队守护故宫四周。

1970年，故宫钦安殿前抱厦五间被拆除。[63]

1971年7月，故宫博物院恢复开放。

1973年3月27日，因洛阳白马寺接待西哈努克亲王的需要，按上级指示，故宫慈宁宫大佛堂全部文物被

大高玄殿牌楼以钢筋混凝土技术重建　　王军 摄于 2004 年 5 月 13 日

调拨洛阳白马寺，至今未归还。搬运文物时，慈宁宫大佛堂建筑彩画遭到破坏。

1972 年，设计高度逾百米的北京饭店东楼在故宫东南侧兴建。施工中发现其构成对中南海的窥视，东楼高度被减至 87.6 米；1974 年 2 月 10 日，经国务院批示，五座遮挡性楼房在故宫西华门内南北两侧开工，次年 11 月 22 日竣工。

此前，有人建议将故宫午门楼提高以起遮挡作用，周恩来予以否定，认为一是文物不宜破坏，二是不能作"此地无银三百两"的傻事。[64]

周恩来提出，北京应有一个控制建筑高度的规定，譬如城里 45 米，城外 60 米，研究后要把它确定下来。[65]

"无价的历史见证"

西华门内的遮挡性楼房，后由中国第一历史档案馆等单位使用。

2003 年 11 月 26 日，国家发展和改革委员会批复中国第一历史档案馆迁建工程的项目建议书，同意迁建工程立项，工程选址在北京市海淀区正福寺 4 号。国家发改委要求档案馆迁出后，旧馆应拆除，尽快恢复明清故宫历史原貌。[66]

1987 年 12 月，故宫成为中国首批被列入《世界遗产名录》的文化遗产。世界遗产委员会对故宫的总体评价是："紫禁城是中国 5 个多世纪以来的最高权力中心，它以园林景观和容纳了家具及工艺品的 9000 个房间的庞大

重建后的大高玄殿牌楼　　王军 摄于 2005 年 11 月

建筑群，成为明清时代中国文明无价的历史见证。"

2004 年，陆定一之子陆德回故乡无锡给父亲上坟，听说文物专家对父亲的故居作了评估，称此宅应该保留，不仅是因为它的建筑风格和文化底蕴，更主要的是陆定一挺身保护了北京故宫，单凭这一点，就不会同意让人拆掉陆定一故居。

2005 年 10 月，故宫博物院建院 80 周年之际，陆德投书《北京日报》讲述自己给父亲上坟的故事："关于保护故宫这件事，父亲在世时我未听他谈过。但他在世时，在一次我与他谈论北京现代化建设和拆除大量民俗古建筑的矛盾时，父亲讲：50、60年代，北京为搞建设，需拆除部分古建筑。一些专家和学者不赞同，有人为此还痛哭过。我们把这一情况向（毛）主席汇报，主席讲：'这些遗老遗少们啊，当亡国奴（注：指日本侵占北京时）他们没有哭，拆几座牌楼古坊，就要哭鼻子?!'以后也就没有人敢轻易去反映这种事了。看来，为了保护故宫，父亲60年代初挺身直谏，是冒了很大的政治风险的。"

陆德感叹："当今，每年有数百万人去参观游览故宫，当人们在赞赏这一灿烂的人类文化明珠时，可曾想到还有这么一段感人肺腑的历史史实。"[67]

谢荫明、瞿宛林对故宫的这段历史做出这样的评价："中国共产党成为执政党后，在保护故宫、保护历史文化遗产方面做了许多卓有成效、富有远见的工作。历史告诉我们，尽管在保护故宫的过程中，形成了多种不同的设想、意见和方案，但由于党在改造故宫这一重大问题上，经过审慎的考虑，并采取切实可行的措施，最终使故宫完整地留存给子孙后代。在故宫的改造利用过程中，虽然极'左'思想和历史虚无主义曾有所体现，但正确的认知和行动最终还是占据了主导地位。"[68]

西华门两侧被计划迁建的中国第一历史档案馆楼房
王军 摄于 2008 年 2 月 8 日

本文涉及的故宫内外
部分建筑和街道位置图

建筑和街道地点以其在文中出现的顺序标注。底图为中国抗日战争时期美国第18航空队1943年航拍北京全城的军用照片局部——北京明清皇城。原图藏美国纽约大都会博物馆，中国工程院院士傅熹年先生获赠后提供本书作者使用。

1 文华殿

2 武英殿

3 太和殿

4 中和殿

5 天安门广场

6 中山公园

　（社稷坛）

7 劳动人民文化宫

　（太庙）

8 景山

9 北海

10 东长安街

11 西长安街

12 中海

13 南海

14 天安门

15 午门

16 端门

17 东华门

18 西华门

19 南河沿

20 长安左门

21 长安右门

22 筒子河

23 北长街北口

24 大高玄殿

25 习礼亭及大高玄
　殿牌楼

26 北上门

27 福佑寺

28 三眼井吉安东
　夹道（毛泽东旧居）

29 北京大学（红楼）

30 神武门

31 东北角楼

32 东南角楼

33 西北角楼

34 西南角楼

35 灵境胡同

36 黄城根（皇城根）

37 午门外西朝房
　（中国营造学社旧址）

38 乾清门

39 太和门

40 保和殿

41 乾清宫

42 绛雪轩

43 养性斋

44 建福门

45 惠风亭

46 东三座门

47 西三座门

48 奉先殿

49 城隍庙

50 顺贞门

51 天一门

52 乾隆花园

53 钦安殿

54 慈宁宫

55 大佛堂

水 淹 均 州

"2000年，我还在水库里看见了均州古城的城廓，太激动了！"

谈起湖北省丹江口库区的文物保护，当地人颇为激动，因为他们曾目睹丹江口水库一期工程在1967年蓄水时，均州古城及武当山响水河至草店沿线35公里的地段内，173处古建筑在未采取有效保护措施的情况下，全部被淹没的事实，其中包括著名的迎恩殿、净乐宫、周府庵等；在地下文物方面，被淹没的，以淅川下寺遗址最为著名，此处被疑为楚都丹阳所在地。丹江口水库一期工程所造成的损失，是中国文物保护史上罕见的悲剧。

皇家建筑沉入库底

北修紫禁城，南修武当山，是明永乐皇帝做的两件大事。公元1412年，永乐帝下旨，命工部大臣率20万工匠，历12年修成"九宫九观"、"三十六庵堂"、"七十二岩庙"的武当山道教建筑群，并派兵驻守，成为明代皇帝的家庙，以喻"君权神授"。

武当山道教建筑群从均州古城内的净乐宫开始，"五里一庵，十里一宫"，延绵至武当山金顶，气势宏大。可在丹江口水库一期工程中，三分之一的部分被库水吞没了。

"抢下来的东西，也就是净乐宫等处不到2000件的石构件，被分送到武当山老营镇和丹江口市的两处地点，现在还在露天散放。"2004年8月，丹江口市文物局副局长陈智忠在接受我采访时说，"木建筑根本就没有保，不是被水淹掉，就是被大家拆去盖房子，或是当柴火烧掉！"

1957年，国务院曾拨款33万元用于丹江口库区文物保护，主要是保护均州古城及其周围的文物。丹江口水库1958年开工，途中苏联专家突然撤走，工程一度暂缓，文物保护未能及时跟进；至1966年"文革"爆发，33万元的文物保护款尚余11万元没有花掉，而面对"破四旧"的大潮，就再没有人敢动这笔款子了，索性还给了国家。

一期工程文物保护欠账带来的问题仍举目可见。2000年8月，库水消落，两处碑帽探出头来，丹江口市文物局组织打捞，救上来的竟是周府庵精美的透雕石刻。由于库水的冲刷，大量古墓葬暴露出来了，盗掘活动猖狂。

"库水消落的时候，我们一看，到处都是古墓葬，有墓的地方，草都长得不一样！"湖北省文物考古研究所副所长李桃元对我说，"这里的楚墓成千上万，其表层的汉墓被冲散，砖头跟砾石似的堆在岸边，过去我们常说哪个地方埋藏丰富，可到这里一看，都不值一提了！"

前几年，李桃元到消落区搞了一次发掘，随手一挖竟是一处带车马坑的大型楚墓。

均州古城被淹让陈智忠非常难过，小时候他在那里住过，古城在水库中的位置他了如指掌，"均州的城墙10多米高，有4个城门，净乐宫占整个城市三分之一多的面积，布局与故宫相似，有东宫、西宫、御花园，每次皇帝到武当山都先住在这里。2000年，我还在水库里看见了均州古城的城廓，太激动了！"

陈智忠回忆道："韦贵是永乐帝派来监修武当山建筑的太监，死在均州，墓地在均州城南3公里处，均州人对他的感情很深。韦贵用一生攒下的钱捐建了迎恩宫，请皇帝赐名，死后皇帝还派人看他的墓。可迎恩宫和韦贵墓也都被库水淹掉了！"

"真应该组织力量把一期工程文物保护的史料搞清楚，当时的过程是

南水北调工程中线水源地——丹江口水库　　王军 摄于2004年8月

武当山明代皇家建筑——紫霄宫正殿　王军 摄于 2004 年 8 月

均州古城民居细部旧影　丹江口市文物局 提供

怎样的？应向后人有个交代。"湖北省文物考古研究所副所长王风竹对当时的情形感到震惊。

"文革"结束后，丹江口水库一期文物保护遗留的问题，受到湖北方面的重视。库区水位虽高达157米，但每年均有数月的消落期，最低水位为130米，仍有条件对消落区的文物进行抢救发掘。

1989年，湖北省政府就净乐宫石构件的保护、整修问题致函水利部。此后，陈智忠随丹江口市市长赴京汇报情况。"水利部的一位司长接待了我们，他们是认账的，可一期工程已经结束，他们表示已无依据再出这笔钱了。"陈智忠说。

问题拖到了南水北调工程，丹江口水库二期上马，水位又要上涨，一期的欠账再不解决就无力回天了。

2004年7月，湖北省丹江口库区文物保护工作汇报会召开，湖北省副省长刘友凡在发言中强调没有一期就

均州古城旧影　丹江口市文物局 提供

均州古城局部旧影　丹江口市文物局 提供

没有二期，一期工程处于特殊历史时期，没有充分考虑文物保护问题，请国务院南水北调工程建设委员会领导对一期工程遗留的净乐宫、消落区文物保护问题给予慎重考虑，并妥善解决，使库区悠久的历史文化遗产得到有效保护。

与会的国务院南水北调工程建设委员会办公室副主任李铁军表示，消落区的文物可以协商研究解决，该花的钱必须花，否则会成为历史问题。

"真希望领导的讲话迅速变成实实在在的行动。"陈智忠说，"丹江口水库一期工程欠下来的，可是中华民族文化的债啊！"

又是一轮呼号

　　站在丹江口水库——南北水调工程中线水源地的岸边，湖北省文物局副局长吴宏堂用了一连串的"很"来描述他肩上的担子："丹江口湖北库区文物保护的任务很重很重，难度很大很大，留给我们的时间已经不多了！"

　　2004年6月，吴宏堂带着一支在三峡文物保护中打过硬仗的队伍来到这里，同时立下誓言："我们做好文物保护工作的信心很足很足！"却难掩军中乏粮的尴尬。

　　由于体制不顺，保护经费尚无着落，湖北省文物局不得不东拼西凑搞发掘，垫资150多万元。

　　"我们不能等，等不得！垫资对

均州古城民居细部旧影　　丹江口市文物局 提供

一些文物进行抢救，这是三峡工程的经验。"吴宏堂说。

　　三峡工程由于文物规划滞后审批，保护经费不能及时到位，使得早该提

均州古城旧影　　丹江口市文物局 提供

前进行的文物抢救工作数年裹足不前，库区一度盗掘成风，1996年甚至在湖北巴东的移民公路建设中，省级文物保护单位"共话好山川"石刻被炸成一堆废石。

在大型水利枢纽工程的论证阶段，如何把文物保护作为一项基础性工作纳入其中？这是三峡工程留下的巨大疑问。如今，这个疑问又在丹江口水库的上空盘旋了。

2002年12月27日，南水北调工程正式开工建设。工程近期建设的目标是，东线一期工程2007年全线贯通；中线一期工程2010年全线贯通，2007年具备应急把河北省境内4座水库的水调入北京的条件，2008年具备应急把黄河水调入北京的条件；西线一期工程在2010年前后具备开工建设的条件。

这项工程从提出、论证、规划，到立项开工，历时50载，先后参与的规划设计者数以万计。在听到工程开工的消息时，王风竹的感受却是："有些茫然，怎么没有文物的事情？"

南水北调工程纵穿中国古代文化的腹地，中线工程总干渠连接着夏文化、商文化、楚文化、燕文化等中国历史上重要的文化区域。

国家文物局局长单霁翔率队马不停蹄地走访了工程涉及的各个省市。2003年初，以他为首的40名全国政协委员联名提案，指出南水北调工程"虽然在渠线设计中，设计单位已经注意避开一些重要文物点，但是总干渠渠线的设计并没有依照《文物保护法》的要求，征求省级文物行政部门的意见，南水北调总干渠的文物调查工作迟迟没有落实"。

在南水北调工程文物保护工作机制尚未确定的情况下，2004年2月，国家文物局下文要求做好南水北调工程的文物保护，各相关省市随后展开文物保护规划工作。

同年4月，国家文物局在京召开"南水北调中线工程文物保护规划论证会"，两院院士吴良镛和中国工程院院士傅熹年、葛修润等专家呼吁，南水北调工程对历史文化遗产的影响十分巨大，必须引起各级领导和部门的高度重视，在做好工程建设

均州古城旧影　丹江口市文物局 提供

净乐宫山门旧影　　丹江口市文物局 提供

净乐宫小牌坊旧影　　丹江口市文物局 提供

的同时，必须做好历史文化遗产的保护工作，只有这样，南水北调工程才能成为造福人类的文明工程。由于工程建设周期短、施工进度快，留给文物部门的工作时间十分有限，特别是丹江口水库淹没区的文物保护工作迫在眉睫，必须尽快组织队伍抢救。

在这样的情况下，湖北省文物局组织力量完成《南水北调中线工程丹江口水库淹没区湖北省文物保护规划》，共收入文物点210处，包括地下文物176处，地上文物34处，计划发掘46.45万平方米，占遗址分布面积

2000年8月从丹江口水库里捞出的周府庵透雕碑帽　　王军 摄于2004年8月

的6.51%，计划勘探413万平方米；地上文物的保护措施分搬迁保护、原地保护、留取资料三种。

2004年6月，湖北省文物局以垫资的方式，组织省文物考古研究所等单位抢先对淹没区内已经暴露和面临破坏危险的丹江口市熊家庄、郧县中学汉代墓群等重点遗址、重点墓地进行抢救性勘探、发掘。

同年7月，消息传出：南水北调工程文物保护的工作机制和程序已经确定，中线工程的前期工作由水利部负责，各相关部委组成的协调小组设在国家文物局，文物保护工作经费将纳入工程概算，工程涉及的各省市上报文物保护规划，列入南水北调工程总报告再予以审定。

这个过程与三峡工程相似。三峡工程1992年决定上马；在全国政协的强烈呼吁下，1994年3月，三峡工程库区文物保护规划组成立；同年12月，三峡工程开工；1996年，文物保护规划完成。

由于三峡工程文物保护规划最初列出的19.8亿元的保护经费与工程部门事先估列的3亿元相去甚远，2000年6月规划报告才通过审批，最终确定的文物保护经费约为10亿元。

南水北调工程的文物保护会不会遭遇同样的情况？王风竹说："不能再出现这种情况了，三峡工程的工期长，还有时间扯皮，而南水北调留给我们的只有四五年，再扯皮就来不及了。"

遇真宫何去何从

为实现向北京供水，丹江口水库坝高将由目前的162米，加至176.6米，蓄水位由目前的最高157米，提高至170米，新增淹没面积370平方公里。

在淹没区湖北境内的210处文物点中，包括世界文化遗产1处，全国重点文物保护单位1处，省级重点文物保护单位6处，市、县级重点文物保护单位48处。

建设工程与世界文化遗产发生矛盾，在中国还是头一次。由于库区最终蓄水位将高出世界文化遗产武当山建筑群中的遇真宫6米，其去留成为世人关注的话题。

2003年1月，遇真宫主殿被焚毁，而今，它又面临与水库建设的矛盾。

遇真宫是明代敕建武当山的"九宫九观"之一，已有近600年历史，计有殿宇、山门33间，建筑面积1459平方米，中轴对称，坐北朝南，四周有宫墙环护。为抢救这处古建筑，湖北省文物部门提出三种设想：原地抬高、异地迁建或围堰保护。

其中，围堰保护又有大围堰、小围堰两种方案。大围堰方案即筑坝于遇真宫附近的山口处，将库水拦在整个古建筑的区域之外，可由于

露天散放着的净乐宫石构件　　王军 摄于 2004 年 8 月

一条河流要经此山口注入水库，设泵站引河水入库存在巨大困难；小围堰方案即筑坝于遇真宫前，但又容易形成内涝。

原地抬高方案，由于遇真宫占地面积大，要整体抬高6米以上，也存在相当大的难度。

2004年8月，王凤竹在接受我采访时透露，经过多番考虑，湖北省文物部门倾向于异地迁建这处文物，正在将实施方案按规定程序进行论证、审批。

2006年下半年，经过论证，国家文物局专家组选择了围堰防护的方案，确定以一道长800余米的围堰把遇真宫与库水阻隔开来。

2008年1月8日，新华社发布消息称，遇真宫围堰防护方案在工程设计中被推翻，"工程部门后来在组织设计时发现，围堰防护方案不利于永久保护文物：按照这一方案，一旦遇到超过百年一遇的洪水，遇真宫将面临灭顶之灾，且在遭受洪灾后，堰内如何排水也成为一大难题"，"文物部

郧县老幸福院墓群发掘现场，其背后的荒原，是在丹江口水库一期工程中被淹没的郧县旧城遗址　王军 摄于2004年8月

门目前初步确定将其原地抬升12米的方案，有关专家正在对这一方案进行详细论证"。

丹江口水库位于鄂西北、陕东南、豫西南地区的结合部，是黄河中游与长江中游两大区域文化的接壤地带，是中国古代文化最为重要的发源地之一。现今考古学界关注的一些重大课题，多与这一地区有密切联系。

丹江口库区古代文化堆积厚重，古墓葬数量多、规模大，尤以春秋时期的楚墓为甚。墓葬群中，大的封土堆很多，封土堆越高，墓主人的身份也就越高。

2004年4月，郧阳博物馆在老幸福院墓群发现盗墓迹象，立即派人现场调查核实并上报，湖北省文物局集中省内20名专业人员组成考古队进驻现场，经3个多月发掘，共清理墓葬58座，年代最早为战国，最晚为东汉，墓葬分布密集，形制各异，砖纹精美。

1995年，水库之畔的郧县发现恐龙蛋化石；1997年，又发现恐龙化石，"龙蛋共存"举世罕见。

早在旧石器时代早期，这里就有人类繁衍生息。1973年，距今100万年左右的"郧县人"头骨化石发现，这是迄今除"北京人"头骨化石发现之外，中国最为重要的古人类考古发现。

此外，在这一地区还发现了稍晚一些的"郧西人"，时代与距今60万年的"北京人"大体相当。

2004年6月至8月，为配合十漫高速公路建设，湖北省文物考古所对郧西县黄龙洞进行抢救性发掘，相继发现3枚古人类牙齿化石和一批重要的伴生动物群化石，其时代大约处于距今1万至10万年的晚更新世时期，这对探明中国现代人的来源具有重要价值。

"对于现代人的来源，目前有两种说法，一是早期的古人类已灭绝了，现代人是从非洲来的；二是现代人是从早期的古人类演变而来的。"参与黄龙洞发掘的湖北省文物考古研究所副研究员武仙竹对我说，"要解决这一课题，晚期古人类化石的发现尤为重要。我们在黄龙洞第一次发现华中地区晚更新世时期的古人类化石，可支持现代人是从早期古人类演变而来的观点，即中国的现代人是从中国古代的猿人进化而来的。"

黄龙洞不在水库淹没区，但库区内已探明的旧石器地点有40多处，随着发掘工作的展开，会不会有更为惊人的发现？许多人怀着这样的期待。

美国文化遗产
保护传奇

"也许你去过华盛顿故居，可当初大家提出要保护这个故居的时候，故居的拥有者对此不感兴趣。"

2005 年 4 月，在华盛顿美国国家历史保护基金会的办公室，皮特·布瑞克（Peter H. Brink）把名片递给我，上面印着醒目的信条："保护那些不可替代的。"

这位美国文化遗产保护界赫赫有名的老战士，是这家基金会的高级副总裁。

他的办公室墙上悬挂着一张纽约宾夕法尼亚老火车站的照片，这处建筑1963年被拆毁，原地建起一个庞大的多功能商业建筑，站台则被压到了地下。

基金会为使老火车站得以留存，曾奔走呼号，发动了一场著名的"保卫战"。可推土机还是把它夷为平地。

布瑞克就让老车站"活"在自己的身边，端详着它的照片，他耿耿于怀地说："新车站建成后，人们的评价是：'过去我们像上帝一样来到纽约，现在却像老鼠一样从地洞里穿出来。'"

"二战"后，美国掀起大规模的城市更新运动，文化遗产跟"拆"字较上了劲，市民们坐不住了，纷纷行动起来呼吁保护。

1949 年，美国国家历史保护基金会由国会批准成立，历经脱胎换骨，迄今已发展为拥有27万名会员的民间非盈利机构，成为美国文化遗产保护运动的"发动机"。

七女子救下华盛顿故居

王军：美国国家历史保护基金会曾是一家官办机构，现在又变身为非政府组织，其中经历了哪些曲折？

布瑞克：56 年前，我们这家基金会成立了，这个基金会是由美国国会主导成立的，当时是迫于公民们自发保护文化遗产的压力而做此决定。国会一直为基金会提供资助。1995年共和党反对再给基金会提供资助，国会就决定再给3年的拨款，每年提供350万美元，相当于过去的一半，到1999年就不给了，我们就自负盈亏了。这也是我们自己的选择，就是不再要国会的钱了。为什么？一是我们已具备了自筹资金的能力，二是我们也希望独立于国会和政府。

王军：基金会当年成立的背景是什么？

布瑞克：当时美国有一个非常重要的潮流，就是作为个体的公民站出来保护文化遗产。也许你去过华盛顿故居，可当初大家提出要保护这个故居的时候，故居的拥有者对此不感兴趣，政府也拿不出更多的办法，后来还是7位热心的妇女出资把它买了下来，这才得到保护。托马斯·杰斐逊(Thomas Jefferson，1743—1826)总

统的故居也是这样保下来的。

在美国，非政府组织扮演着重要的角色。上世纪五六十年代美国城市更新运动时期，政府进行大规模的土地开发和房屋改造，一些居民和社区机构为了文化遗产的保护，自发地组织起来。当时，高速公路要穿过一些城市，就引起很大的争议。比如，在新奥尔良，一条计划兴建的高速路将把法国老城与滨海地区分开，遭到市民们的反对，引发法律诉讼，后来这条高速路被迫停止了建设。像这样的事例还有很多，有的胜利了，有的失败了。当时在很多小城镇，许多过去富人留下的豪华居所，也得到居民们自发的保护，大家把这些有历史价值的房屋与绿地联系起来，辟为博物馆。正是民间自发的文化遗产保护运动，推动了国家历

华盛顿故居　王军 摄

史保护基金会的诞生。

王军：基金会27万名会员是怎样发展起来的？都有哪些职能？

布瑞克：只要愿意交纳会员费，都可成为我们的会员。我们为会员定期寄送基金会的杂志。会员费20美元起步，其中包含了7美元的杂志工本费，这部分是要缴税的，其余则免税。

我们的一项主要工作是宣传文化遗产保护，包括对政府相关政策的宣传。比如，通过我们的宣传，政府决定，拥有历史性房屋的美国居民，如果按照保护规范修缮房屋，修缮费可减免20%的联邦税。这项政策从1966年开始施行，迄今已吸引民众投入250亿美元对历史性房屋进行保护性修缮。

美国的国家标志——费城独立宫被高楼围成了"盆景"，诉说着美国历史遗产保护的曲折历程　王军 摄

作为这个国家的历史文化保护基金，我们一直为保护而奋斗。最近我们又提出修正案，要求为那些更小、更穷的地方提供更多的好处，促进历史性房屋的修缮。

我们还有一项职能，就是通过媒体，让大家知道哪些文化遗产正受到威胁，以引起大众对文化遗产保护的重视。我们每年都要公布11个濒危的遗产，每年公布的名单都不相同。

保卫老城镇十字路口

王军：作为一家基金会，你们是否有充足的财力来支持保护工作？

布瑞克：我们不是用直接给钱的方式来保护这些遗产，虽然这正是我们所希望的。我们每年拿出65万美元资助一些小型的保护项目，可那些濒危的遗产则需要更大的投入。呼吁社会各界关注文化遗产保护是非常重要的，费城的独立宫被我们列为濒危遗产后，引起国会的重视，国会给予适当的拨款使之得到保护。被列入濒危名单的，有的是因为遗产本身的状况发生了恶化，有的则是因为周围的环境发生了问题。如肯尼迪机场，它是1960年前后设计的一个著名建筑，它本身的质量没有问题，可周边建了很多大的候机楼，使它失去了自己的表达，也被我们列入濒危名单。文化遗产保护是极具挑战性的事业，有的著名的建筑，虽然被我们列入了濒危名单，仍遭到拆除，其中就包括纽约的宾夕法尼亚老火车站。

王军：会不会因此而产生强烈的挫折感？

布瑞克：应该看到，正是在纽约把宾夕法尼亚火车站拆除后，当地政府才考虑成立历史保护委员会，制定文化遗产保护的法令。我们要把工作做到前面。比如，这些年我们就尝试了一种基因连锁式的保护方式。在美国，每个城市都有一条主街，许多重要的建筑都在这条街的十字路口，许多商家要到这里面发展，就会进行一些建设，就容易与保护发生矛盾。特别是一些百货药品连锁店，多是在各个城镇的十字路口发展，它们要进行建设，怎么办？我们就把它们拉进来，告诉它们哪些是要保护的，应该怎么保护。

王军：是把它们发展为基金会的成员吗？

布瑞克：我们主要是做这些连锁店老板的工作，告诉他们正确的保护方式。我们开展了对老城镇十字路口的保护工作。有一年，我们公布的11个濒危遗产，就是专门找老城镇十字路口的问题。我们推动这项工作的价值在于，只要一家连锁店的老板被我们说服了，保护的基因也就随之连锁到了各个城镇的十字路口。麻省有一个艺术家云集的小镇，因为要开百货药品连锁店，十字路口要拆除了，社区代表就召开新闻发布会表示反对，然后找到这家连锁店的副总经理做工作，后者终于签字承诺不拆。

王军：如果这些老板不听你们的意见，怎么办？

布瑞克：我们也没有太多的手段。但盖房子要有许可证，必须遵守政府制定的设计导则，否则不许开工。我们多是通过新闻宣传来扩大影响，一般是跟地方团体合作来推动这个事情，我们给他们提供资料，让他们来斗争。我们在全国6个地区设有办公室，主要是跟州政府还有不同的非政府组织合作，培训这些机构的人员，提高他们的保护意识，并给予各种支持。我们跟地方团体像合伙人一样共同协作。

美国文化遗产保护的两大系统

王军：对这些具有历史意义的建筑，政府有没有规定，哪些不能拆，哪些怎么修？

布瑞克：文化遗产保护在美国有两个系统，一个是联邦政府和州政府相结合的系统，即公布国家历史建筑注册保护名单。登记工作是从1966年开始的。一处历史性建筑，只要街区有人推荐，并做出很好的研究报告，把它送到州政府，州政府再送到国家公园系统，就可进入这个名单。注册保护名单分国家级、州级。但只要进入这个名单，不管什么级别，都一视同仁，并有资格申请20%的修缮费免税。

王军：如果产权人不好好修怎么办？

布瑞克：这确实是一个问题。有

的注册保护建筑出售了，新主人就不愿意保护了，甚至把它拆掉了。在这个系统里，我们唯一能做的就是把它摘帽了。产权人不愿意登记的情况也时常发生。

王军：难道华盛顿故居的产权人要把它拆掉也没有办法吗？

布瑞克：从国家历史建筑注册保护名单这个系统来说，能做的就是摘帽。但在美国还有另外一个系统。这个系统一方面是限制政府破坏遗产，要求政府的决策必须通过一系列程序，包括必须有社区意见的制衡，如果大家认为哪个建筑是符合文化遗产标准的，虽然它不在注册名单上，政府想改变它，也必须通过这个程序。另一方面，每个城市都可制定地方性法律，立法保护遗产，即使它们被私人拥有，也不能拆除。在美国，现有2000多个城市制定了关于地方文化遗产保护的法律。

王军：为什么联邦政府对文化遗产保护没有直接的约束力？

布瑞克：因为地方政府有权制定区划法规和土地利用法规，而联邦政府和州政府不做这个事情，它们多是制定鼓励性政策。按程序，州政府先要通过一个法案，表示每个城市有权制定区划法规，而区划法规本身就包含了保护的内容。

王军：公众保护文化遗产的动机何在？有没有经济方面的因素？

布瑞克：居民们都是认为保护对他们有好处，才会促使政府来施行保护，而政府是听居民的。调查表明，历史街区的保护有助于房价的提升，如果你的邻居不做坏的设计，整个社区的价值就是稳定的。当然，有的居民致力于保护，完全是因为喜欢和热爱。但也有一些人认为他们不需要政府的约束，爱怎么油漆房子是他们自己的事情。

王军：你对中国的文化遗产保护有何印象？

布瑞克：我访问过中国，中国有着非常丰富的历史文化资源，但新建筑如何与老建筑相协调是一个很大的问题。从中国的土地制度来看，如果有好的决策，就可以做得非常好，而美国的土地则完全是随着市场走。

采访本上的城市 非常计划

老巴黎的天翻地覆

"他的去世固然不幸，但巴黎得救了！"

1832年3月1日，雨果(Victor Hugo, 1802—1885)写了一篇文章，题为《向拆房者宣战》："我在这里想说，并想大声地说的，就是这种对老法国的摧毁，在被我们于王朝复辟时期多次揭发以后，仍然是在进行着，而且日益疯狂和野蛮，已到了前所未有的程度。"

雨果写此文时，《巴黎圣母院》刚刚搁笔。那是在路易·菲利普(Louis—Philippe, 1773—1850)时代，不断拆除文物建筑的情况，令这位大文豪寝食难安。可在20年之后，与拿破仑三世相比，路易·菲利普已是小巫见大巫了。那时，等待雨果的命运，竟是长达19年的流亡。

奥斯曼的遗产

1848年12月，拿破仑的侄子路易·拿破仑·波拿巴(Charles－Louis Napoléon Bonaparte, 1808—1873)，利用当时军人和农民对拿破仑近乎迷信的心理，在总统选举中出人意料地获胜。1851年12月2日，他发动政变，建立法兰西第二帝国，翌年自封为帝，史称拿破仑三世。

登基后的1853年，拿破仑三世将奥斯曼(Baron Haussmann, 1809—1891)召至身边，任命他为塞纳区行政长官，直接统辖巴黎。奥斯曼1809年3月27日生于巴黎，是德国科隆人的后裔，当时在法国政坛颇有口碑。

1840年，路易·拿破仑·波拿巴曾因兵变未果，被判在阿姆监狱终生监禁，狱中他草拟了一个大规模改造巴黎的计划。如今，当上了皇帝的他，责令奥斯曼把他的蓝图变为现实。

在拿破仑三世的计划里，巴黎的历史风貌将发生巨大改变，宽阔的林荫大道、放射形道路、星形交叉路口、开阔的公园等，将出现在这个城市。

一个潜在的目标是，宽阔笔直的道路将使入城镇压市民起义的马队通行无阻，也便于炮击。后来，奥斯曼对此直言不讳，他的名言是："炮弹不懂得右转弯。"

当时的巴黎主要由 16 世纪至 18 世纪形成的环状路网和房屋组成，给水系统的污染时常引发疫病流行，狭窄的街道使起义的市民能够方便地设置路障。

奥斯曼领旨后，立即委托景观建筑师阿方德（Adolphe Alphand，1817—1891）和工程师贝尔格兰德（Eugène Belgrand，1810—1878）实施改造计划。工程从 1853 年持续至 1870 年第二帝国终结，分三个阶段，一是建设两条道路轴线连接城市的南北东西；二是开辟林荫大道及主干道，以打开城市空间；三是将城市税关与城墙之间的地区整合起来。

在政府鼎力支持之下，奥斯曼可毫无阻碍地圈占被改造地区的小商业用地，将工人阶级社区逐往郊区。在此期间，奥斯曼督造了著名的巴黎歌剧院，建造了笔直大道使城市获得开阔视野，先贤祠等许多著名的历史建筑能够不被遮挡地从街道的远处看到。

新建的大街用 3200 盏瓦斯灯照明，不久，这样的灯泡又照亮了连接卢浮宫与各个住宅区的街道。大量的百货店、时装屋、餐馆和娱乐场所

巴黎街区俯瞰　王军 摄

巴黎歌剧院前的奥斯曼式住宅　王军　摄

纷纷落成，新巴黎的城市氛围便由此形成。

　　给排水污染问题十分棘手，奥斯曼铺装了800公里长的给水管和500公里长的排水道。1854年，在市中心建设的中央大菜场，成为当时在整个欧洲独一无二的大型城市中央菜场，几乎满足了整个巴黎市区的蔬菜、水果、副食和肉类的供应，法国文学家艾米尔·左拉（Émile Zola，1840—1902）形象地称之为"巴黎的肚子"。

　　与此同时，总计570匹马拉动的公交马车投入使用，城市公共交通得到改善。1860年末，税关外的郊

奥斯曼督造的巴黎歌剧院　王军　摄

区被划入市区，城市规模扩大至 20 个郡。

法兰西第二帝国干过两件大事——分别举办了 1855 年和 1867 年的世界博览会，它们均由奥斯曼操办。当诸多国家的首脑、外交官、企业家和著名艺术家在世博会聚集一堂时，奥斯曼沐浴在无数的勋章与荣誉之中。

1870 年，拿破仑三世在色当战败，他和他的 10 万大军与 400 门大炮一起被普鲁士俘获，第二帝国垮台，奥斯曼随即从人生的顶峰跌落。

被解职的他隐居到妻子在 Cestas 继承的城堡之中。后来，被大火烧毁

巴黎拉榭思神父墓园内的奥斯曼墓　　王军 摄

的君士坦丁堡向他发来邀请，委托他担纲城市重建。大功告成后，奥斯曼又接手埃及首都开罗的改造工程。他干劲十足，直到 80 岁还通勤于 Cestas 与他在巴黎的公寓之间。

1891 年 1 月 12 日，奥斯曼在巴黎去世。这位"拆房大师"给法国留下的遗产，就是今天的巴黎。

大改造"后遗症"

奥斯曼几乎推倒了巴黎所有的居住区，对一个大都市施以这般"休克式疗法"，时至今日也是举世罕见。

奥斯曼在巴黎建造的"奥斯曼式住宅"，高有 6 层，一层为商业房，顶层为佣人间，完全为贵族定做。很快，这种样式风靡欧洲。

奥斯曼当年所为，得到众人支持，也遭到众人反对，后者指责他拆毁了大量珍贵的文物建筑，是法国文化的刽子手。

1870 年，法兰西第三共和国成立，雨果结束 19 年的流亡生活，回到巴黎，次年当选为国民大会代表。在他与梅里美（Prosper Mérimée，1803 — 1870，法国第二任历史建筑视察委员会主席，在 1834 年至 1860 年的任期内拯救了大批文物建筑）等文化界人士的不懈努力下，雨果逝世后的第二年——1887 年 3 月 30 日，法国制定了第一部文物建筑保护法。

奥斯曼最大的败笔是大面积拆除了巴黎的摇篮——西堤岛，有评论称：

巴黎拉榭思神父墓园内的巴黎公社社员墙　王军 摄

"反对奥斯曼的，指责他消灭了一座中世纪的岛屿；赞赏他的，也为此感到脸红。"

大规模拆除重建导致的结果是，社会结构遭到毁灭性破坏，大批工人、手工业者、小商贩和小业主被赶到完全没有基础设施和卫生环境恶劣的郊区去居住。

波布区和玛黑区南部，是仅有的未被奥斯曼拆除的巴黎老区，当时这些拥挤的平民区，因一部分被拆迁居民的搬入，人口密度骤增，成为奥斯曼工程的"重灾区"。

持续17年的改建，对市民阶层来说是一场持续的灾难，城市的多样性被迅速肢解，大量简单就业的机会被毁为瓦砾，新建的楼群价格高昂，社会矛盾迅速激化。奥斯曼对此心知肚明，他在致一位友人的信中说，自己是巴黎大工程的"化身"，只要他离开岗位，所有工程便会立即停止。

奥斯曼的铁腕让巴黎天翻地覆，时至今日，仍有法国人称他为巨人。有评论说，拿破仑三世华而不实，要是没有奥斯曼的铁铲，他的许多计划只会是纸上谈兵。有人甚至称，当初假若有一个类似奥斯曼的人物来整顿法国军队，就不会有色当的战败，也不会丢掉阿尔萨斯省和罗兰省。

色当的战败及随后的割地赔偿，直接诱发了1871年的巴黎公社革命。这场市民起义又不能说与奥斯曼在巴黎大改造时期制造的社会仇恨无关。第二帝国倒台后，奥斯曼就遭遇了大批判的厄运，没有像法国大革命那样，不经审判就将他押往协和广场的断头台已是万幸。

奥斯曼起用景观建筑师完成城市设计，再施行重建工程，使改建后的巴黎不失为一个壮丽的都市，这为后来的都市改造者如法炮制埋下伏笔。

1925年，法国建筑师勒·柯布西耶提出巴黎市中心区规划建设方案，建议拆除那些在他看来没有什么保留价值的建筑，腾出空地来修建高层塔式办公楼和住宅楼。在这个方案中，与塞纳河垂直的轴线将使西堤岛再遭重创。好在这只是一个构想，并未实施。

蓬皮杜（Georges Pompidou, 1911—1974）任法国总统期间（1969—1974）提出建设新巴黎的口号，亲手制定了一个与柯布西耶方案极其相似的计划，打算在巴黎市中心建设几条百米宽的放射线，甚至想把圣马丁运河填平了建高速公路，在古城区大建高楼。

1971年，蓬皮杜拆除了奥斯曼的"杰作"，也就是那个"巴黎的肚子"——中央大菜场；紧邻埃菲尔铁塔的蒙巴那斯高塔，刺破巴黎的天际线激起公愤，高楼计划被迫停滞。

刺破巴黎天空的蒙巴那斯高塔　王军 摄

1974年，蓬皮杜逝世，改建工程寿终正寝。

"巴黎得救了！"

2000年5月，巴黎《费加罗报》刊出封面文章："奥斯曼，是不是毁掉了巴黎？"奥斯曼已去世100多年了，仍有法国学者指责他粗暴地斩断了巴黎的物质文脉。

在《费加罗报》的主持下，老巴黎保护委员会年轻的历史学家亚历山大·卡迪（Alexandre Gady），与《巨人奥斯曼》一书的作者乔治·瓦朗司（Georges Valance），进行了一次有趣的辩论。前者对奥斯曼大加讨伐，后者却试图为奥斯曼辩护。

瓦朗司认为："现在评论奥斯曼

未被奥斯曼拆除的玛黑区，得益于"外表巴黎化、内部现代化"的整治政策，成为今天巴黎人最喜爱的去处　　王军 摄

的作为，不能脱离当时的时代背景。要知道那时还没有现在这种保护历史文化遗产的意识。而且那是流行霍乱与马鼠疫的时代，房子得不到主人的修缮，院子和街道上尽是露天的茅房。"

卡迪反唇相讥："卫生环境的糟糕状况并没有因奥斯曼而消失，有些遗留到20世纪的重灾区反而是奥斯曼工程造就的。奥斯曼所铲除的并非都是卫生环境恶劣的地方。任何建筑，只要挡在他的路上，都一定被推倒，而不单是恶劣的危房。被他推倒的还有众多刚盖好的楼房、新古典主义和文艺复兴时期的私人宅邸，以及整条整条

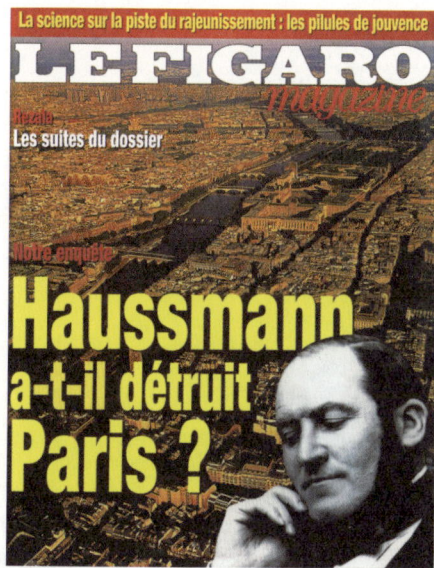

La science sur la piste du rajeunissement : les pilules de jouvence

LE FIGARO *magazine*

Rwanda

Les suites du dossier

Notre enquête

Haussmann a-t-il détruit Paris ?

2000年5月27日，法国《费加罗报》周末专刊发表封面文章："奥斯曼，是不是毁掉了巴黎？"

在路易·菲利普时代新建的街区，那些房子上的泥灰还没有干透呢！"

卡迪列出一大堆被奥斯曼毁掉的文物名单，"我认为巴黎虽仍不失为一座美丽的城市，但它在这一百多年以来蒙受了不该蒙受的损失。巴黎的美其实被肢解了，只留下散落的片段，而不像罗马那样保持着它的整体。在巴黎，人们需要穿过种种不明不白的地段，去特意寻找那些片段。"

在这次谈话中，蓬皮杜遭到了一致的炮轰，他拆除中央大菜场的行为，被认为是"一个巨大的耻辱"。

"蓬皮杜根本就是奥斯曼的儿子！"卡迪说，"他们在本质上是一样的，都是在摧毁城市网络，只不过蓬皮杜的野心更大一些，奥斯曼开拓的马路有些是40米至60米宽，而蓬皮杜竟打算在巴黎市中心做上几条百米宽的放射线。"

瓦朗司在为奥斯曼作了些辩解后表示，"我得承认在听到蓬皮杜去世的消息时，我的第一个本能反应便是为巴黎松了一口气，当时闪现在脑里的念头是：'他的去世固然不幸，但巴黎得救了！'"

蓬皮杜艺术中心在玛黑区的一个旧停车场上建设，尽管造型前卫，但它的建筑高度和体量被严格控制在老城的平面肌理和空间尺度之内　王军 摄

北京与巴黎的"城市演绎"

"我思念我的故乡北京，哪怕是走在巴黎的大街上，不知不觉中，我的嘴里也会溢满北京的枣香。"

将雨果的《向拆房者宣战》译成中文的是法籍作家华新民，她有着四分之一的中国血统。华新民的祖父华南圭是清朝末年到巴黎学习土木工程的中国留学生，父亲华揽洪则是巴黎美术学院的高材生——一位在法国和中国都取得成就的建筑师。

华新民的祖母和母亲都是曾在巴黎求学的法籍波兰人，她们都先后随丈夫回到中国，长期生活在北京的一条始建于公元13世纪的胡同里。

华新民在北京出生，长大成人后于1976年随父母定居巴黎，对北京她有着浓浓的乡愁。她在一篇文章里写道："我思念我的故乡北京，哪怕是走在巴黎的大街上，不知不觉中，我的嘴里也会溢满北京的枣香。小时候，我们在北京胡同的家里种着枣树，爷爷经常摘枣子让我尝，在我的印象中，北京是那么有历史、有文化、有情趣，是多么美的地方啊！"

后来的一次故乡之行改变了她的生活。1997年夏天，她重访北京，看到许多胡同消失了，在一片片废墟里，她感到："我从此就不可能再想别的事情了。"

2002年夏季，华新民回到北京长住，同时带来了雨果的那篇文章《向拆房者宣战》。

《向拆房者宣战》的译文在中国的报刊上发表了，可华新民并未看到她所期待的转折。事实上，来自巴黎的另一位历史人物正在成为中国城市改造者的榜样，他就是19世纪巴黎改造工程的实施者奥斯曼。

2000年6月，一位中国学者在北京的一份学术刊物上发表文章，对当年奥斯曼主持的巴黎改造工程大加称赞，认为"改建后的巴黎成了当时世界上最先进、最美丽的城市"，相比之下，"北京城从17世纪起的200多年漫长时间内没有更新，没有进步，终究是非常令人感到悲哀的事情","北京的古城风貌早已不很完整了,古城新貌随之出现。因而,全面维护其古状、古貌已不太可能"。

给北京城市改造予以理论支持的,还有勒·柯布西耶,他在1925年提出的用大马路和大高楼改造巴黎的计划,未在巴黎实施,却正在成为包括北京在内的许多中国城市的现实。

奥斯曼改造后的巴黎,今天得以留存,恐怕要归功于1958年着手的一项计划,即将高楼密集的商务中心区,放在古城之外的拉德方斯(La Défense)建设。这项计划在1971年进入高潮,美籍华裔建筑师贝聿铭(I. M. Pei)来到巴黎,参加了拉德方斯尽端规划的设计竞赛。

贝聿铭方案的独到之处是建造一对孪生的高塔,自上而下逐层内移,在两塔之间形成一个介于U和V形的开口,以达到他所追求的目标:当人们沿着从卢浮宫到星形广场的大道行走时,不会看到壮观的凯旋门门洞被

高楼林立的拉德方斯在巴黎古城之外建设,使现代化与历史保护相得益彰　王军　摄

拉德方斯大门　王军 摄

远处的建筑物遮挡。

一开始，贝聿铭似乎已在这个竞赛中获胜。然而，在最后时刻，他却意外地失去了这个项目。尽管如此，他的方案还是深深打动了后来当选为法国总统的密特朗（François Mitterrand，1916—1996），后者在1981年邀请他设计了著名的卢浮宫扩建工程。

1999年9月，贝聿铭来到北京，就巴黎拉德方斯建设和北京古城保护问题发表评论。他说，保护北京古城最好的办法是，把高楼建在古城的外面，巴黎就是这样做的，这个最理想，北京古城之内的四合院应该成片成片地保留。

早在1950年，就有两位中国学者就北京的城市规划提出过与贝聿铭相似的建议，他们是中国著名建筑学家

透过凯旋门门洞，可见拉德方斯参差的高层建筑，这正是 1971 年贝聿铭
参加拉德方斯尽端规划设计竞赛时试图避免的情况　　王军　摄

倒玻璃金字塔是联系地铁和卢浮宫博物馆的枢纽，它的造型能够
反射更多的室外光，如同一颗宝石照亮了地下大厅　王军 摄

梁思成和夫人林徽因，摄于1930年代初　　林洙 提供

梁思成和年轻的规划师陈占祥。

贝聿铭1947年在纽约拜访了正在那里担任联合国大厦设计顾问的梁思成，后者建议他返回中国参加建设，但贝聿铭未能成行。

梁思成回到了中国，并与陈占祥提出了将中央人民政府行政中心区放到古城之外建设的计划。但这遭到了当时在中国的技术领域起主导作用的苏联专家的反对。1931年，在莫斯科规划的国际竞赛中，另辟新城保存老城的计划曾受到斯大林的批评。

梁思成与陈占祥的计划未被采纳，随后大规模的建设在北京古城内发生。

梁思成曾两次访问过巴黎，一次是在1928年他结束在美国的留学生涯，携美丽的新婚妻子、同样是一位天才建筑师的林徽因，来到巴黎考察，留下了包括圣心大教堂在内的许多建筑的速写；一次是在1965年6月至7月，在北京城墙即将被彻底拆毁之际，他以中国建筑师代表团团长的身份，参加在巴黎召开的国际建筑师协会会议。那一年，巴黎政府制定了"大巴黎规划"，计划在巴黎郊区发展一系列新城，疏解中心区功能，这正是1950年梁思成与陈占祥希望在北京实现的。

梁思成没有写下任何文字谈论"大巴黎规划"，一到巴黎他就伤风感冒了。"真想什么都不看就回家，"他在日记里写道，"归心似箭，度日如年。"

梁思成对现代建筑设计有这样一层理解：中国建筑的许多传统，包括框架式构造、内部灵活开间、真率

116

祖露结构等手法，都是与现代主义建筑相通，并能极大地丰富建筑的发展的。

梁思成所期待的这种可能，被贝聿铭带到了巴黎。置身于卢浮宫扩建工程，我能够感到那些充满韵律的由方与圆组合的建筑符号，与贝聿铭的故乡中国发生着微妙的联系，包括铜制的栏杆形似中国唐代的直棱窗。这些经过提炼了的中国元素，已成为卢浮宫这个伟大建筑的一部分。

在那一刻，我听到了北京与巴黎最为动人的和音。

卢浮宫博物馆内的铜制栏杆形似中国唐代的直棱窗　王军 摄

从倒玻璃金字塔大厅通往卢浮宫正玻璃金字塔大厅的走廊，有一种东方韵味　王军 摄

在卢浮宫内增设的电动滚梯，以圆和直线编织视觉映像　王军　摄

非常规划

3

城市规划的圈地玄机

"许多地空在那里收不回来，因为政府都把地卖掉了，钱也花完了。于是就又做规划，再要土地。"

2004年10月28日，国务院总理温家宝在全国深化改革严格土地管理工作电视电话会议上指出，走新型工业化、城镇化道路，必须严格土地管理。推进工业化、城镇化，不可避免地要占用一些土地。但近年来乱占滥用耕地、严重浪费土地的问题，已经到了令人触目惊心的地步。

温家宝说，一些地方不具备条件，不经批准，盲目兴建开发区。到2004年8月，全国清理出各类开发区（园区）6866个，规划面积3.86万平方公里，超过全国现有城镇建设用地总面积。一些城市建设盲目铺摊子，建宽马路、大广场，大量占用城郊良田。不少企业盲目圈占耕地，搞"花园式"厂区，厂房该建多层的却建单层，占地过多，有的企业甚至圈占上千亩、几千亩土地搞园区。一些地方为了满足投资商提出的多占土地的不合理要求，压低地价，甚至以"零地价"招商。

他指出，这些问题导致耕地越占越多，土地利用效率越来越低。有的地方近几年来建设用地成倍增长，占地增长速度大大高于经济增长速度。有的地方在今后几年之内，就将用完除基本农田以外的全部耕地，面临无地可用的局面。照这样下去，工业化、城镇化进程将难以为继。

就在温家宝高调严管土地之时，国内各大城市正忙于新一轮总体规划的修编。作为资深的城市规划专家，北京市城市规划设计研究院前副院长董光器参加了许多城市规划的评审，他的感受是："每个城市在修编城市总体规划的纲要中都把十六大和十六届三中全会提出的发展目标和科学发展观作为最重要的指导思想写在总则的最前面。但是，城市化的速度能快到什么程度，城市规模多大才能满足经济社会发展空间的需要，还存在着不少值得思考的问题。"

"总的倾向是过热。"董光器得出这样的结论。他认为，一些地方政府在总体规划修编中，存在着不顾客观条件极力把城市做大的趋向，"实际上是要争取今后有更多的土地可以拍卖，以获得眼前利益。"

他提出这样的忠告："在当前国家对土地开发控制比较严格的政策下，企图争取通过总体规划编制对国家的控制政策有所突破，使大量批租土地合法化，这显然是与中央一再强调的可持续发展的方针背道而驰的。"

超常发展目标背后的诉求

董光器不愿点出这些城市的名字，理由是"规划方案仍在制定之中，尚未成为事实。许多送审的方案我们已指出了问题，他们要据此修改"。但他仍感到对这些问题有"站出来说一说"的必要。

南方一个省会城市修编总体规划，董光器应邀前去评审，看到"许多地空在那里收不回来，因为政府都把地卖掉了，钱也花完了。于是就又做规划，再要土地"。

"中央已砍掉了90%以上的开发区，收回了几百平方公里的土地，可大城市又要拼命地做大规模，通过规划要地，这样搞下去，经济效益从何谈起？这种现象如果过热后再制止，就难了。"董光器说。

西部一个省会城市的情况也令他不安，"这个城市目前只有200多万人口，可做规划说2020年城镇人口要达到1000万，完全超出了实际可能，我们给否了。我还专给他们讲人口规模应该怎么来计算。"

董光器认为："编制城市总体规划首先要确定经济社会的发展目标作为编制的根据。其中一个重要指标是GDP的增长速度。现在不少城市在2004年至2020年的规划中都提出了两位数持续增长的指标，少则12%，多则17%，甚至更高。中央提出到2020年翻两番，有的城市却提出了翻三番的超常发展目标。这种增长速度如能达到当然是值得追求的，如果违背了经济发展规律，成为空想，则弊端甚多，必然会浪费宝贵的资金和资源。"

许多大城市的实情是，市域人均GDP不足1000美元，市区约为2000美元或者更多一点，正处于人均GDP从500美元到4000美元的初步现代化时期。资料显示，韩国、新加坡和中国的香港、台湾，实现初步现代化大体经历了13至17年。在这一时期，GDP年增长率会时高时低，有相当年份可达两位数增长，但平均年增长率均在9.5%左右。通过对中国25个百万人口以上的大城市分析，实现这个目标快的需要14至17年，少数城市则需要20年或者更长。

可是，在这一轮总体规划的修编中，许多大城市提出要在今后17年内，即从2004年到2020年，始终保持两位数以上的高速增长。"这是否又是一个不切实际的高指标？"董光器发出疑问，"对于综合性的大城市来说，在今后十几年内平均年增长率如能保持9%至10%的平稳发展，已经留下了相当大的发展余地，要经过相当艰苦的努力才能达到预期的目标。况且年均增长率的准确计算还要刨去涨价等因素，用一个统一的标准价比较才有意义。如以1990年为标准价计算，一般实际增长率相当于当年毛增长率的八成左右。超常发展对于处于有特殊区位或有特殊发展机遇的中小城市来说比较容易出现，对综合性大城市实现的可能性就非常小了。"

"但你这个数字上去了，城市的规模就得大，需要的土地就得多，这才是关键。"他对这些城市修编总体规划背后的动机表示怀疑。

城市化"误区"

2004年9月19日，两院院士、中国城市规划学会理事长周干峙，在"2004城市规划年会"上不点名地批评了"中原一城市"："现状面积只有125平方公里，却高价聘请一位外国的建筑师，画出一个150平方公里的新区。"

同时被他批评的还有，"西部一个六七十万人的城市，经济实力十分有限，水资源长期以来一直是一个制约因素，但却提出发展到300万人的宏大目标；山东有一个县，现在还不到10万人，县长却下令修一条60公里长的环路，做一个200多平方公里的规划"。

周干峙指出，这些地方规划的目标，"不是科学预测和严谨论证的结果，而是领导人拍脑门、夸海口的产物。一些规划人员无视城市发展的科学规律，违心地盲从领导的政绩需求，做出一个个'大规划'。在国家实行宏观调控的形势下，显得极不和谐"。

董光器介绍说，在这次修编总体规划的过程中，不少城市提出加速城市化促进经济发展的口号，把年均城市化率提高到1.5%至2%，市域范围内城市化水平目前不到30%，可规划到2020年城市化水平要达到65%至70%，甚至还高出上述目标。而在国内城市中，只有深圳特区、东莞、无锡等城市，在上世纪八九十年代，城市化年增长率才突破了1%，就全国而言，这只是极少数。

他做出这样的评价："对于大多数城市来说，在17年内城市化率都要保持1.5%以上的高增长，几乎是不可能的。即或按年均增长1%推算，对于综合性大城市来说已是了不起的成绩了。"可以引证的数据是：1978年至1998年的20年间，全国平均城市化年增长率为0.5%，1996年以后城市化速度快一些，也只保持在1%左右。"只有工业化才能推动城市化，如果经济发展不起来，把大量农民轰到城里来，又没有这么多的就业岗位，只能增加城市的负担，增加不稳定因素，又有何益处呢？"

周干峙认为，在当前城市化进程中，已出现的误区包括："把城市化目标变成一种指标，或作为城市现代化的一个指标。"他表示："达到一定目标并不是指标越高越好。欧美不少国家城市化比重达70%至80%，并不比某些比重达到90%以上的国家落后。中国未来的城市化比重，也未必一定比其他国家高才算好。要看高在哪里?为什么高?"

他谈到一个极端的事例："目前我国在一定范围内城市化比重最高的地方可能是内蒙古额齐纳旗，该旗总面积11.46万平方公里，比浙江还大一点，总人口4万多，87.5%集中在旗政府所在地，那是荒漠化逼出来的，牧民进城贫困化，这种城市化真是罪过。"

董光器注意到，公安部门的城市化水平统计是户籍非农业人口与户籍总人口之比，第五次人口普查的城镇化水平是城镇实际人口（包含在城镇居住的农民和暂住人口）与城市总人口之比。"一般城镇化水平要比城市化水平高出10%至15%。年增长率测算应该用同一个概念比较才有意义。可是，有的城市现状按公安部门统计的城市化水平作基数，预测水平又用城镇化的概念，年增长率就很高，这是不确切的。"

地方利益的博弈

地方政府抬高城市化预期与土地扩张的欲望相关。

"我国城市的财政状况可以说喜中有忧、喜忧参半。"周干峙在"2004城市规划年会"上分析道："一方面是城市政府手中掌握的资金多了，花在城市规划上的钱也比过去多得多；另一方面，城市公共财政并没有一个可持续的稳定可靠的来源，相当大一部分城市政府，特别是一些中小城市，依然处于吃财政饭的窘况。城市建设的资金，最主要的是靠土地出让，也就是卖地的收入。"

他认为这将导致恶性循环："为了维持财政支出的需要，也为了偿还前任留下的欠账，政府不得不划出更多的土地用于出让，因此就出现了寅吃卯粮的现象，这一届政府把今后几届政府的规划指标都用光了，留给后人的除了一些大广场、宽马路、花里胡哨的政绩工程外，就是一笔大债务。由于公共财政收入的拮据，政府工程的拖欠问题就成了一个突出的矛盾。由于盲目扩张土地面积造成的失地农民剧增、由于补偿不合理造成农民生活的困难，加剧了农村相对贫困化的趋势，产生了新的社会不公平现象，并且由此引发了大规模的上访和各种恶性社会治安问题。"

"今年以来到建设部上访的人数，截至8月底，有4000多批、近3万人次，已超过去年全年的3929批、18071人。"周干峙说。

与土地密切关联的城市公共财政问题受到学界关注。1994年中央与地方实行分税制，地方政府的财政约束变硬，地方税收只能维持现有城市功能运转，而对于大多数城市政府来说，城市功能扩张使其财政状况入不敷出；维持城市功能扩张所需要的支出，只能依靠土地市场，土地收益成为地方政府的主要收入。1998年住宅制度改革空前盘活了土地市场，于是地方政府竞相卖地"经营城市"，城市土地需求呈爆炸式增长。

在某种意义上，总体规划修编已成为地方利益期待的突破口。但董光器提醒地方政府准确丈量自己的胃口，因为"人均GDP超过4000美元之后，由于劳动生产率高了，岗位需求少了，就业门槛高了，城市人口的增长会迅速减缓。而在今后17年的总体规划期限内，国内多数城市处于从人均GDP1000美元向8000美元过渡的时期，人口增长势必经历4000美元的拐点。以日本东京为例，工业化时期人口年均增长率为15‰；人均GDP从近5000美元增至2万美元时，人口年均增长率降至10‰；超过2万美元后则只有1.25‰"。

他认为："目前国内不少大城市20世纪90年代人口的增长率保持在20‰左右，与日本工业化时期的增长速度相仿。今后17年内，城市人口增长要在人均GDP达到4000美元后发生转折，规划人口的年增长速度始终维持在20‰已经偏高了，而不少规划却要求把今后每年增长速度提高到25‰以上，很显然这样推算出来的规模肯定过大了。"

董光器从就业岗位的角度作出分析："只要确定了2020年GDP和人均GDP，即可估计出就业岗位来。当人均GDP处于8000美元至1万美元阶段，一般就业比较充分的城市，在考虑了老龄化的影响以及就业年龄推迟等因素，就业率仍应在50%至53%左右，如果在就业年龄组中失业人员和无就业意向的人员较多，就业率也不应该低于48%，否则将会出现经济衰退、社会不稳定等诸多问题。"

"如果用这个方法校核，许多城市规划2020年的就业率还不到46%。很明显总体规划提出的人口规模过大，和一个经济发展健全的城市的要求不匹配。"他说。

圈地博弈的政策基因

"我们要严密关注新一轮城市规划修编的动向，让任何时候以任何形式出现的圈地热，一露头就像'过街老鼠'一样，'人人喊打'。"

在北京一家不起眼的小宾馆里，国土资源部规划司副司长董祚继领着一班人马干着令市长们牵肠挂肚的大事。2005年7月26日，在接受我采访时，他的手机数次响起。"地方国土部门的同志打来的，"董说，"他们盯着我们手中的工作呢。"

2005年7月12日，国务院召开会议部署全国土地利用总体规划修编前期工作，在土地利用总体规划（1997—2010）实施的第8个年头，规划年限至2020年的修编开始了。

董领导的小组担纲前期工作的研究，按照计划，国土资源部将在2006年上半年将《全国土地利用总体规划纲要（2005—2020年）》报国务院审批，同年年底前全面完成省级规划编制报批工作。

"地方国土部门同志的心情我能够理解，"董对我说，"他们往往面对来自市长的压力。市长们敦促他们来做我们的工作，想多弄一些用地指标，做不通，就说你没有能力，还有被撤职的。"

提及数年前的一次经历，董颇为感慨。他随全国人大代表团考察东北，在某大城市的一次会议上，市长大声问道："国土部的同志在哪里？"周围人把目光投向了他，市长走上前来满脸堆笑毕恭毕敬："唉呀，能不能帮帮忙呀，帮帮忙呀，给我们多弄些指标啊！"

市长亲自做他的工作了，这样的礼遇让董感到吃惊。"当时我只是一名小处长，随团的有多少大人物啊。其实，他找我帮忙也没用。国土资源部是每年把用地指标分解到省里，再由省里分解到市里，他要做工作也做不到我这儿来呀。"

高层怒斥圈地

与土地发生关系的还有城市总体

规划，市长们同样是全力以赴狠抓修编，目标期同样是2020年。

2004年12月20日，《瞭望》新闻周刊刊发《城市规划修编的圈地玄机》，引起中央高层强烈关注，城市规划修编出现戏剧性转折。

国土资源部主管的《中国国土资源报》2005年1月18日发表题为《高度警惕城市规划膨胀》的评论员文章："最近，有媒体披露了一些地方政府在城市总体规划编制中，编制超常发展规划、掀新一轮圈地热的不良倾向，引起人们的高度关注。国务院领导就此做出重要批示，要求对新一轮城市规划修编必须及时进行正确引导，并制定严格的审批制度，尤其要有明确而有力的土地控制政策，合理限制发展规模，防止滥占土地，掀起新的圈地热，并指出，此事要早抓，不可放任不管，否则会贻害子孙，造成无可挽回的历史性错误。国务院领导对国土资源部等部门明确提出，要加强对各地修编城市规划的指导，从基本国情出发，合理确定城市建设规划，严格控制土地使用，在审批中认真把关，防止出现新的圈地热。"

这篇评论员文章强调："对于当前城市规划修编中可能出现的圈地热，我们要见事早、行动快，立足于严格防范，决不能放松警惕，放任不管。国土资源部门要从供地源头防起，严格控制土地使用"，"土地利用总体规划是基本规划，其他规划都应当符合土地利用总体规划，用地规模和布局应当与土地利用总体规划相衔接。由于种种原因，不少地方土地利用规划跟不上城市规划的步伐，城市建设的'圈子'不断突破土地利用规划的'圈子'。这种状况必须在这次修编中得到切实解决，""总之，我们要严密关注新一轮城市规划修编的动向，让任何时候以任何形式出现的圈地热，一露头就像'过街老鼠'一样，'人人喊打'。"

在这之后，如何将城市建设的"圈子"与土地利用规划的"圈子"对接，成为上下一致关注的问题。在"人人喊打"的气氛之下，城市总体规划修编的话题变得敏感起来。

2005年1月5日，城市规划的主管机构建设部下达《关于加强城市总体规划修编和审批工作的通知》，暂缓了对城市总体规划的审批工作。

《通知》要求，城市总体规划的修编必须与土地利用总体规划的修编相互协调，"目前正在修编的、由国务院审批城市总体规划的城市，应当按照合理限制发展规模、防止滥占土地、与土地利用总体规划协调和衔接，以及完善城市总体规划修编方法和内容的要求，对总体规划修编工作进行检查。在此之前，暂缓对国务院审批城市总体规划的规划纲要和初步成果的审查。城市总体规划由地方人民政府审批的，也应当进行一次检查。"

"我们的土地利用总体规划还没有修编，地方政府就立即展开城市总体规划的修编了。"董祚继说，"城市领导更倾向于怎样做大规划。如果城市规划做大了，再做土地利用规划就难了。"

自上而下的土地利用总体规划修编，更多地体现了中央政府的意志，"最严格的土地管理"是其内核；自下而上的城市总体规划修编，则使地方政府的诉求获得了一个可能实现的方式，实际情况正如《中国国土资源报》的评论员文章所称："不少地方土地利用规划跟不上城市规划的步伐。"

2005年3月，国务院办公厅经与建设部和国土资源部商议，对下一步城市总体规划的审核报批工作提出建议，强调了土地利用总体规划的主导作用，提出对土地治理整顿验收合格的地区，其土地利用总体规划修编后已经审批的，城市总体规划可开始审查报批；对土地治理整顿验收未合格或未验收的地区，以及对土地利用总体规划修编后未经审批的，城市总体规划仍暂停审批。

人口预测迷宫

2005年7月21日，在全国城市总体规划修编工作会议上，建设部副部长仇保兴感叹："城镇化就像一列快速行驶的火车，城乡规划是轨道，是保持火车健康运行的轨道。如果把轨道拆掉，火车没有轨道而继续行驶，你说会出现什么问题？"

他回顾道："大家都记得上世纪60年代大跃进时期，城市发展过快，各地乱建曾是风起云涌，那时我国还没有《城市规划法》，却居然做出了城市规划停3年的决定。幸好这随后的

3年正是我国经济发展处于萧条期，各地也无钱搞建设，才不至于出现大的问题。假如在当前我国城镇化高速发展过程中，也做出城市规划停3年的决定，这就意味着火车头的动力非常足，却把轨道撤掉了那样糟糕。"

他同时指出了城市总体规划修编过程中存在的盲目性，包括"盲目拔高城市的定位。在全国总共661个大中小城市中，有100多个城市提出要建国际化的大都市或国际化城市，有30多个城市要建CBD"。

提及"盲目扩大城市人口规模"时，仇保兴说："要准确预测城市未来的人口规模是极其困难的，城市规划师不是算命先生。特别是城镇化的高速发展，20年以后城市人口规模到底是多少更难预测。那么为什么又要重视城市人口规模呢？这不是矛盾吗？但是正因为国家的土地调控政策需要根据城市人口规模对用地进行审批管理，所以这种扩大人口规模的冲动就越来越强了。"

"原来地方政府是'跑部钱进'，现在不要钱了，也不要项目，就要城市人口规模指标。这既有客观的体制策动，又有主观的盲目性。"他说。

在这一次中央与地方的圈地博弈中，城市规划的人口规模成为地方政府的突破口。

2004年12月20日，西部某市规划局长在向我陈述业绩时，把"规划修编中人口指标取得突破"列为最重要的一条，虽然他没有讲明这经过了哪一级政府的批准。

人口指标变大了，再折合成建设用地指标也就顺理成章了。这正是地方政府利益攸关之处。

2005年3月，国家发展和改革委员会在一份调研报告中提出，当前城市总体规划修编中人口规模和城市化水平预测存在的问题值得重视，由此可能导致城市建设用地规模的不合理扩大。

这份报告称，合理预测城市人口规模和城市化水平，是控制城市建设用地规模，保证城市规划对城市发展发挥有效调控作用的一个关键性前提，可对城市人口规模和城市化水平还缺乏规范的预测方法。有的城市总体规划，并不考虑预测方法的适用性，选取的目的性很强，有的甚至是先确定人口规模多大，再采取可用的方法进行推导。预测中采用的数据来源不规范，规范人口规模和城市化水平预测的相关法律法规也存在空白。

1991年，建设部为《城市规划法》配套的《城市规划编制办法》，将"提出规划期内城市人口及用地发展规模"作为规划的内容；1996年，《建设部关于贯彻国务院关于加强城市规划工作的通知的几点意见》，提出"对城市人口规模，要综合分析，科学测算"。但具体操作细则未能出台，这使预测工作的规范开展，以及有关部门的审核决策，无从入手。

周一星"打假"

学术讨论伴随着这场规划纷争。

2005年5月28日，北京大学地理科学研究中心主任周一星，在中国城市规划学会、中国土地学会等单位举办的"健康城市化与城市土地利用"研讨会上，直指国家统计局关于1996年至2003年中国城镇化水平的数据失真，形成了突然加速的超高速城镇化的假象，这可能对21世纪中国的城镇化和"三农"问题的解决产生误导。

这之后，他被请上了中共中央政治局第25次集体学习的讲台。

2005年9月29日进行的这次集体学习，安排的内容是国外城市化发展模式和中国特色的城镇化道路，分别由同济大学教授唐子来与周一星讲解。

新华社的报道称："中共中央政治局各位同志认真听取了他们的讲解，并就有关问题进行了讨论。"

中共中央总书记胡锦涛主持了这次集体学习。他强调，坚持走中国特色的城镇化道路，按照循序渐进、节约土地、集约发展、合理布局的原则，努力形成资源节约、环境友好、经济高效、社会和谐的城镇发展新格局。

"为弥补过去几次人口普查中城镇化水平的口径差距，我们进行了专题研究，课题刚刚完成就赶上这次政治局集体学习，我当然要把这个内容放进去。"周一星在接受我采访时说。

一些地方在城市总体规划修编中，把年均城市化率提高到超常规的1.5个至2个百分点，依据是国家统计局的资料显示，1996年至2003年中国已经连续8年每年的城镇化水平提高了1.43个至1.44个百分点。

"对于这些城市来讲，总不能低于全国平均水平吧，于是就相互攀比，把指标抬上去了。"周一星说，"可1.4个至1.44个百分点意味着什么？意味着每年要解决近2000万农民进城转变为城镇人口，可21世纪前3年全国城镇平均每年新增的就业岗位只有827万，即使全部用来满足乡村人口在城镇的就业，也远不能支持。"

周一星在分析这些数据的来源后发现，正是由于国家统计局把4.7个百分点的第四次人口普查（1990年）和第五次人口普查（2000年）的城镇人口新老口径的差值，消化在1996年至2000年短短5年之内，然后又简单延续到21世纪，才导致这一偏差。

他借用联合国法的基本原理，把4.7个百分点的口径差值消化在17年里，修补到1982年，得出1982年至2000年间的平均速度为0.835个百分点，并得出结论："我国城镇化水平一年提高0.6个至0.8个百分点是有把握的，这与0.3个至0.5个百分点的世界平均水平相比已经很高了；个别年份达到1个百分点是有可能的；连续多年超过1个百分点是有风险的，因为经济增长、土地供应和就业容量不能支撑；连续多年的1.44个百分点是虚假的、可怕的。"

将过去的数据修补之后，周一星仍以联合国法的原理预测了未来中国城镇化水平的理论值：预计2010年中国城镇人口比重为46.5%左右，2014年会超过50%；预计2020年城镇人口比重为57.05%左右，2023年可能超过60%。2025年前中国城镇化的年均增长速度会达到或略超过1个百分点，2025年以后会逐渐放慢，低于1个百分点。

"当然理论值毕竟是理论值，"周一星作出说明，"实际进程是要由经济增长速度、就业岗位增长、土地供给和资源环境等现实因素决定的。"

在政治局第25次集体学习的讲台上，周一星建议，"十一五"期间，中国城镇化以年均0.8个百分点的速度增长为宜。

2006年3月，由十届全国人大四次会议审议通过的"十一五规划纲要"，提出2010年中国的城镇化率将从2005年的43%提高到47%，年均增幅正是0.8个百分点。

周一星颇感欣慰："看来，我们的建议得到了采纳。"

财权与事权倒挂

"城市用地无序扩张的根本原因是目前的财税体制。"中国土地学会在2005年"健康城市化与城市土地利用"研讨会的会议综述中这样写道。

会议综述称："中央和地方的财权划分之后，地方就要考虑自己的利益了。目前存在一个矛盾，中央财权大概占了六成以上，地方占不到四成；但从实际需要看，中央占不到四成，地方支付大概是六成。地方财源不足，于是就想到了卖地。"

"卖地（出让土地）的收益极大，根据30多个城市的统计，从获取土地的成本，到出让的收益，平均是18倍。花1块钱买地，卖18块钱，净赚17块钱。如果这样的财税体制不改变，任何措施都控制不了地方政府卖地（出让土地）。"

1994年推行分税财政体制的一个主要意图，是扭转过去中央财政收入占全部财政收入比重过低的局面。

在1994年以前的包干制财政体制下，中央政府曾一度需要向地方借钱过日子，中央财政十分脆弱。分税制实行以来，中央财政大幅度增长，中央财政收入占全国财政收入的比重，由1993年的22%上升到2003年的54.6%。

与此同时，基层县乡两级政府的财政困难却与日俱增，工资欠发普遍化，赤字规模扩大化，实际债务负担沉重，财政风险日渐膨胀。

财政部财政科学研究所副所长白景明在接受我采访时认为，导致基层财政困难的体制性因素，包括收入是向上集中，事权却是向下集中。

白景明在与财政科学研究所所长贾康合写的一篇论文中称："基层政权的财政收支矛盾相当尖锐。有必要指出：这种地方财政困难已经危及部分地方的社会稳定和政府权威，任其发展势必会导致地方财政危机而最终拖曳中央财政步入险境。"

分税制改革只是明确了中央与省之间的财政关系，省以下财政体制没有规范。可大多数地方效法中央与省的做法，增大了省级财力、市级财力，导致收入层层集中，基层政府缺乏稳定收入来源，却承担着支出的责任。

白景明与贾康分析道："近年我国省级政府向上集中资金的过程中，县、乡两级政府仍一直要提供义务教育、本区域内基础设施、社会治安、环境保护、行政管理等多种地方公共物品，同时还要在一定程度上支持地方经济发展（而且往往尚未有效排除介入一般竞争性投资项目的'政绩'压力与内在冲动），而且县、乡两级政府所要履行的事权，大都刚性强、欠账多，所需支出基数大、增长也快，无法压缩"，"省以下地方政府还要承担一些没有事前界定清楚的事权。比如社会保障，1994年推出分税制时，该项事权没有界定在多大程度上由省以下政府特别是县级政府来承担，现在实际上要求地方政府负责，对原本就'四面漏风'的县'吃财政饭'来说，又增加了一笔没米下锅的饭债"。

他们认为："在这种背景条件下，亟须在明确各级政府合理职能分工和建立科学有效的转移支付制度的配套条件下，使基层政权的事权、财权在合理化、法制化框架下协调，职责与财力对称。这本是'分税分级'财政体制的'精神实质'所在，一旦不能落实，则成为基层财政困难的重要原因。"

市长班学员：
没有地办不成事

在财权向上集中，事权向下转移之时，地方政府将目光瞄向了土地。

"我敢说我国的市长和镇长所管辖的空间比世界上任何一个国家的市长和镇长都要大。"周一星在2005年"健康城市化与城市土地利用"研讨会上说，"市长和镇长们拥有的土地资源实在是太大了。粗放的市镇设置，必然带来粗放的土地利用。2002年被279个直辖市、副省级市、地级市管辖的面积约占国土的50%和人口的90%。一个地级以上市的平均面积大约是17000平方公里，难怪动不动划出50平方公里、100平方公里、200平方公里作为开发区或城市新区是如此轻而易举。"

这一现象的背后是地方"土地财政"的驱动。国务院发展研究中心农村部研究员刘守英在这次研讨会上说，在这一轮城市扩张中，地方政府发挥了主导作用，土地扮演了举足轻重的角色，它已介入国民经济和社会发展的全过程。

刘守英在对浙江省一些地区的调查中发现，地方政府热衷城市扩张的一个主要原因是：它可以使地方政府财政税收最大化。发达地区政府财政的基本格局是：预算内靠城市扩张带来的产业税收效应，预算外靠土地出让收入。城市扩张主要依托于与土地紧密相关的建筑业和房地产业的发展。土地的出让收入及以土地抵押的

银行贷款，成为城市和其他基础设施投资的主要资金来源。

"1998年至今，绍兴县和义乌市分别作了3次城市规划修编，将城市规划面积分别扩大了30至40平方公里。"刘守英在向研讨会提交的一篇论文中称，"在绍兴、金华和义乌，去除难以准确统计的土地收费，土地直接税收及由城市扩张带来的间接税收就占地方预算内收入的40%，而出让金净收入占预算外收入的60%左右。几项加总，从土地上产生的收入就占到地方财政收入的一半以上，发达地区的地方财政成为名副其实的'土地财政'。"

中国城市规划设计研究院总规划师杨保军经常受到地方政府的责难："你们的规划不能适应我们的发展。"杨保军的回答是："恐怕只说对了一半，实际上是不适应你们卖地的需要。因为你的地卖出去了，还空在那里呢。而在我们看来，已出手的土地，就应该用起来。"

杨保军给市长班讲课，说征地的成本与出让获利相比，是很低的，这会积累很多社会问题。可市长们对他说，他们知道这个情况，但自己也是两难，因为没有地办不成事啊，所以只能用最低的成本获得土地，保持住竞争优势。杨保军不赞成这样的观点，"这是靠积累问题来换发展，可发展的结果能消解累积的问题吗？"

某市官员对杨保军说："我们的土地全在银行的手里。"原来，这个城市为招商引资，工业用地价格是一降再降，降到成本价还不够，又降到零

地价，而这些都是熟地。

"他们的心态是，又想出让成功，又怕出让成功。因为不出让没有资金进入，出让了政府又背上了债务。背上了债务怎么办？再划出一块地抵押给银行，拿到贷款去补窟窿。所以，出让的土地很多，实际建成的很少。搞到最后，银行肯定完蛋了。"杨保军说。

由于土地意味着太多的东西，一些地方与中央玩起了猫捉老鼠的游戏。

针对滥占滥用土地问题，中央政府2003年启动了以清理开发区为重点的全国土地市场治理整顿，到2004年，各类开发区的数量核减了70.1%，规划面积压缩了64.5%。

一位不愿透露姓名的专家2005年5月对已经五部委审核合格的某国家级经济开发区作了调查，因为"来北京上访的群众太多了，都说它违法占地，提出的8个问题，有4个涉及开发区面积，我很奇怪，不是都合格了吗？"

这位专家查阅了五部委审核公布的信息，显示这个开发区的规划面积为10平方公里。再进一步调查，发现这个开发区在媒体上披露的规划面积有9个说法，五部委掌握的面积是最小的，最大的是112平方公里。

"最近我上网一看图，还真有这么大！"这位专家2005年5月专赴这个开发区作实地调查，"接待我的人不敢讲实际情况，我就是搞不清它到底有多大。可我是搞专业的，多少懂

一些技术。听他们汇报，我一会儿要现状图，一会儿要规划图，这一看他们就露馅了，因为图跟图不一样。这个开发区向中央部门提供的图，用他们的话来说，是千锤百炼的图。"

"于是，我让他们再量量面积，最后他们承认只是多出了2.08平方公里，听起来好像不算多，但这是3000多亩地呀。他们又找理由说如何如何，完全是无稽之谈，完全是跟中央政府造假。而这个开发区备案的10平方公里面积，还是这次治理整顿的成果呢！"这位专家向我叹道。

一个税种的缺失

"在我们国家，不动产税与城市规划有着深刻的联系，城市规划的一个主要目标就是要保证不动产的安全与增值。"美国规划协会全国政策主任苏解放在华盛顿接受我采访时说。

这位在中国从事城市规划工作已有10年之久的专家，对中国城市的公共财政问题表示费解："不动产税在美国非常重要，这是地方政府主要的税收来源。可在中国，如果我是一个开发商，看中一块土地，找到政府花100万元买下来，政府就让我开发了。地方政府的公共财政就是一次性卖地，不考虑长期的维持。"

"在我们这里做房地产买卖，交易税是给政府的。不过这是不够的，政府还要获得一笔费用维持公共设施的运转，比如小孩入学、垃圾处理等，

这样的服务政府是每年都要提供的。怎么办？所以，不动产税每年都要征收。"他说。

苏解放认为征收不动产税是基于这样的理念："你的房屋周围的绿化好了，景观美了，设施全了，证明你享受了很好的公共服务，这些因素又能使你的房地产增值，所以你应该为此付费。政府雇人帮你整修了10年的绿地，你的房价中当然应该包含维护绿地的费用。不动产税就是付费的方式。它的税率是一定的，但基价不同，政府对不同的房价收不同的不动产税。"

"由于有了不动产税这样的因素，在美国，资金周转是城市规划不可缺少的内容。"苏解放说，"可中国的城市规划却与资金周转较少发生联系，政策设计对公共财政特别不重视。应该看到，公共财政是需要保持并长期周转的，城市规划与资金周转问题是必须在同一个机构里完成的。"

美国的个人所得税和工薪税归联邦（中央政府），销售税和公司所得税归州（省级政府），不动产税归地方（基层政府）。联邦政府掌握个人所得税，符合使劳动力在全国统一市场内自由流动、不出现地区阻碍的要求，也符合使税收成为经济"稳定器"的宏观调控要求；地方政府掌握不动产税，符合地方政府提供公共服务的角色，并能促使它真正关注和改善本地的投资环境，去做政府应该做的事情。

在这样的制度安排中，城市规划的主要内容是界定社区的公共属性，明确产权的边界，制定区划法规（zoning），规定哪些事情不能发生，确保不动产的保值和增值。

社会财富的绝大部分凝聚在不动产上，政府的公共财政收入自然要以最稳定、最大宗的社会财富为基础。上世纪50年代，不动产税在美国城市政府的收入中高达70%以上，到上世纪80年代仍维持在50%以上。

不动产税还是政府调节社会利益的一种手段，对于低收入阶层，这部分税收是相当低的。但是由于该税是累进的，达到一定收入水平，这个费用就会急剧上升。例如，美国有的州拥有第一套住宅的不动产税很低，但拥有第二、第三套住宅时，不动产税就要高得多。而当政府需要刺激消费时，则可以通过抵偿所得税的办法鼓励居民购房。

相比之下，中国现在省以下政府的大宗收入是营业税，地方政府必然想方设法做大经济规模，冲到市场竞争的第一线，"掌舵的"变成了"划桨的"，发展模式无法从粗放型泥沼中自拔。

"城市规划的一些重要指标无法实现，就跟缺失不动产税有关。"杨保军认为，"比如我们规划了一个地方，说这里必须保证环境不受污染，可地方政府就头疼了，因为它就是要招商引资，哪还顾得上环境保护呢？按理说，这个地方的环境好了，不动产就增值了。可政府却不能从中收益，你要让它转换职能，它怎么转得了啊？"

董祚继从土地集约使用的角度分析道："为什么有的地方动不动就搞花园式工厂，一下就占用那么多土地？就是因为它占着不用缴税，我们的流转税高，保有税却很低。如果有了不动产税，占着就得花钱了，它就会考虑用最少的土地实现最大的利润了。另外，开发商也不敢随便囤积土地或房产了，二手房交易也就活了，经济的泡沫因素就能得到遏制了。"

"中国城市的产业形态趋同，跟税制有关。"2005年7月，国家发展和改革委员会发展规划司副司长徐林在接受我采访时说，"由于城市的税源主要来自工业，各个城市都得去抢投资抢项目抢工业，水平分工无法实现，结果千城一面，经济同构，恶性竞争。"

徐林认为，如果有了不动产税，沿海城市就不一定非要搞工业项目了，只要能保持住优美的自然环境，能吸引有钱人来购房居住，地产房产能升值，政府也能得到足够的收益，"可目前的情况是，这些城市纷纷向GDP要税收，即便是污染严重的工业项目，他们也要去抢。"

"土地财政"的秘密

低价征收高价出售土地所创造的"土地财政"，意味着政府是通过行政工具，使存量不动产出现不安全或贬值的情况，再将之出让以获取市场差价。这非但不能调节社会利益，还使社会财富向高收入阶层集中，将宏观经济与社会安全推向险境。

在严控土地扩张的形势下，"土地财政"的实现方式转入了存量市场。在2004年全国建设用地中，存量土地占56%。2005年上半年，这一比例提高到58%，其中房地产开发利用存量土地的比例达到69%。存量土地的利用，对节约用地、防止滥占农地起到了正面作用，但通过大规模拆迁获取存量土地，也成为一些地方"理所当然"的行为。

《土地管理法》规定"为公共利益需要使用土地的"，"为实施城市规划进行旧城区改建，需要调整使用土地的"，经批准可收回国有土地使用权，对土地使用权人给予适当补偿。但无具体法律规定"公共利益"和"适当补偿"的内容，这使一些地方大面积"低进高出"土地有了可乘之机。

城市拆迁矛盾骤增的背后，是社会财富的转移。有的城市提出拆迁是拉动房地产发展的有效途径，因为这既能为房地产开发提供存量土地，又能为房地产销售创造市场。

由于拆迁补偿款不足以支持被拆迁居民购买商品房，被拆者又多是弱势群体，他们就不得不负债买房，贫富差距越拉越大。国家统计局2005年公布的信息显示，中国内地最富裕的10%人口占有了全国财富的45%，而最贫穷的10%的人口所占有的财富仅为1.4%。

"贫富差距持续拉大，将严重破坏国内的有效需求。"中国城市规划设计研究院副总规划师赵燕菁发出忠告，"因为想买东西的人手中没钱，有钱的人什么都有了，他们就是想买，需求又达不到规模生产的下界，于是没有企业愿干这种赔本买卖。这种状况将逼迫中国经济过度依赖国际市场，难以掌握更多的经济主权。"

赵燕菁2005年8月8日在《瞭望》新闻周刊发表文章，认为2004年中国银行的存差已上升到6.4万亿元，直接意味着银行效益降低，暗藏巨大风险。这种现象对于一个资本需求巨大的发展中经济来讲，是相当反常的。症结正在于收入在人群中分布不相等，潜在的需求难以转变为有效的需求。

徐林认为，分税制不应被认为是造成基层财政困难的根本原因，"因为分完了，还可以通过合理的转移机制转回去。如果开征不动产税，并作为属地税，基层财政就可望获得一个稳定的税收来源"。

"中国已具备征收不动产税的条件，因为房屋已经私有了。"白景明说，"不动产税是最适合基层地方政府掌握的税种。这类不动产税可形成非常稳定的税源，'跑得了和尚跑不了庙'，只要地方政府一心一意优化投资环境，自己地界上的不动产就会不断升值，地方政府的财源就会随着投资环境的改善不断扩大，地方政府职能的重点和它财源的培养，便非常吻合了，正好适应政府职能和财政职能调整的导向。"

2003年10月，《中共中央关于完善社会主义市场经济体制若干问题的决定》提出："实施城镇建设税费改革，条件具备时对不动产开征统一规范的物业税，相应取消有关收费。"

2005年3月，贾康在"企业发展高层论坛"上建议，将"物业税"概念淡化，用"不动产税"替代。

"'物业税'提出后，老百姓给财政部打来很多电话，问物业税与物业费是否一回事。"贾康说，"物业税"是借用香港的称呼，但香港的物业税与内地所指的物业税二者不尽相同。内地要适时开征的物业税实际上指的是不动产税或房地产税。

在目前中国的税收中，不动产税还是一个很小的部分，对外资企业征收统一的房地产税，对内资企业是房、地分开的，而且没有充分考虑地段的因素，没有几年重评一次税基的规定。新华社2005年3月的报道披露，房地产税仅占全部税收收入的2.36%，占地方财政收入的比重也只有8.12%。

开征不动产税直接面对的问题是如何与现行有偿有限期使用的土地出让制度对接。

随着土地使用期限的临近，不动产是增值了还是贬值了？其市场价值如何计算？另外，一次性缴纳土地出让金，是否是一次性为公共服务付了费？如果是这样，再征收不动产税的依据何在？

规划编制"三国演义"

"难道你们做的是皮的规划，我们做的是没有皮的毛的规划？这两个东西到底相差几公分呢？"

发改委遇挫

2005年10月，中共十六届五中全会审议通过了《中共中央关于制定国民经济和社会发展第十一个五年规划的建议》。作为国家战略的"发展计划"，被正式更名为"发展规划"。

接下来的问题是，发展规划怎样与现有的土地利用规划、城市规划对接？

事实上，分别由国家发改委、国土资源部和建设部主管的发展规划、土地利用规划和城市规划，均在不同层面交叉地对国民经济与社会发展产生影响。

考虑到发展规划被赋予的战略地位，以及三大规划相互脱节的状况，国家发改委在研究"十一五"规划之初，就在琢磨：能否整合规划编制"三分天下"的局面？

发改委组织各方面专家论证，起草了一个规划编制办法，试图将城市规划和土地利用规划作为专项规划，纳入国家完整的规划体系。

几番磨合下来，期待之中的"三家同盟"并未出现。在国务院法制办召开的磋商会上，发改委与建设部、国土资源部的讨论陷入了僵局。

一位负责协调的官员感叹："看来，发展规划很难落地，一落地就闯入了城市规划和土地利用规划的地盘。"

"谁都认为自己主管的规划才是总体规划。"一位知情者透露，最后国家发改委做出了妥协，接受不将城市规划和土地利用规划纳入发展规划系列，以便使规划编制办法尽快被国务院批准，以指导正在开展的"十一五"规划编制工作。

同时被明确的包括，城市规划和土地利用规划仍各依《城市规划法》、《土地管理法》行事。这意味着，中国的规划编制体制仍基本维持现状。

这可能引来学术界更为激烈的意见。中国科学院地理科学与资源研究所陆大道院士，在2005年4月召开的国土规划咨询会议上指出，现行规划体制对国土开发和建设布局中的无序乃至失控的现象负有责任。

在部门之间的扯皮中，一个可能的收获是，"三大规划三张皮"的弊端，已渐被各方认识。但这将在多大程度上改变"规划赶不上变化"的现实？

三方敏感地带

"发改委的努力我表示理解，"中国城市规划设计研究院总规划师杨保军说，"在目前的情况下，再运用过去的计划手段就不灵了，将计划更名为规划，实质上就是要运用空间手段进行调控，这符合市场经济的潮流。"

杨保军所在的单位是建设部直属的专业规划设计机构，2004年，长江三角洲区域规划曾发来邀请。"大家干劲很足，上海市规划局和江苏、浙江两省的规划厅和我们开了会，后来却不了了之，因为发改委也要做这个区域规划。"杨保军说。

由市场牵动的城际协作日益频繁，城市规划已无法回避区域问题，可这正是三方敏感地带。

2005年7月，国家发改委规划司副司长徐林，在接受我采访时表达了发展规划关注区域问题的理由："我们发现，交通网络、港口设施、环境生态、空间布局等区域性内容和空间性内容，越来越成为政府规划的重点，经济社会发展的行为和布局问题，必须和空间问题结合起来，也就是说经济社会发展规划必须落地。"

为了加强对经济社会发展的空间指导，十六届五中全会通过的"中央'十一五'规划建议"，提出构建区域发展的框架，其含义就是要在中国国土范围内，根据不同地区的资源环境承载条件，划定"优化开发区"、"重点开发地区"、"限制开发区"和"禁止开发区"等。

"十一五"规划将据此提出主体功能分区的设想和相应的空间开发原则，以及与之配套的区域政策取向。

"毫无疑问，空间和区域政策将被作为重要的宏观调控手段，过去不问当地条件，就地取材、人定胜天、破坏自然的发展模式，必须发生转变。"徐林认为，在经济社会发展规划中提出空间战略问题，并不是偶然的，是科学发展观丰富了发展内涵后，对发展规划在规划内容扩展上的必然要求，也是发展规划贯彻落实科学发展观的具体表现。

"发改委感到原来的规划缺乏约束性，想增加空间的因素，即增加一些这个区域禁止建设什么，那个区域重点建设什么等内容，但这正是土地利用规划要干的事情。"国土资源部规划司副司长董祚继向我解释了矛盾的由来。

事实上，土地利用规划也有"禁止开发区"、"限制开发区"、"重点开发区"、"优化整合区"之类的划分。

1998年国务院机构改革，将原属国家计划委员会制定国土规划的职责划归国土资源部，原来的发展计划和国土规划由一家独揽变成了两家分治，再发展至目前各成序列，再要整合已非易事。

"在计划经济时代，发展计划管的是生产要素的'条条'，城市规划管的是城市发展的'块块'。那时的矛盾，是'条条'与'块块'的矛盾。"杨保军说。

如今，先有土地利用规划的加入，后有发展规划向"块块"的转移，矛盾的表现与以往已有很大不同。

摩擦升级之后

《土地管理法》和《城市规划法》，均将国民经济和社会发展目标，作为土地利用规划和城市规划编制的依据，发展规划的地位由此可见一斑。可在具体操作中，摩擦却是接二连三。

2004年，一些城市在规划年限至2020年的城市总体规划修编中，抬高GDP增长速度与人口规模，提出超常发展目标，以期在中央政府严控土地的政策背景之下，拿到更多的建设用地。这一情况引起中央高层的警觉。

在这些城市以超常规GDP增幅寻求建设用地之时，以增长速度、投资项目为重点内容的发展规划，尚处在面向"十一五"的编制进程中。

按工作程序，国家级"十一五"发展规划需经2006年全国人大会议批准，地方级"十一五"发展规划将与之结合，由地方人大批准。如果城市规划修编先期进行，建设用地已与提前设定的发展速度挂钩，"十一五"规划将面对"生米已做成熟饭"的情形。

土地利用规划也无法净身而出。《城市规划法》提出，城市规划应与土地利用规划协调。《土地管理法》又进一步明确，城市规划不得超过土地利用规划确定的建设用地规模。而在一些地方着手城市规划修编之际，规划年限至2020年的土地利用规划修编尚未启动，如果城市规划已把建设用地规模确定了，土地利用规划修编只能扮演"马后炮"的角色。

三大规划的矛盾骤然浮出水面。国土资源部、国家发改委均以不同方式对城市规划修编存在的问题提出批评。这之后，高层强调了土地利用规划的主导作用。

"现在各地对土地利用总体规划越来越重视了，发现不做土地利用规划，城市规划做了也评不下来。"2005年7月，董祚继对我说。

土地利用规划采取自上而下、上下结合的方式编制，下级规划以上级规划为依据，规定土地用途，将土地分为农用地、建设用地和未利用地，严格限制农用地转为建设用地，控制建设用地总量，对耕地实行特殊保护。在此基础上，确定土地利用年度计划，将建设用地指标下达地方严格执行。

"我们拿土地的供给作为宏观调

控手段，这是实实在在的，还有总量的控制，这起了根本性作用。地方拿到了用地指标，在内部可以统筹，也比较灵活。"董祚继评价了土地利用规划的成效，认为这避免了在过去的发展计划中，按项目来调控导致"一刀切"的情况。

"发改委也认识到只有把投资计划与土地利用规划结合起来，才能管住。"董说。

正是这一机制的形成，中央政府在宏观调控中，将土地利用规划摆在了显要位置。以清理开发区为重点的全国土地市场治理整顿，就将土地利用规划作为一把铁尺。

中央政府运用土地利用规划已渐得心应手，其自上而下的编制方式，也使中央意图得以通畅表达。

相比之下，由地方人大批准的地方级发展规划，无需国家发改委审批，它与国家级发展规划的对接，缺乏"无缝焊接"的制度安排。"这样，发展目标就容易被当地做大，这个问题不解决，过度强调发展规划就不太合适了。"董祚继认为。

董到南方考察，看到有的城市GDP增长了15%还觉得少，还要大上项目，颇感吃惊。"土地利用规划是管长远的，发展规划是围绕本届政府的。"董说，"不考虑土地的制约因素，编发展规划就会无限扩大用地指标。结果就是拿长期的来服从短期的，全局的来服从局部的。"

发展规划被法律确定为编制土地利用规划和城市规划的依据，这个依据又有被地方"依法"做大的可能，由此导致与中央意志的冲突。三大规划分治的空隙，又使冲突的可能进一步增大。城市规划修编出现的问题，已是这类情况的写照。

20亿城市人口的"诞生"

董祚继坦言，在城市规划的审批中，国土资源部得罪了不少市长，"许多城市的用地规模被我们核减下来了，市长们肯定不高兴，但我们也没有办法，因为土地利用规划是先做全国的，然后再一级级往下做，大盘子一定，我们就被自己框死了，总不能去干掀自己盘子的事吧"。

北京市修编城市总体规划，建设用地规模最初上报1800平方公里，国土资源部强烈要求控制在1600平方公里以内，北京市修改后提出1700平方公里，国土资源部仍坚持己见，最后通过的面积是1650平方公里。

与土地利用规划相比，城市规划尚无一个全国性盘子。《城市规划法》提出，国务院城市规划行政主管部门应当组织编制全国城镇体系规划，用以指导城市规划的编制。可全国城镇体系规划一直未能出台。

在无大盘约束的情况下，城市规划由地方分散编制，自下而上审批，审批单位欲遏制地方做大规模的倾向，多有论出无据之感。

2005年1月，建设部批评183个城市提出建设"现代化国际大都市"

的现象，认为这严重脱离实际。可细为深究，正由于全国城镇体系规划的缺位，各城市分头盲动才会导致这样的局面。

在上一轮城市总体规划的修编中，曾出现这样的尴尬：至2010年，各城市规划人口相加已达20亿。两位相关部门的知情者分别向我证实了这一情况。

2003年由建设部推动的省域城镇体系规划，让发改委颇有微词。"全国的还没出来，就搞省域的，这当然不合理。"徐林作这样的评价，"因为行政区并不等同于经济区，以行政区为单元来做城镇体系规划，就难以把周边的因素考虑进去，结果就是现有的省域城镇体系规划都是一个模子，都是以省会为中心的城镇体系格局。而在区域经济协作快速发展的今天，一些城市与邻省经济的密切程度，已大大高于本省。"

"所以，我们一直反对搞省域城镇体系规划，认为做了没用。不如选一些发展趋势明显、资源环境承载力较好的区域来做城市群规划，如珠三角地区、长三角地区、重庆至成都地区等。如果只做省域，重庆与成都就被分开了。"

"车轮战"窘境

"井水不犯河水"的格局是：发展规划管目标，土地利用规划管指标，城市规划管坐标。

可问题是，离开了区域统筹，发展目标就可能落空，用地指标就可能失灵，城市坐标就难以定位。

这使得发改委不得不把目光投向区域。建设部2005年修订的《城市规划编制办法》也提出，城市规划的编制范围，要从城市规划区转向更加突出强调区域统筹和全市域城乡统筹。

可区域规划又是国土规划的内容，国土规划又是国土资源部的职责。

目前的土地利用规划并非国土规划。国土规划的编制面对诸多难题，在体制方面，它涉及的重大基础设施、产业布局、资源配置等事项，又是国家发改委的职能。

"在区域规划的编制方面，建设部系统技术力量强，经验丰富。"杨保军说，"最理想的情况是，把三家的优势整合到一起。最糟糕的情况是，有了功大家都抢，出了问题又相互指责。"

整合三家优势关系现有行政机构与职能的调整，处理起来又是千头万绪。

董祚继认为，合理的空间规划层次是，宏观层面为国土规划，中观层面为各省及大城市的土地利用规划，微观层面为城市内部及风景区的规划等，市场经济发达国家的空间规划体系大都如此。在国土规划未全面铺开的情况下，可以先赋予土地利用规划在宏观层面上更多的综合调控职能。

徐林的看法是，首先应在环境资源可承载的基础上，在国家层面上考虑未来中国15亿人口的空间分布、经济分布、城市分布等问题，展望未来的城市发展形态、空间分布格局等问题，"有了长远的空间战略格局，城市规划和土地规划部门再着手空间规划、城镇体系规划，解决中观层面的问题，然后，再微观至城、镇、区的规划。这样，从国家空间规划，到城市规划、土地利用规划，再到详细规划，就形成合理的体系了。"

而目前尚无统一操作的平台对上述设想加以讨论与整合，尽管各方意见已经趋同。

"'十一五'规划对空间和城市格局问题会有所考虑，因为这是国民经济和社会发展的范畴，不能回避。那种认为城市发展和土地利用不属于经济社会发展范畴的观点，显然是不合理的。没有人的经济社会活动，哪来的城市？哪还需要占用土地？但我们不会去做具体的城市规划和土地利用规划。"徐林说。

他认为，三个规划并存，在国家层面上问题不大，但到了地方一级，随着空间变窄，三者关系就十分密切了。"特别是到了县一级，三者关系应如何处理？从道理上说，应融合在一起，谁来做都不重要，一个县面临的规划问题不会那么复杂，没必要由三个部门分兵把守，一个部门负责就够了，这样还可精简机构。"

可目前的情况是，三个规划的编制时间并不统一，审批机构也不一致，即使在地方由一个部门总揽，也难以摆脱"车轮战"的窘境。

"历史性的大误解"

2007年11月3日，同济大学建筑与城市规划学院院长吴志强教授，在第五届全国建筑与规划研究生年会上，作大会特邀报告——《城市规划原理：西方50年道路与中国未来方向》。

面对台下数百名青年学子，他一吐心中之块垒："我们中国城市规划专业发展的核心教材是《城市规划原理》，可很少有人知道支撑它的是一本坚实的英文著作《城市土地利用规划》，而我们对后者有一个历史性的大误解！"

吴志强作出解释："《城市规划原理》在书名上省去了《城市土地利用规划》书名中的'土地利用'，增加了一个词'原理'，这使我们忘记了我们的工作内容是土地利用，忘记了我们所从事的是一门基于土地利用的学科。"

吴志强曾向一个城市的国土局局长提问："你们规划了土地利用，那我们干什么？"

这位局长回答："你们规划空间，我们规划土地。"

吴志强反问："难道你们做的是皮的规划，我们做的是没有皮的毛的规划？这两个东西到底相差几公分呢？"

"事实上，国土局与规划局干的是同一件事情，可我们非得把它弄成两个系统。"吴志强指了指大屏幕上显示的《城市规划原理》一书的封面，

"这就是省略了'土地利用'造成的后果，这造成了几个分裂，导致了另一套东西的出现，这就是土地利用规划。我们成为了全世界唯一一个有两个部门管理土地利用的国家。"

英文著作《城市土地利用规划》（*Urban Land Use Planning*）初版于 1957 年，此后，在 1965 年、1979 年、1995 年和 2006 年作了 4 次修订。

中国的《城市规划原理》初版于 1981 年，此后，在 1991 年、2001 年作了两次修订。

"目前我们的《城市规划原理》，还停留在《城市土地利用规划》的第一、二版的水平上。"吴志强说，"我们必须改变这样的情况。"

中央行政区迁移悬念

"我感到中央甚至可能还不知道行政区搬迁的建议，这个建议就已经被规划师自己放弃了……就相当于一个医生猜想病人绝对不会接受开刀这一最佳解决方案，于是干脆不提，转而推荐效果较差的保守疗法。"

2004年10月22日，北京市规划委员会主任陈刚向市人大作述职报告，提及《北京城市总体规划（2004年至2020年）》的修编工作，表示将建立旧城与新城的联动机制，有效疏解旧城的人口与功能，让保护和发展在空间上分离。他的发言得到了与会者的赞赏。

"新城要跟旧城联动，全市要统筹考虑。"述职完毕后，陈刚向媒体再一次强调了总体规划的这一思路，"这次总规修编的重点放在新城，实际上就是疏解旧城。如果功能和人口出不去，旧城保护也无从谈起。各个政府部门也需要联动，这是个系统工程。"

此时，他正面对这样一个现实——北京工业大学的调查显示，在北京，仅中央机关马上需要的用地，加起来就有近4平方公里之多。

4平方公里，相当于5个半故宫的占地面积，何去何从，正是检验"旧城与新城联动"这一"系统工程"的试金石。

支撑这一判断的事实还包括，北京中心城区的规划空间容量已趋于饱和，中央企事业单位及其附属功能的占地高达170多平方公里，多集中在四环以内。在这一范围，减去道路、基础设施、公园、学校等用地后，其余用地一半以上都和中央职能有关，而北京市政府相关的占地只有中央的十分之一左右。

这意味着，占城市空间重中之重的中央行政及相关职能，在多大程度上实现与新城的"联动"，已是决定北京城市走向的关键。

"新行政区"畅想

在陈刚述职后的第二天，82岁的两院院士吴良镛，走上国家图书馆

"部级领导干部历史文化讲座"的讲台。他把座椅挪开，站着讲了两个多小时，主题是《总结历史、力解困境、再造辉煌——纵论北京历史名城保护与发展》。

吴良镛向与会者表示："为了提高首都政治中心建筑环境的改善，应在一定时期、条件允许时，考虑新行政区的可能。"

他是在介绍美国首都华盛顿特区2050年的规划时，做这番畅想的。

华盛顿规划提出："将特区建设成以国会山为中心，一个使人振奋的世界之都，满足国家政府的需要，极大地丰富区域内的居民、职工和游客的精神与物质生活，展现反映美国人民持久价值观念的城市形态和特征。"

同样作为首都城市，北京近年来也展开了一项工程浩大的总体规划修编工作。

2001年底，中共北京市第九次党代会提出修编《北京城市总体规划(2004年至2020年)》的工作任务；2002年底，中共北京市委、市政府着手组织开展《北京城市空间发展战略研究》，2003年底国务院领导批示据此编制总体规划；2004年1月，建设部致函北京市人民政府，要求尽快开展总体规划修编工作；同年3月，首都规划建设委员会召开动员大会，修编工作全面正式启动。

作为总体规划修编的框架性文件，《北京城市空间发展战略研究》提出，北京的城市发展正面临举办2008年奥运会和率先基本实现现代化两个

重要的发展机遇，迫切需要为城市未来的长远发展谋求新空间，实现"新北京、新奥运"的战略构想。原有的总体规划所确定的部分目标已提前实现，规划空间容量趋于饱和，难以容纳新的城市功能。北京大城市问题日益显现，原有规划思想面对发展中的新问题，需要及时调整。

这项研究在回顾历史时称，新中国成立初期，中外专家提出了不少规划方案，最终确定了把行政中心放在旧城区的方案。目前，北京市中心区功能过度集聚，旧城保护受到极大的冲击，绿地不断减少，热岛效应加剧。对此，应疏解中心大团，重构城市空间新格局，形成"两轴、两带、多中心"的市域空间发展战略。

所谓"两轴"，即完善传统城市中轴线与长安街及其延长线，保障首都职能和文化职能的发挥；所谓"两带"，即强化由怀柔、密云、顺义、通州、亦庄组成的"东部发展带"，疏导新北京产业发展方向，整合由延庆、昌平、沙河、门城、良乡、黄村组成的"西部生态带"，创建宜居城市的生态屏障；所谓"多中心"，即构筑以城市中心与副中心相结合、市区与多个新城相联系的新的城市形态。

根据这样的城市布局，《北京城市空间发展战略研究》提出策略："鼓励和引导中心区的产业、人口和其他城市职能向新城、新的产业带转移。今后新的重大项目选址应按照城市建设的重点发展方向优先考虑布置在新城的产业带上。"其中，顺义、通州、

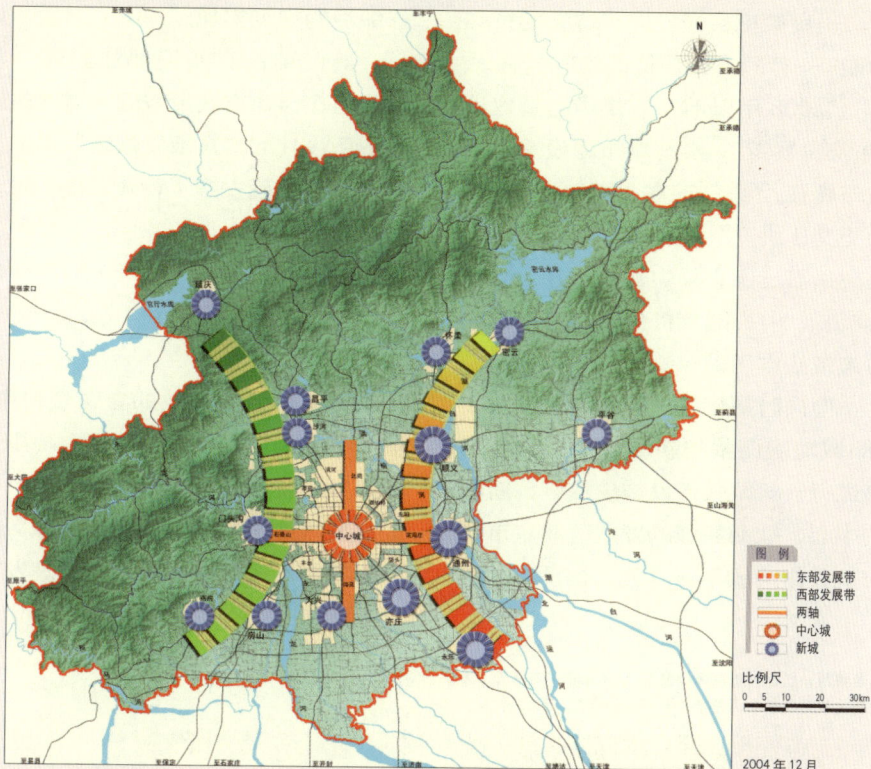

北京城市总体规划（2004—2020年）
城市空间结构规划图

2004年12月

2005年1月，国务院批复的《北京城市总体规划（2004—2020年）》
中的"两轴、两带、多中心"城市空间结构规划图

亦庄是新城建设的重点，顺义的功能包括空港物流、现代制造业等，通州的功能包括行政职能、国际商务、文化传媒等，亦庄的功能包括区域物流、高新技术产业等。

向外转移中心区的产业与人口，在1993年经国务院批准的《北京城市总体规划（1991年至2010年）》中已经明确，但实施的效果并不理想。这一版的总体规划虽将亦庄、黄村、通州列为近期卫星城建设的重点，但只有亦庄因有明确的产业定位而得以发展成型。大规模的城市建设仍在中心城区

发生，元明清古城被成片拆除，中心区的城市功能与人口密度越来越高，超负荷运转，人口迅速向望京、亚北、回龙观等地区外溢，在郊区形成一个个超大规模的"睡觉城"，巨量就业人口每日往返于城郊之间，城市的交通与环境状况急剧恶化。

疏解中心大团的旗帜在2004年启动的总体规划修编工作中再次亮出，而它又将在多大程度上不再蹈前辙呢？与上一版总体规划相似的是，此次修编工作也提出在郊区发展一系列新城，也将其中的3个作为近期建设的

中央行政区迁移悬念 ■ 145

重点，但这一想法会不会再度落空？

吴良镛把目光投向了城市的核心功能——行政办公职能的空间转移。

"2008 年以前，应集中力量建设'东部发展带'，实现城市建设重点的战略转移。"吴良镛在"部级领导干部历史文化讲座"上建议，"旧城行政办公应适当迁出，集中建设，并为旧城'减负'。中央国家机关及北京市机关可起带头作用。"

他同时提出了一个跟进的策略："旧城功能调整与新城建设规划应配套进行，旧城服务设施应疏解到新城的中心，推动新城的发展。北京市政府机关作为表率可率先迁出旧城，避免旧城内单位的'观望'现象，带动修编后的规划实现。"

吴良镛没有明说要迁到哪个新城，但在《北京城市空间发展战略研究》所设计的"东部发展带"中，只有通州被明确安排了行政职能。

"首都区"之辩

吴良镛讲座发放的参考资料中，摘录了中国城市规划设计研究院副总规划师赵燕菁的一段评论："北京目前的城市结构'单中心＋卫星城'的空间布局已经无法适应城市高速发展

赵燕菁所设想的新首都区位置图 （来源：赵燕菁，关于《北京市规划建筑高度部分调整报告》的评估意见，2002 年）

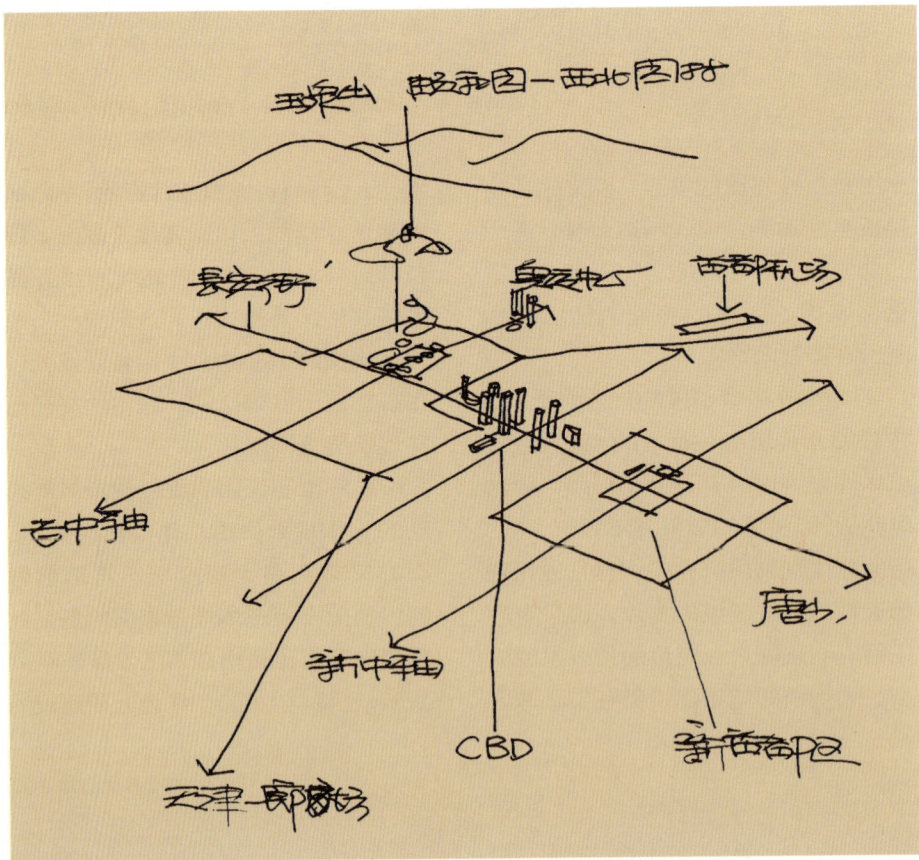

的需要，这一基本判断近年来已逐渐成为各方面的共识。刚刚完成的《北京城市空间发展战略研究》在首都发展史上首次明确提出，北京的城市结构要从单中心转变为多中心。这一关键性的判断，使得本次总体规划有可能成为北京城市发展史上的最引人注目的一次重要规划。现在，总体规划的编制已经全面展开，但是，对如何实现城市从单中心向多中心转变并没有形成清晰的思路。"

赵燕菁的评论刊登在2004年7月出版的《北京规划建设》杂志，题为《中央行政功能：北京空间结构调整的关键》。这位在中国城市规划界极为活跃的青年学者，坦率发表了自己的见解："实现城市单中心向多中心转变的潜台词就是，北京目前以老城为核心的母城不再是唯一的城市中心。要做到这一点，毫无疑问，目前密集在老市区的'中心功能'（而不是'辅助功能'）要分解出去"，"我的观点是，以中央行政办公为核心的部分'首都功能'应当是此次空间结构调整的重点"。

他的文章直接针对了自己所在的单位——中国城市规划设计研究院在为《北京城市空间发展战略研究》所完成的报告中的一些提法，即"建国50年来，天安门、人民大会堂、中南海作为国家的象征已经成为一种定式在国民心理；国家首脑机关与国务活动本身不再需要大规模的扩大办公场所；国家首脑和国务活动本身并不经常的大量活动，与古城其他职能的冲

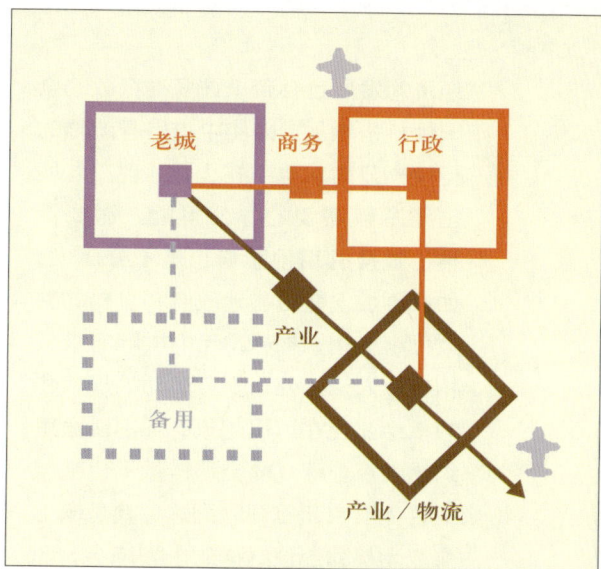

赵燕菁提出的北京空间功能分解示意图 （来源：赵燕菁，《中央行政功能：北京空间结构调整的关键》，2004年）

突并不严重；此外，首脑机关的国务活动的搬迁所需要的经费可能高达数以亿计，从现实看实无必要"。报告由此得出结论："建设首都区的概念既不符合国民心理和政治需要，也不具备必要性。"同时又称，"在保持国家首脑机关和国务活动中心不变的前提下把中央政府的办事机构相对集中建设"，但"不一定在2020年的总体规划期限内"。

赵燕菁认为上述结论及其理由值得商榷，中央行政功能的外迁，不会对首都的"心理定式"功能产生任何影响，恰恰是行政功能与庆典功能空间上的分离，可以减轻周期性的庆典功能对经常性的办公功能的干扰；首都功能并非只有"国家首脑机关"，作为一个大国，与中央行政功能相关的，都应当是"首都职能"。随着中国大国地位的提高，国际组织的总部和跨国机构的中心，势必会迅速增加。

中央行政区迁移悬念 ■ 147

经济的发展也会带来许多准行政的全国性机构增加，即使中央自身新增的行政办公需求也不在少数。现在老城已经不敷需要的办公单位，需要调整、置换的用地总量也是十分庞大。如果再加上全国各地政府和机构的驻京办事机构，未来20年内实际需求会相当惊人。此外，国务活动的规模和频率绝非现在可以想象。且不说像里约热内卢全球高峰会那样数十位甚至上百位国家元首同时到达，就是像上海亚太首脑会议这样的小型峰会，北京接待起来都会极为吃力。作为全国的神经中枢和大脑，北京的效率降低并不仅仅影响首脑机关，而是会在整个国家的经济流程中成倍地放大。

至于"首脑机关的国务活动的搬迁所需要的经费可能高达数以亿计"，赵燕菁表示，这样的说法早已被全国许多城市的新城建设实践所反驳。在老城扩张行政功能，因涉及大量拆迁等问题，一点也不节省，甚至成本更高。改革开放以来，大量城市开始通过行政中心迁移来引导城市结构调整，但却不一定会带来经济损失，规划得好，还会产生巨大的效益。现有行政部门在老城占用的土地往往价值连城，转让后不仅足以补偿新办公楼的成本，而且足以抵偿在新区的征地。至于带动新城土地增值的效益就更加明显。实践证明，在市场条件下，新城建设不仅意味着巨大的成本，同时也可以带来巨大的产出。

他认为，没有中央行政职能的调整，就不可能有北京城市空间结构的调整，当然并非建议把全部的中央行政职能和相关的机构一起都搬迁出去，如果那样的话，北京一夜之间就会变成一座空城。有一种观点认为，可以把中央的一些附属部门，或者是新增的部门搬出去，而政府行政功能的主体，仍然留在主城区。这一构思本身应该是没有问题的。但是，如果放到北京战略结构调整这个更大的背景下，这一思路就显得不足了，因为它难以起到带动北京这个千万人口级别城市结构转变的作用。

赵燕菁建议，中央外迁机构的级别要尽量高，如人大、政协、高法、高检、国务院机关最好，至少也应当是财政部等核心政府部门。他个人倾向于在通州长安街延长线方向发展新的中央行政办公区，这有利于行政职能的分期迁移和水平分工，这一地区对外交通便利，其自然条件也有利于形成壮丽的首都区景观形象。

他在空间上划出了北京四个分工不同的发展象限：主城以紫禁城为核心，发展旅游、商业、金融等功能；通州为行政办公中心，主要为首都的国际和国家功能服务；亦庄和永乐新城，将同天津、河北一起建设世界级的工业发展轴线；大兴则作为未来发展的战略备用地。

相隔半个世纪的话题

赵燕菁的文章使中央行政区的调整成为一个公开的话题。

他还讲述了这样一个故事：2002年中国城市规划设计研究院的《北京高度控制评估报告》草稿出笼时，几乎所有参与此事的领导和专业人员都同意北京需要调整城市结构和改变行政中心，但后来大部分人的思想都有不同程度"转变"或至少是"变通"。一个重要的原因，就是感到中央行政中心搬迁"不现实"。所谓不现实，并非技术上的原因，而是对上级意图的揣摩——中央政府可能不喜欢这个方案。现在，"谁都不愿意捅破中央行政功能需要空间分解这层纸"。

赵燕菁对此评论道，"我感到中央甚至可能还不知道行政区搬迁的建议，这个建议就已经被规划师自己放弃了。因为，大家都认为中央不可能接受这个建议，尤其是在中央最近为抑制经济过热大规模查处地方政府建设行政办公设施的今天更是如此。这就相当于一个医生猜想病人绝对不会接受开刀这一最佳解决方案，于是干脆不提，转而推荐效果较差的保守疗法。但是这种拖延不但不能从根本上解决问题，相反会使病人耽误彻底治疗的最佳时机"，"我们应当做的，就是像一个负责任的医生那样，把不同治疗方案的利弊解释清楚"。

刊发这篇文章的《北京规划建设》杂志，是北京市城市规划设计研究院主办的，这家单位与中国城市规划设计研究院、清华大学共同担纲此次总体规划的修编。

同期杂志还刊出了留美博士、北京市城市规划设计研究院高级工程师高毅存的一篇论文，提出了一个建设北京"双都心"的设想，其中也有行政中心迁移的建议："保护北京旧城平缓棋盘式格局，将产业与经济建设逐步向东南挪动，在通州甚至更远的廊坊一带形成新的都心，逐渐把老北京的行政中心、商业中心、教育中心和其他城市功能移到新的都心，形成双都心的模式。"

高毅存有针对性地指出："北京不宜搞多中心，多中心等于没中心，或者就是到处摊大饼。北京旧城将主要剩下文化中心与旅游中心的功能，成为名副其实的古城博物馆。为时不晚地为子孙后代留下一份古代文化遗产。"

将北京古城作为一个完整的遗产加以保留，在1950年梁思成、陈占祥提出的"梁陈方案"，即《关于中央人民政府行政中心区位置的建议》中已有表述，梁、陈建议在古城以西的公主坟至月坛之间集中建设中央行政区，避免城市功能过度集中于古城，并实现新旧两利。这个方案未得到采纳。此后，在老城上面盖新城，并向四周扩张，成为50多年来北京城市发展的现实，随之而来的中心区膨胀及日益激烈的保护与发展的矛盾，成为本次总体规划修编亟待破解的难题。

清华大学建筑学院2004年的研究表明，仅占北京规划市区面积不到6%的古城区，房屋面积已由上世纪50年代初的2000万平方米，上升至现在的5000万至6000万平方米，城市主要功能的30%至50%被塞入其中，使之担负着全市三分之一的交通流量。北京与12个国家同等规模的城市比较，用地是最密集的，人均用地是最少的，城市化地区人口密度高达每平方公里14694人，远远高于纽约的8811人，伦敦的4554人，巴黎的8071人，由此衍生一系列大城市问题。

面对城市发展的困局，时隔半个多世纪后，中央行政区位置的调整再度以学术讨论的方式出现。

"从建国开始，是采纳'梁陈方案'另建新区还是'以旧城为中心发展'，是北京城市建设的两种途径。在并没有太多讨论的情况下，就匆匆采纳了后者。" 2004年9月16日，吴良镛在"2004城市规划年会"上作大会发言，"50年来一个基本的矛盾就是在同一空间地域上既要保护旧城，又要建设现代化的城市；对旧城来说，既承认它是伟大的遗产需要保护，又强调改造；既要保护又要发展。理论上看似很辩证，但为此付出的代价却太大了。"

吴良镛说："62.5平方公里的北京旧城已有一半以上的建筑空间被完全重建。剩余的部分也正不断受到建

梁思成与陈占祥的"新行政中心与旧城的关系图"（1950年）
（来源：《建国以来的北京城市建设》，1986年）

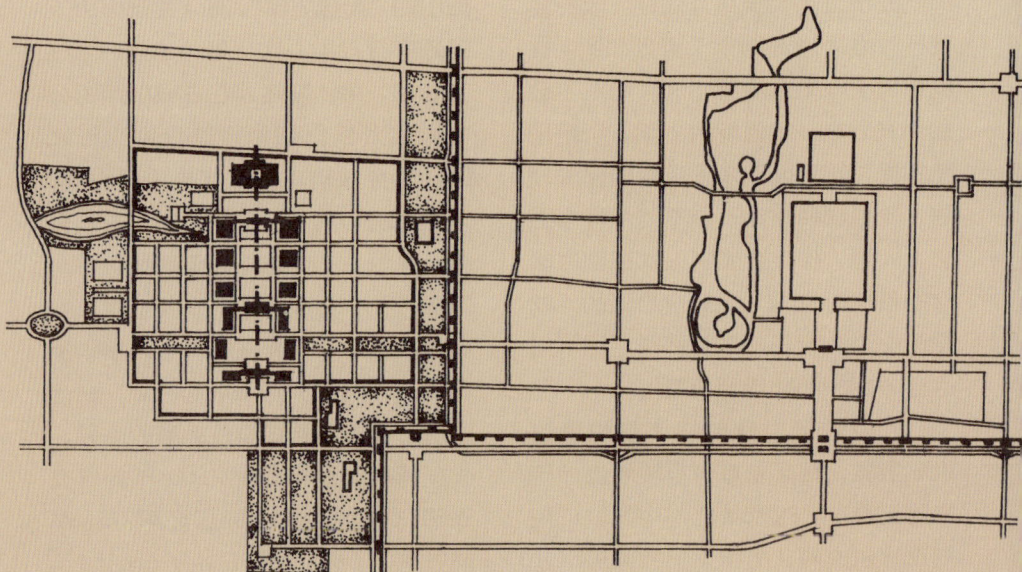

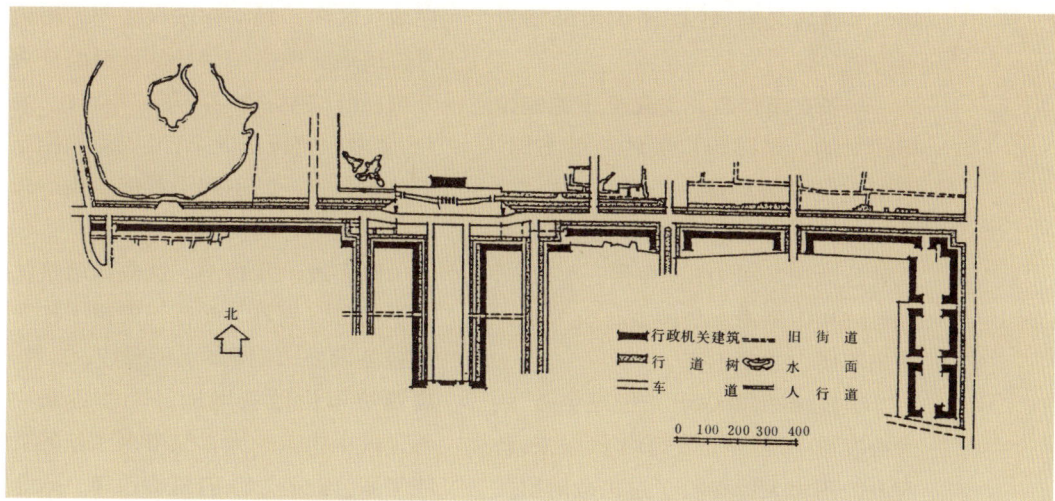

苏联专家巴兰尼克夫1949年提出的长安街行政中心方案图
（来源：董光器，《北京规划战略思考》，1998年）

设性破坏的威胁。其中，连同公园和水面在内，保留较完整的历史风貌空间已不足15平方公里。如果这一次总体规划修编再不能科学地对待旧城的问题，就将导致北京古都保护工作的全军覆没。且由于我们工作失误，环境恶化，前国家领导人曾提到的北京'迁都'之虞不能说不存在，这绝不是危言耸听。"

各执两端的设想

在吴良镛完成"部级领导干部历史文化讲座"后的第二天，2004年10月24日，北京城市规划学会第三届年会召开。学会的总结报告称，长安街未来建设的初步规划方案已经完成，其重点是如何到2009年前基本建成长安街两侧的建筑。

学会为此组织了一项研究，提出在西长安街六部口南部地区建设中央办公区，这与学术界已经出现的中央行政区外迁的设想各执两端。

长安街以120米的道路红线宽度东西横贯北京元明清古城，它在北京的历次总体规划中均被作为体现政治与文化中心的场所，规划要求两侧集中安排国家重要行政机构和大型文化设施。截至2004年10月，长安街已建成50余座大型公共建筑，尚余的10个楼座已有9个确定了建设项目，包括电教馆二期、北京美术馆、国家博物馆扩建、公安部新大楼等。

虽然总体规划对长安街的建设有明确要求，但在已建成的项目中，按建筑总面积排序，行政办公类建筑、文化体育类建筑仅名列第三与第五，面积分别为61.9万平方米和48万平方米；排在前两位的是商务办公类建筑和商业服务类建筑，面积分别为106.3万平方米和95万平方米；金融邮电类建筑名列第四，面积为55.2万平方米。

与长安街行政、文化类设施偏少相映衬的，是国家机关的分散布局。原国家经委曾流传一个顺口溜："二三六九中，全城来办公！"抱怨国家机关分散在二里沟、三里河、六铺炕、九号院和中南海5个地方，机关工作往来不便，效率不高。

吴良镛在"2004城市规划年会"的大会发言中说，上世纪50年代以来，政府办公用房大体接收了过去政府机关所在地和一些公共机构的用地和房屋，并有所增加。此后，经不断调整，拆旧改新，扩建房屋，多年下来虽表面上趋于相对稳定，但总体上有增无减，占地可观。在京中央机关用地总体上集中在城八区内，其中在城八区内的用地占总用地面积达67.41%。且目前机构分布在旧城中心的各方向，与居住、商业、金融商贸设施混杂，造成功能相互干扰和影响，已不利于首都中央行政办公职能的有效发挥。

他还进一步指出，这些行政机关除了自身发展外，就近还安排了相关的服务设施，使得高水平医疗、教育、宾馆等单位数量增加，功能不断完善，规模相应扩大，又带来了新的功能集聚。此外，政府机构改革、政企分离后新产生的企事业单位，由于它们与行政机关的密切联系，选址依然留恋旧城。

大量行政办公机构分处北京旧城之内，在拥挤的空间里又多以原地扩

北京儿童医院在原地扩张　　王军 摄

中华全国总工会大楼2003年9月9日被爆破拆除，原地建设98米高的新大楼　　王军 摄

建的方式发展，与历史文化名城保护形成矛盾。全国政协1994年搬迁市级文物保护单位顺承郡王府，在王府原址建设办公楼；皇城保护区内的最高人民检察院2003年冬季开始扩建，箭杆胡同一带被夷为平地，建筑结构高达4层，超出皇城保护规划限高9米的要求。

同样的问题也出现在长安街的建设中。2004年，东长安街南侧准备兴建的一幢大楼因与市级文物保护单位于谦祠发生矛盾而被迫南移，又危及另一处区级文物保护单位"意园"的原址保护；西长安街民族文化宫南侧的开发，也因拆毁大片胡同并影响众多文物建筑的安全而招致社会舆论的批评。

北京城市规划学会第三届年会传出消息，长安街未来建设的初步规划方案已经上报，能否得到批准将在总体规划修编完成之后决定。此时，总体规划修编工作已完成全部规划成果，部分已公示的内容未涉及中央行政区问题。《北京城市空间发展战略研究》在这方面的表述是，"以旧城为中心，沿传统中轴线和长安街轴向延伸的十字空间构架，体现政治、文化、体育、服务等功能。在中轴线及其延长线上预留一定的中央行政区的办公用地"，但它同时又确定了通州新城的行政职能。

形势仍不明朗。随之而来的问题是，如果行政功能仍在以旧城为中心的地区扩张，城市结构调整的目标会不会出现偏差？通州新城的行政职能又将如何实现？中心城区的紧张状况又将以怎样的方式缓解？

北京南竹竿胡同最后的天空　　王军 摄于 2002 年 12 月

"单中心陷阱"

"举办奥运会，不在于账能不能一次平，也不在于'鸟巢'体育场的屋顶要不要砍掉，这些都是小钱，真正的大钱是城市结构的调整。"

这些年，赵燕菁发表多篇论文呼吁从战略高度重视城市空间结构的调整。

他认为，当前城市化的高速推进已为这个问题的解决赢得历史良机。在一个激烈竞争的世界里，北京已不能单独决定自身的命运。日本的迁都之议，韩国新行政首都选址之争，已表明东亚城市新一轮竞争的开始，而这正是从空间战略层面展开的。

"这是一个信号，"2004年10月9日，他在接受我采访时说，"这场比赛将决出未来20年乃至更长远的时间内，谁将是东亚的领导城市。"

"单中心"催生
房地产泡沫

王军：影响一个城市的因素是多方面的，空间结构的调整有这么紧迫吗？

赵燕菁：因为机遇稍纵即逝。北京历史文化名城的保护，很长时间都被作为一个局部问题来对待，其实它只是冰山之一角，它与交通、环境、地价、宏观经济调控等露出水面的城市问题一样，在底层都是同城市的空间结构联系在一起的。在传统经济学理论中，空间大多作为外生变量被假设掉了。但在真实的经济中，空间要素对于城市发展具有决定性的意义。对北京来说，即使没有保护古城的需要，城市结构的好坏，对城市运行的效率也具有重大影响。对别的城市来说，也是如此。现在大家都在谈论经济结构和增长方式的转型，但很少有研究注意到这个转型一定会伴随着空间结构的转型。甚至可以说，没有空间结构的转变，就不会有经济结构的转变。空间结构，特别是城市空间结构质量的好坏，对于经济转型的结果和今后的运行效率，有着巨大而长远的影响。我们要从国家战略的高度来讲这个问题。事实上，包括现在的宏观调控，都与空间结构密切相关。

王军：空间战略是怎样与宏观经济调控发生联系的？

赵燕菁：现在国家正进行宏观经济调控。这次宏观经济局部过热的原因是什么？在我看来，最主要的原因就是1998年的城镇住房制度改革，以住宅的形式在市场释放出上万亿长期积累的社会财富，短期内形成一个巨大的房地产市场。正是因为这次增长是制度改革在短期内迅速释放出来的，使得房地产这一局部出现了井喷式的增长。一个直接后果，就是房地产及其相关领域的收益，在短期内大大超过经济的其他领域，进一步诱使社会投资向房地产相关领域转移，从而更加剧了局部性的经济过热。由于房地产相对于其他产业巨大的额外收益是短期因素导致的，一旦这个因素消失，经济泡沫就会破裂。

所以我们看到，我国经济现在是冷热并存——与房地产市场相关的产业热，无关的产业冷。这是此次经济增长同常规的经济增长最大的不同。正确的做法是，要千方百计把房地产价格的上涨速度压下去，使房地产的短期收益与长期收益相一致，缩小与其他行业的收益差。

那么如何抑制房价？房地产的价格是由最短缺区位的土地价格决定的。虽然建材、劳动力成本上升对房地产成本有影响，但对房价影响最大的还是土地的价格。只要最短缺的土地可以保持足够的供给，房价就不会大幅度上升。这个最短缺的区位，就是城市的中心。但恰恰是这个最短缺的土地在单中心结构的城市里是难以充分供给的。

所以，应当根据"病因"，有针对性地"定点清除"经济中的扭曲因素，采取正确的空间对策，调整城市结构，增加城市中心区土地的有效供给。现在很多城市，希望在郊区建设大规模经济适用房把价格拉下来，这没有意义。因为，城市的竞争力是通过各自的核心功能展开的，而这些功能大多集中在中心区。而只有变单中心为多中心才能实现这个目标。从世界范围来看，多中心结构的城市，大多地价水平较低，因为整个地价被摊到较大的面积上去了，国内城市的经验也是如此。

北京的净收益缘何不如上海

王军：让我们把话题回到北京，对这个城市你又作何评价？

赵燕菁：北京是典型的单中心城市，大家一买房就看它在几环，房价基本上是城市环路的函数。在单中心的城市，这是必然的。北京有的项目，因为拆迁要赔进去60%至70%的成本，平安大街的建设，除去附加的煤气工程，真正用于道路设施建设的不到十分之一，大部分都用于拆迁和赔偿，由于道路两侧建筑限高，根本无法通过土地开发回收，你说房价能不

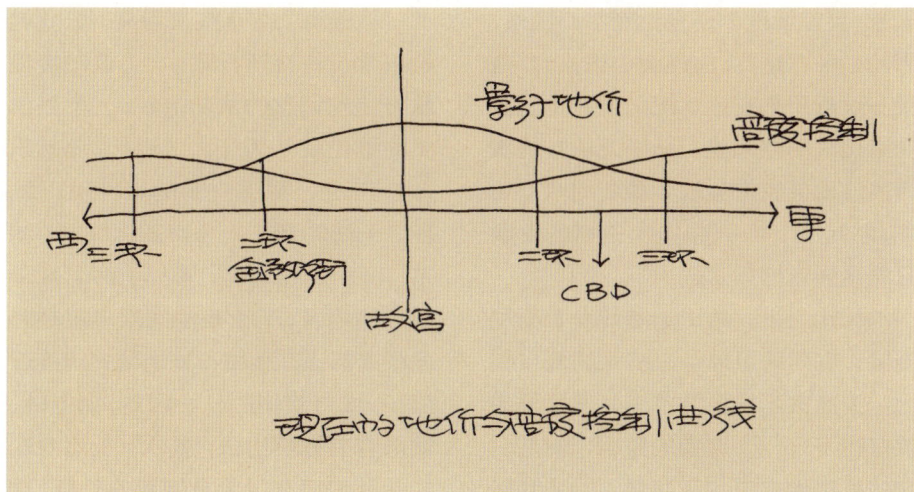

北京现在的地价与高度控制曲线图　（来源：赵燕菁，关于
《北京市规划建筑高度部分调整报告》的评估意见，2002 年）

赵燕菁认为，由于北京的发展新区同老城在空间上是重叠的，是以老城为中心向四周蔓延，老城的中心地位没
有改变，而且越来越强化，优势越来越明显。这种优势通过"影子地价"作用于老城，成为迫使老城土地升值、提
高开发强度的强大动力。北京现有的锅底形的高度分布是反级差地租的，经济代价极其巨大，这就是北京老城为什
么限高一再被突破，开发强度越来越大的根本原因。

高上去吗？北京许多类似的工程从一
开始就成为有去无还的赔钱项目。造
成高房价的重要原因，是因为作为单
中心结构的城市，新老城市功能无法
通过专业化在空间上分解，结果新老
城重叠发展，产业结构的演进，只能
通过拆除老的建筑和基础设施，并将
老的城市功能不断排挤到下一个城市
圈层来实现。在这个过程中，整个城
市的经济效率降低了。因为有大量的
钱被用来赔偿，而没用于产出。

北京上一版总体规划虽然在郊区
规划了一系列的卫星城，但分解城市
功能的效果并不理想。这是因为空间
供给的多少并不重要，重要的是供给
的区位。不同的区位之间是无法替代

的。打个比方，这么多跨国公司要进
来，我们能够动员他们去郊区吗？现
在中央政府的部委都往长安街上挤，
他们能去卫星城吗？显然都不会。与
纽约、东京等城市不同的是，北京的城
市中心又是一个巨大的世界遗产，建
筑高度必须控制，这样，同样的地价摊
到较少的建筑面积里，房价只能更高。
高房价又会转移到城市功能的运营成
本里，必然影响这些行业的区域乃至
国际的竞争力，这是很大的损失。

现在，北京要修这么多市政设施，
包括地铁都修进去了，机场也配套了，
但价值最高的中心区却不能卖，因为
故宫摆在这儿，你怎么卖？投资收不
回来。这些年被迁到郊区的，多是低收

入者，要就业他们还得跑到中心区来，因为心脏在这儿，血还会往这儿流。结果导致近年来交通状况急剧恶化。在北京传统的空间里，已经无法容纳城市高速发展所产生的大量新的城市功能。你就一个单一的中心，这样的发展只能是强者把弱者赶走。

相比之下，由于上海开发了浦东新区，它同采用单中心扩张的北京相比，虽然实际投资并不高，但效果却要好得多。一个重要的原因，就是北京的投资大部分用于赔偿，而且发展越快，赔偿占总成本的比例就越大。如果说建设浦东再造了一个上海，得到了两个城市，北京则只得到了半个城市，因为北京的新城要扣除掉被拆掉的那个老城。表面上看，北京与上海GDP增长的差距并不是很大，但这只是由于拆迁在统计上计入投资，对GDP指标的贡献是正的，所以拆迁成本越高，好像经济增长越快。实际上，尽管北京土地的平均售价更高，但真实的净收益却不如上海，而净剩余才是城市增长的真实动力。这样，投资者就纷纷转向上海。说到底，因为城市结构的选择，在一开始就决定了两个城市发展效率的差异，随后的发展只是使这个差异更加扩大。

核心功能迁出后
老城不会死掉

王军：但是，上海并没有把自己的行政中心搬出去呀？

赵燕菁：在有些人看来，上海就是一个没有搬迁行政中心，但却实现城市结构调整的成功范例。一个很自然的推论就是为什么上海行，北京不行？但是，更进一步的研究可以发现，上海的例子十分特殊。首先，浦东，特别是陆家嘴，紧邻上海老城最核心的地区，无论是空间距离还是心理距离都比其他城市新老城之间接近得多，城市新增的核心职能，如金融，就很容易分解出去；其次，上海浦东的开发曾经有过大量闲置的阶段，这是一般城市难以承受的；第三，新城建设虽然拉开了上海的骨架，为新的建设提供了空间，但减少老城压力的效果，却不如将行政中心迁出老城的深圳、苏州和青岛等城市。因为浦东的建设只是为新增的功能提供了空间，却没有通过置换效应减缓老城内部已有功能就地膨胀的压力。

如果说上海空间结构调整的效果虽不理想，但还可能的话，北京则几乎连可能都没有。因为中央行政及其相关附属职能在北京经济和空间上的作用是如此之大，以至成为一个需求"黑洞"，任何企图逃逸出其引力范围的功能分解都不可能获得成功。有一种观点认为，即使中央行政职能不外迁，北京市政府也可以仿效其他城市，通过行政重心转移的置换效应，推动北京城市结构的调整。我的观点是，如果中央职能不调整，北京市政府的外迁要极为慎重。因为行政功能外迁不是目的，将密集在老城的其他功能分解出去，形成地域上城市功能

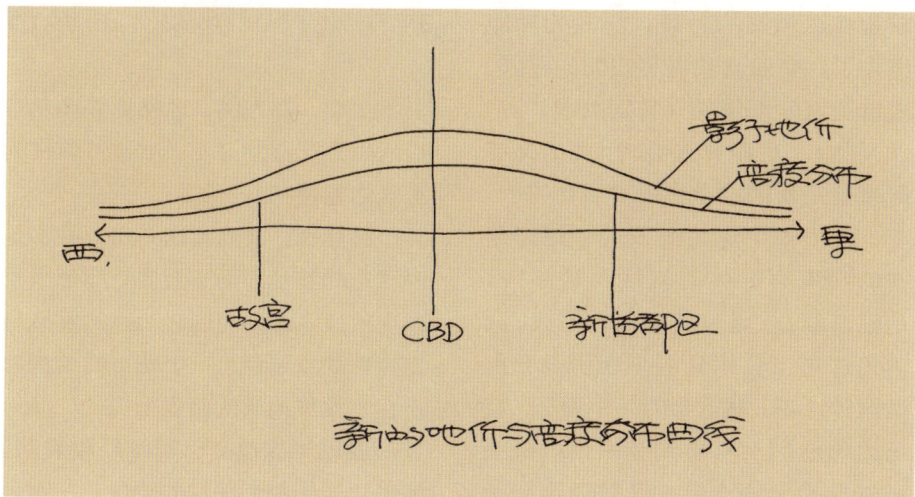

赵燕菁所设想的新的地价与高度分布曲线图 （来源：赵燕菁，关于
《北京市规划建筑高度部分调整报告》的评估意见，2002 年）

赵燕菁认为，通过加快发展新城，北京市发展重心东移后，城市的中心就从老城转移到长安街东三环至东五环之间规划的CBD上。北京最后的城市高度将从现在中间低，四周高的反经济规律的天际线，演变为中间（CBD）高，两侧（新城、老城）低，符合土地市场经济特征的天际线。

的分工和专业化才是目的。如果北京市政府搬出母城，而其他功能不能跟进，城市行政中心就会孤零零地撂在城外，而单中心的城市结构则会依然如故，因为北京行政职能占地面积不到中央行政职能占地面积的十分之一。这是北京同其他非省会城市相比最大的不同。

王军：这些核心功能都搬出去了，老城区会不会成为一个"烂城"？

赵燕菁：在美国确实出现过这种情况，建了新区，富人都出去了，结果导致了老城的衰退。但是，在城市高速发展时期，这种现象很少出现。这是因为在城市化高速发展阶段，包括老城的功能在内，每个经济细胞都在长大，老城自身功能的扩张，足以吸纳大部分功能让出的空间，也就不会出现发达国家城市缓慢增长阶段功能外溢导致的所谓的"烂城"。所以，要避免出现"烂城"，就必须抓住这个经济增长的时期。在这个时期，如果城市结构得到调整，北京旧城内的密度降低了，它就会成为最好的一个地方，在这里的投入就可以得到回报，旅游业和宾馆服务业都可以得到充分的发展。基础设施的压力也会减轻，旧城内没有这么多功能了，它们都迁出去了，还需要花这么多钱修这么多路吗？像深圳，行政中心搬出去了，罗湖区"烂"了吗？没有。相反，罗湖吸引了更多的商业进来。在行政与商业都在增长的时候，行政的功能出去了，商业就获得了空间。所以，城市是否处于增长期特别关键。

王军：可能有人会问，难道又要掀起一轮新的楼堂馆所建设热吗？

赵燕菁：现在很多人一提起建新的政府办公中心就认为是浮夸，是脱离群众，是浪费纳税人的钱，我认为这应当具体分析。之所以会出现这种认识，很重要的一个原因，就是因为他们没有看到老城行政机关所占用的土地价值，已经远远超过办公楼本身的价值。由于历史原因，现在很多城市政府占用的老城都是黄金地段，而且多是无偿占用，这难道不是城市潜在资源的巨大浪费？这还抑制了其他经济的拓展空间，并迫使城市用传统的城市空间结构来适应急剧调整的经济结构，大大增加经济转型的成本，降低发展速度。国内的青岛、厦门、中山、苏州等城市用老城换新城的实践表明，政府办公中心建设得好，可以改善城市的形象，提高政府运行效率，使整个城市的不动产升值。

需特别强调的是，这并不是在鼓励任何城市政府在任何地点都可以建新的楼堂馆所，我们尤其反对像北京这样在老城里新扩建行政办公建筑。即使在新城，建设办公设施以及相关的楼堂馆所也是有条件的，那就是城市经济一定是真正进入了高速发展阶段。如果没有处在这个阶段，无论在老城还是在新城，建设新的行政中心都是有害的。

被房地产"绑架"的城市

王军：有人说，你反复强调北京行政中心迁移的必要，难道目前真的有这么重要吗？

赵燕菁：我强调这一点，并不是说城市的其他方面不重要，而是因为在现阶段，这个问题对北京的发展有着特殊的重要性。一个城市的结构总是在它发展最快的时候形成的，而一旦形成就难以改变。国际经验表明，城市化达到我们现在的阶段，一定会有一个快速的上升。在这个阶段，不仅仅是经济规模扩大的过程，更是经济结构调整的过程。而没有空间结构特别是城市空间结构的调整，仅仅是城市总量的增长，就不可能实现高效率的经济结构转型。如果我们对此判断不足，将会丧失发展的机遇。

伦敦的道克兰、巴黎的拉德方斯，都是在战后大发展时期建成的CBD，它们虽然都靠在老城边上，但由于能够分解城市的核心功能，直接增加最短缺的中心区的供给，就把整个城市的优势保持住了。而东京则是在高速成长条件下拒绝及时改变城市增长模式，丧失了发展机遇。东京单中心的城市结构，导致地价急剧上升。汉城（韩国首都的中文名称2005年1月由"汉城"改为"首尔"——笔者注）的教训几乎是东京的翻版。随着土地价格的上升，这些城市的竞争力下降了。日本甚至出现产业"空洞化"现象，制造业大量外移，国内资产中以房地产为主的经济泡沫不断增加。尽管他们今天比昨天更有钱，却不得不为此付出长期的代价。

王军：日本的迁都之议、韩国的新行政首都选址之争，在多大程度上是针对上面这些问题的？

赵燕菁：我的理解是，在城市高速发展时期，这两个城市在空间上都没有做好。东京要建城市的副中心，汉城也要建卫星城，都没有成功。为什么？从城市规划的角度来看，是因为它们都是没有把城市核心功能的分解，与城市空间的专业化结合起来。东京、汉城都是把首都功能与城市功能叠加在一个空间上，导致地价过高，竞争力下降，等明白过来想分解的时候，已经晚了。由于大量的不动产已经由于我们前面提到的原因被推到很高的价位，许多银行都是按照这些不动产的市场价值作为贷款的抵押，你政府一走，地价暴跌，银行所有评估的资产也会跟着跌，社会信用体系就会破产，整个经济就崩溃了。所以，虽然日本国会在1990年通过了迁都的决议，到现在还是走不了，因为城市的经济被房地产"绑架"了。

汉城也晚了。在1988年奥运会举办之前，它的首都职能就应该迁出去。现在韩国的经济增长不容乐观，一迁都，汉城不动产就会贬值，导致的问题与东京相似。韩国法院裁定迁都违宪，这在很大程度上意味着迁都的流产。在这后面，一个重要的原因就是占韩国人口三分之一的汉城市民反对。这并非因为迁都本身不合理，

而是因为迁都的时机不合适。在城市居民没有购置产业的发展阶段，大家都希望不动产有较低的价格，而一旦购买了不动产，市民就会抵制任何可能导致物业贬值的政策。行政中心外迁可以压低地价以及相关物业的市场价格，有利增强城市的总体竞争力。但如果价格上去以后再外迁，就一定会导致全社会财富的流失，并引起激烈的反对。现在汉城和东京一样，房地产价格已经很高，居民的大部分财富都以不动产形态存在，现有居民的激烈反对在一开始就是我们预期到的。但这反过来也告诉我们，如果北京不在快速发展阶段，实现空间结构的调整，一旦地价上升，就有可能永远失去调整的机会。

王军：中央行政区的外迁不会给北京带来同样的问题吗？

赵燕菁：我认为不会。在北京的市域范围内调整中央行政区的位置，是城市结构调整，并不等同于迁都。北京的经济还处在高速增长期，完全有机会通过空间结构的调整，适应经济结构的转型，而不必像东京、汉城那样走到非要迁都不可这痛苦的一步。北京要是把中央行政区迁出去，也许现在中心区每平方米8000元的房子，每平方米只需4000元就可以买到了，大家就会支持这件事了，这就是机会。如果等大家都买完房子了，奥运会都举办完了，经济负增长了，你再要走，大家就会反对你，因为你这样做会导致居民财富的缩水。悉尼奥运会举办完了，大

量基础设施也报废了，轻轨都停了，因为悉尼没有什么增量了，所以必须通过奥运会一次把钱赚回来。而我们当初建设的亚运村，现在还在为我们赚钱，为什么？因为有巨大的增量需求摆在这儿。所以，举办奥运会，不在于账能不能一次平，也不在于"鸟巢"体育场的屋顶要不要砍掉，这些都是小钱，真正的大钱是城市结构的调整。

2008年奥运会迫使北京许多建设大幅提前，但如果北京没有利用好奥运会的机会实现空间结构的转移，城市功能还是集中在老城，势必在老城投入大量基础设施，像正在建设的地铁等。想想这么多的钱投下去，上面的地又不能卖掉，这会是多么巨大的损失？要知道，这些设施一旦建设下去，就永远无法移动。一旦这些大型基础设施形成，北京的空间就会被锁定在现在的结构里。这才是北京应当算的大账。

非常建筑

贝聿铭收官

"故宫！金碧辉煌的屋顶上面是湛蓝的天空。但是如果掉以轻心，不加以慎重考虑，要不了 5 年、10 年，在故宫的屋顶上面看到的将是一些高楼大厦。但是现在看到的是多么壮丽的天际线啊！"

1999 年 9 月，在被法国文化界列入 20 世纪人类最重要的 100 位杰出人士的时候，82 岁的贝聿铭出现在北京街头，在长安街西单路口西北角的中国银行总部大厦建筑工地，他对我说，这个大厦将是他此生设计的最后一座大房子。

此时，中国银行总部大厦刚刚完成外装修，建筑物南面和东面两个入口各面宽 54 米，高 9 米，进深 14 米，上面的 10 层是用两榀两层高的巨型钢架托起来的，下面一根柱子也没有，这是一个典型的充满激情的贝式几何结构。

这位笑眯眯的、看上去十分谦和的老先生，最擅长以惊世骇俗之作来回击批评家的诘难。

他把一个玻璃金字塔搬到了法国人的"圣地"——巴黎卢浮宫，被人扣上了"破坏法国文化"的帽子。可这位故乡在中国苏州的美籍华裔建筑师挺直了腰板。终于，傲慢的法国人被折服了。

在贝聿铭的职业生涯里，类似的事例不胜枚举——

波士顿的三位一体教堂（Trinity Church）是这个城市最精美的古建筑，为维护其景观、控制教堂四周的建筑高度，波士顿人曾经把官司打到了美国最高法院。可是，贝聿铭所领导的事务所硬是在它的一侧盖起了一幢 60 层高的摩天楼。

当这幢大楼揭开了神秘面纱的时候，波士顿人虽然满腹牢骚，还是接受了它——大楼简单得惊人，通体玻璃幕墙，透明得让人感觉不到它的存在；大楼如同一面镜子，三位一体教堂被映照其中，变成了"两个"，这是许多人没有预料到的奇妙景观。

中国银行香港分行大厦的设计也经历了一场折腾。1985 年贝聿铭在设计这幢 315 米高的大楼时，迷信风水的香港人认为它是不祥之物，硬说大厦像个三棱的刀，周围的居民竟在家里装上了反光镜，声称要把这个"刀光"挡回去……可是，最后他们不得不承认，这幢大厦蕴含着一种高贵的气质，在香港这座"钢筋森林"的城市里，它流光溢彩，理所当然地成为了"东方之珠"的标志性建筑。

也许是来自与中国银行的特殊感情——1918年，贝聿铭一岁的时候，他的父亲贝祖诒创立了中国银行香港分行；几近古稀之年，贝聿铭又在中国银行香港分行大厦的设计中，获得巨大成功。所以，他收到在北京设计中国银行总部大厦的邀请时，并没有太多的犹豫。

但是，在许多建筑行家的眼里，这实在是一次冒险的举动。因为，这个工程位处北京历史悠久、规划布局完整的元明清古城之内，中国银行总部大厦能与古城的整体氛围融合吗？

中国银行香港分行大厦　王军 摄

位于北京西单的中国银行总部大厦　王军 摄

建筑师之憾

1999 年 9 月 12 日下午，在中国银行总部大厦的建筑工地上，我第一次见到了贝聿铭。他从一辆奔驰车上下来，身着浅黄色西服，系一条黄底金丝纹领带。

见我迎上去，他面露笑容："你就是王军先生？"随后，便有了以下这番谈话。

贝聿铭手握《建筑师梁思成》一书在竣工后的中国银行总部大厦内，他的身后可见有中式大屋顶的时代广场大厦一角，贝聿铭说："像这样摆一点屋顶，戴一个小帽子的办法，我不会做。" 王军 摄于 2001 年 6 月 27 日

王军：你在中国银行总部大厦的设计中是如何体现中国特色的？

贝聿铭：这个问题非常难做，因为中国古代的建筑没有这么高的。所以新的不能硬做，给它一个顶。

王军：（指了指马路对面的时代广场大厦）比如像这幢楼，加个中国式屋顶？

贝聿铭：我们不需要屋顶，这个问题我们要另外想办法。中国的建筑在北京应该有古代中国的文化的表现。在这种房子里面表现我认为做不成功，不会好的。做是可以做，红的柱子都是错的。

王军：那怎么做？

贝聿铭：做到里面，里面有花园。里面有花园，国外也有做的了，可是我们的做法是中国的做法。石头是昆明来的，竹头是杭州来的。楼内有园，是空的，像四合院，四合院里面是空的，有天井。

王军：你对中国的园林很看重吧？比如香山饭店也是这样设计的。

贝聿铭：哦。（举起大拇指）中国的园林在艺术上，可以说在世界范围内都很有地位。建筑就不同，建筑一向都是矮的、平房。高塔是有的，还有庙、皇宫。但现在这种写字楼以前没有。所以我不会走以前的那种路，（指着时代广场大厦）像这样摆一点屋顶，戴一个小帽子的办法，（摇头，摆手）我不会做。

王军：对北京的旧城保护，你前段时间跟吴良镛、张开济、周干峙等先生曾提出一个建议，还得到了高层

采访本上的城市 非常建筑

领导的重视。

贝聿铭：应该。他们（指吴良镛、张开济、周干峙等）是中国建筑界的杰出人才，也很有经验，对中国古代建筑很有研究。他们也很赞成保护、保留、保存中国古城，比如四合院、故宫附近不要造高楼。这种问题，他们和我都同意。他们这方面的问题比我研究得多，我是美国人（笑），回祖国一年一次，所以我的话说出来没什么力量。

王军：你以前说过在故宫附近不能盖高楼吧？

贝聿铭：那是1978年我回来，谷牧副总理请我到人民大会堂谈话，那个时候我就发表这个意见。他说能不能在长安街给我们造一个高楼、做一个建筑物？我说不行，不敢做。做了以后，将来人要骂我，人家不骂我，子孙也要骂我。他听了以后，哦，我跟你也同意。他说周总理以前也说过这个话。我说好，既然你们都同意，再想办法吧。那次之后，清华大学的吴良镛就提议高楼呵，应像一条线，从故宫向外慢慢增加，在里面都是文物，进了故宫看见高楼都围住你，故宫就破坏了。大家都同意。所以现在（中国银行总部大厦）我们也不造得太高。

王军：现在有人提出，北京应像巴黎那样，把新的大楼都拿到古城外面去盖，像拉德方斯那样。

贝聿铭：太迟了。最好、最理想，长城（指城墙）再造起来，里面不动，改良。

王军：怎么改良法？

贝聿铭：现代化，高楼在外面。但晚了，来不及了。我觉得四合院不但是北京的代表建筑，还是中国的代表建筑，四合院应该保留，能保留应该保留，要保留的话，因为地价很高，那还是不大容易。能保留应该一片，不要这儿找一个王府，那儿找一个王府，这个是不行的，要一片一片地保留。

王军：（中国银行总部大厦内的）这个花园你是怎样设计的呢？

贝聿铭：池子里的石头，是从石林找来的，这些石头不是那里面的（指石林风景区范围内），石林附近有很多这种石头，它们在田间野地里，我们是废物利用，他们（当地人）准备砸碎了做石灰。为什么我要找那种石头呢？（作握拳状）因为这种石头很壮，太湖的石头（摆在这里）就不像样了，太细气。太湖石很细气，在四合院、小花园、我们家里面是可以用的，在这种大厅里面只能这种石头（指石林的石头），我很早就觉得一定要用这种石头。在香港中国银行我本来预备要用的，后来因为听说是我选的，他加价10倍，敲竹杠，那我就说不要了。结果我们到柳州去找，柳州的石头没有这么好。但香山饭店是有的（指有石林的石头），那时是因为有一个将军（作拿电话状）帮我联系。

（旁人：香山饭店的石头没这个好。）

贝聿铭：这个好。

王军：这是贝先生亲自挑的吗？

贝聿铭：不，不，香山饭店是我挑的，那个时候，我们可以挑的地方很小，在这个地方可以挑，别的地方不能动的，国宝嘛。这次在外面挑的，范围大一点，选得好。不是我选的，（指着身边的年轻人）是他们选的。这些石头很重。在这个大厅里摆什么东西呢？这个现在还没有做好呢，（指着水池中的卵石）将来这些都要拿走的，要铺黑石摆水，黑石摆水，就可以反照投影，一块石头就变两块了。这个大概明年才可以看到。还有竹子，室内植物，能生存的很少，比如外面的槐树，一搬进来，一定死，养不活的，养得活的极少。养得活的几种，竹子是其中的一种，它上面有喷水，我昨天看了，每一天喷几次，竹叶的水量一定要高，有竹子跟石头就够了，我要求竹子也要大，他们到广西，后来到杭州拿来的，但这个竹比较细小一点，所以我看来应该再大一点。

王军：以后再长一长会不会大一些？

贝聿铭：竹子不会再长大，所以我叫多加几个高的，这样有高有低。（手指大厅）这个地方照我的看法是广场之一，人民可以从这儿走到西单，中国银行不让我这样，也许它……这个我没有权。我的意思是人们可以走过，来来往往。（手指大厅里端）那里面可以作银行的，（再手指大厅）这里应该公用，应该走来走去，（手指东南角大门）那个地方就不同了，重要人物从那里进，两面有梯子，（手指东南角大门内侧的花池）这个种花的，拦住一点，但看是可以看，走过去没那么容易。（手指东南角大门顶部）招待所（接待厅）在上面，本来我设计时上面可以看

到天坛，现在包先生（指包玉刚建设时代广场大厦）把我挡住了，看不见了。

王军：听说这是你的收山之作？

贝聿铭：这么大的不做了，小的还做，自己玩。

王军：为什么？

贝聿铭：时间问题，这个工作我做了七年了，再过七年，我要这么走路了（作拄拐棍状，笑），不行了。第二，组织，我现在没有组织了，我从事务所脱离了，没有组织了。没有组织就做不成功。（指身边的年轻人）他们是老朋友了。

王军：你对这个建筑满意吗？

贝聿铭：很难说，建筑，在北京，高度有限制，这个我不反对。同时，业主要求做很多平方米的建筑容积量，这两个有矛盾，结果建筑显得很重，如果要它轻，要挖空，里面空了，从外面看进来应看到是空的，白天是不成问题的了，看得见，晚上有问题，里面照明很重要，这要花好几个月来做好。晚上要通过照明，让人从外面可以看到，这么大的建筑物里面是空的！也许领导人看到东方广场他们都欢喜，哦！亮！但我们不能太亮（指用反光玻璃幕墙），太亮了里面的光就出不来了。明白吗？就是外面太光里面的光就出不来了。照明是可以照明，但外面不能太光，（手指大门）这里面应该有灯（光）可以出去。现在里面的照明还没有做成功。将来里面的照明要做得好，做得强、有力（作握拳状），外面的照明还是要的，可是里面的照明，光出来比较重要一点。这个建筑跟旁边的不

同就是这点，旁边的建筑用反射玻璃，光出不来的，我们用的都是透明玻璃，光可以出去。

王军：你刚才提到了东方广场，这个建筑在北京的建筑界有许多不同看法，你对此有什么意见？

贝聿铭：这个……我不能批评。（摆手，摇头，笑）

王军：你觉得长安街上需不需要这样的建筑呢？

贝聿铭：（想了想）老实说，是可以的，因为长安街很宽。最要紧的是，比如长安街都要建这样重的建筑，树很重要。全部长安街，都要一样的树，像法国香榭丽舍大街一样，拿这个树照明，你明白吗？不要拿这个房子照明。房子弄那么大，又那么亮，就错了。你要那么大，可以的，就不要那么亮。要用树来照明，进了长安街，都是树，不是都是房子。越是大，越是不要太亮。现在长安街……我又要批评了（笑，摆手）。

王军：1950年代初建长安街的时候，梁思成先生提出不应在旧城里面开大马路，说沿着大街盖大楼是错的，而应在外面建一个行政中心区，把长安街两边的新建筑拿到那儿去建。

贝聿铭：这个刚才我跟你说过了，太迟了！城墙你不要拆呀！城墙拆了，是毛主席决定的，我又不能批评呀！（大笑）城墙最好是不要拆，城里面保留，高楼做在外面。这个最理想，巴黎就是这样做的。

王军：梁思成先生以前在美国跟您谈过这件事没有？

贝聿铭：没有谈过这件事，因为那时候我还没有看过北京，没见过北京。他在联合国作建筑顾问的时候，

东方广场大厦　王军　摄

我跟他见过面，他说你应该回来，帮帮我的忙，干干建筑。我说好呵。这是1947、1948年的事。那时候我回不了了，拿不着护照了，我那个时候还是中国的护照，老的，中国的护照。

王军：你以后还可能在北京设计新的建筑吗？

贝聿铭：不搞了，让他们年轻人去搞，中国是他们的世界，不是我的了（笑）。贝氏事务所，将来他们来做，不成问题，你看这个大建筑，就是他们几个人跟我的老二，他们能做这么大，今后什么建筑都可以做。我是退休了。（笑）小的玩意我来，大的不行了。

这个建筑，老多门呀，也是个问题，到处都是门关门的，他们（业主）不想这样，太多门不好管理。（手指东南角大门）这个门是重要人物进来，（手指东、南两侧大门）这两个门照我的意思，是公众的，（手指大厅里面的门）那两个圆的，银行员工用，从那里上下楼。要问银行，他们大概会说：最好一个门了，但这个房子大，一个门是不可以的。我在香港盖的那个，地方没这个大，但比这个高，还前后做了两个门。我觉得现在是对的，他是否让民众走过这里面，从复兴门外到西单？这是将来他们的权力，我没有（这个权力），不过我给了他们这个机会。我希望他们放行，这里面人越多越好。（笑）不过银行管理就麻烦了，人太多不行。

王军：这样的设计是不是一种美国的方式？

贝聿铭：有一点。也许在中国要用中国的办法，但我给了他们这个机

1947年担任联合国大厦设计顾问的梁思成　　林洙 提供

会，可以放开，但他们认为应该关起来，我心里不安，但不能不接受。

1999年6月，贝聿铭与吴良镛、周干峙、张开济、华揽洪、郑孝燮、罗哲文、阮仪三，共8位专家联名向北京市政府提交意见书《在急速发展中要审慎地保护北京历史文化名城》。

意见书说，北京旧城是世界城市史上历史最长、规模最大的杰作，是中国历代都城建设的结晶。旧城虽已遭到一定破坏，仍应得到海内外的关心并积极促进加强保护。北京旧城最杰出之处就在于它是一个完整的有计划的整体，因此，对北京旧城的保护也要着眼于整体。应该顺应历史文化名城保护与发展的客观规律，对北京旧城进行积极的、慎重的保护与改

善，而不是"加速改造"。

意见书提出，尽快着手从旧城的整体出发研究北京历史文化名城的保护问题，使旧城保护与整治、历史文化区保护和文物保护这三个互相关联的层次形成一个整体。在此基础上，制定具体的保护政策和措施，编订具有法律效力的完整的《北京历史文化名城保护规划》。立即停止旧城内的大规模开发建设，收回旧城内所有已拨出但未开发的土地。明确规定，今后一段时期内不再在旧城内安排大型商业、金融、办公设施。

在北京这个城市，从上世纪50年代开始，几次修编的城市总体规划都以旧城为单一的城市中心、以改造旧城为发展方向，这使得旧城内古老的胡同、四合院不断被高楼大厦所取代。

在这样的改造中，城市的功能过度集中于旧城区内，带来棘手的交通与环境问题。为缓解交通拥堵，政府不断斥巨资拆建道路，如此循环往复。

在中国银行总部大厦的脚下，白庙胡同、民丰胡同等有着数百年历史的街巷消失了。这种被政府批准的行为在旧城区内的许多地方不断上演。

贝聿铭虽然建议停止对北京旧城的继续拆除，而他一旦以建筑师的身份出现在这个城市，又不可避免地成为了城市规划的实施者，尽管他认为这个规划存在不少问题。

香山饭店之争

1978年，谢绝了谷牧副总理提出的在长安街上设计高楼的邀请后，贝聿铭跑到远离北京旧城区15公里的香山设计了香山饭店。

在香山饭店的设计中，贝聿铭获得了罕见的权力。他不仅能够决定建

香山饭店　王军　摄

香山饭店的室内大厅取意于四合院的"天棚"　王军 摄

筑的选址，而且仅仅为给饭店里一个小型水泥广场增姿，就将云南石林230吨尖柱形岩石纵穿大半个中国运来；庭院铺地的卵石虽在北京也有，但为追求一定的颜色和一定的直径，他长途跋涉到山东长岛挑选，运到北京后，一个卵石相当于一个鸡蛋的价钱。

有评论指出，这些因素，使香山饭店的造价高得惊人，平均每一个单间房就达20万美元。而同样是中外合

香山饭店内的廊道取法中国园林步移景异之妙　王军 摄

资的北京建国饭店，平均每一个单间客房造价才4万美元。

香山饭店粉墙黛瓦式的外观被批评为不适宜地将一座江南园林生硬地搬到北方来；在工程建设中，176棵存活数百年的大树被伐。一系列批评文章出笼了，北京市一位负责人出面劝阻，这才罢休。

尽管如此，香山饭店还是为贝聿铭赢得了巨大声誉，饭店开业7个月后，他获得了被誉为建筑界的最高荣誉——普利茨克奖。

对于北京这个在毛泽东时代曾经长期封闭的城市来说，香山饭店的另一层意义在于它传递出中国政府在建筑设计领域对外开放的信息。此后，越来越多的境外建筑师有机会到北京开展业务。

1983年竣工的北京长城饭店是中外设计合作的早期代表作，由美国贝克特国际公司设计的这个巨型大厦，一开始就遭到激烈的反对，在反对者看来，其主楼大量采用的玻璃幕墙，简直是"奇装异服"。

长城饭店最终还是被人们接受了，它位于远离北京旧城的东郊地区，因此获得了较为自由的创新空间。1988年经市民投票，这个玻璃大厦当选"北京八十年代十大建筑"。

1980年代中期以后，长城饭店式的建筑开始在旧城区内蔓延。王府井金鱼胡同地区的数幢饭店，建筑的高度与体量，均对故宫形成挤压之势。香港熊谷建筑设计有限公司尽管在王府饭店的设计中，给建筑戴上了中式

大屋顶，但这并不能抵消它对故宫环境的破坏。

在学术界的呼吁之下，1985年北京市出台了《北京市区建筑高度控制方案》，提出以故宫为中心，分层次由内向外控制建筑高度。《北京城市总体规划（1991—2010年）》也把建筑高度的控制作为保护历史文化名城的一项重点内容："长安街、前三门大

香山饭店的菱形窗　王军　摄

菱形的变化　王军　摄

街两侧和二环路内侧以及部分干道的沿街地段，允许建部分高层建筑，建筑高度一般控制在30米以下，个别地区控制在45米以下。"

贝聿铭认为，《北京市区建筑高度控制方案》的出台，是他为这个城市做出的贡献。

"1978年我在清华大学做了学术报告，我对听众们说，你们要更考虑周到些。那时，他们还没有建造什么，只有一些小规模的工程在进行，当然这不包括北京饭店，它太高了，而且我认为它的形式也不恰当。"1997年，贝聿铭在接受哈佛《亚太评论》杂志的专访时说，"他们应该考虑一下总体的影响，考虑一下像紫禁城这样的因素。对一个建筑师来说，周围的环境是至关重要的。我想我的话是起了

作用，对此我一直十分自豪，那以后，在紫禁城附近的区域再也不允许建造高层建筑了。"

但是，随着新的建设在北京旧城内"四面开花"，保护与发展的矛盾趋于激化，建筑高度控制的法规屡被突破。1990年代在旧城内建设的恒基中心高达110米，已是规划限高的两倍多；故宫东南侧的东方广场大厦也因建筑高度突破规划要求等问题，引发一场轩然大波。

在中国银行总部大厦的设计中，贝聿铭尽量把建筑高度控制在规划要求的45米范围之内，但是，这幢大厦的西部以及离长安街稍远的北部，高度达到了57米，这似乎是建筑师为了业主的利益而做出的妥协。

在这57米的高度之上，贝聿铭

故宫东侧已是高楼林立　王军 摄于2008年2月8日

1980年代初从北海白塔拍摄的故宫与景山影像，唯有北京饭店
东楼对故宫形成压迫之势　　清华大学建筑学院资料室 提供

1980年5月30日在纽约为清华大学
访美代表团所作的演讲，回荡在我的
耳际：

　　故宫！金碧辉煌的屋顶上面是湛
蓝的天空。但是如果掉以轻心，不加以
慎重考虑，要不了5年、10年，在故
宫的屋顶上面看到的将是一些高楼大
厦。但是现在看到的是多么壮丽的天
际线啊！这是无论如何都要保留下去
的。怎样进行新的开发同时又保护好
文化遗产，避免造成永久的遗憾，这正
是北京城市规划的一个重要课题。

从故宫三大殿平台东望，可见王府井一带的高层建筑
突破了规划限高　　王军 摄于 2006 年 12 月

"在这个问题上，我很像梁思成"

2001 年 6 月 27 日，在刚刚告竣的中国银行总部大厦，我第二次见到了贝聿铭。这一次，他为大厦的竣工专程赶来，并邀请中外记者同游这处建筑。

大厦内的大堂允许公众穿行，这让贝聿铭十分开心："开放了，这很好，可是大家还不知道！"

这时，我跟他开了一个玩笑："要不要我帮您在外面立一个欢迎进入的告示牌？"

"不必了，不必了。"贝聿铭一摆手，仍难掩内心的喜悦。

中国银行总部大厦的设计单位是1992 年在美国纽约成立的贝氏建筑事务所，它是由贝聿铭的两个儿子贝建中、贝礼中创办的，他们均在父亲的建筑事务所工作了较长时间。现在，已退休的父亲，成了他们的顾问。

从严格意义上说，中国银行总部

大厦，是由贝建中和贝礼中设计的，贝聿铭只是扮演了一个设计顾问的角色。对这一点，贝聿铭未予否认。贝建中对我说："这个房子应该是我们设计的。"

在贝聿铭出现之前，贝建中先与记者们攀谈起来，话题从江南园林开始。

"南方的竹子适合在北方生长吗？你看，竹子有的叶子发黄了。"我问。

"但是，这些竹子已在这里面生活了两年，你看，它们还长出了一些新叶呢！"贝建中得出与我相反的结论。

贝聿铭有三个儿子——贝定中、贝建中、贝礼中，他们名字的寓意是：安定中国，建设中国，礼仪中国。

在成立贝氏建筑事务所时，贝聿铭建议贝建中最好把弟弟带上，从此，哥俩儿形影不离。

贝建中长得很像他的父亲，瘦高

故宫东侧的混凝土屏障　　王军 摄于 2008 年 2 月 8 日

的个儿，外表谦逊儒雅。他介绍道，中国银行总部大厦的设计从江南园林和四合院当中获得了灵感。

整个建筑内外都使用了来自意大利的凝灰石。这种石材在北京还是第一次被挂在墙上，甚至给施工带来很大困难，以至于不得不暂停几个月"攻关"。

凝灰石为淡黄色，在北京多沙的天气里更能保持"本色"，它使建筑物的内外空间显示出简朴而富有结构美的色彩一致性，这正是贝聿铭惯用的建筑手法。

当贝建中跟记者们侃侃而谈的时候，贝聿铭出现了，他的脸上永远是那标志性的微笑，"对不起，我迟到了。我接了一个电话，所以晚了"。

这一次，他穿的还是那一身浅黄色西服，其色彩如同这幢大厦的凝灰石。

贝聿铭与大家握手。一位记者自我介绍来自《北京青年报》，贝聿铭笑问："李瑞环领导你们吧？"显然，他熟知李瑞环这位出身北京建筑界的中共高层领导，曾担任共青团中央书记的经历。

首都规划建设委员会前副主任宣祥鎏告诉我一个故事——

一次，李瑞环与贝聿铭见面，贝聿铭说，过去他不好评价自己的作品，但设计了巴黎的卢浮宫扩建工程后，就相信这个作品可以传世了。

李瑞环的评价却是：在那个地方，摆什么都不合适！一句话逗得众人皆笑，又让人回味。

宣祥鎏感叹："也许贝聿铭的设计，是所有不合适的设计中最合适的那个。"

《南华早报》驻京记者奥尼尔（Mark O'Neill）送给贝聿铭一本书——梁思成遗孀林洙撰写的《建筑师梁思成》。

"梁思成，我认识！"贝聿铭接下书后感慨，"梁思成很了不起，他为保护北京的城墙还有许多古建筑花了很多的心血，北京的城墙被拆了，多可惜呵！"

他又回忆起梁思成当年请他回国的往事："梁思成曾劝我回来，但我回不来了。那时我们回来都不会起作用，我还年轻，根本起不了作用。现在，我能起些作用了。"

"香山饭店你这次去了吗？"我问贝聿铭。

"我没有去，它盖出来后，我就再也没有去！"他神情黯然，"我听人说，那里管理得很不好，建筑也没有很好地维修。在这个问题上，我很像梁思成。为什么一个好东西，不能好好地使用？"

"得靠你们帮忙了，呼吁呼吁啊！全靠你们了！"他说。

对安德鲁的回应

在这之前，贝聿铭设计的卢浮宫扩建工程，被法国建筑师保罗·安德鲁（Paul Andreu）引为例证，来为他设计的中国国家大剧院辩护。

卢浮宫玻璃金字塔与凯旋门、埃菲尔铁塔遥相呼应　　王军 摄

安德鲁在人民大会堂西侧设计的这个建筑，把大剧院置于一片水面的中央，以巨大的钛金属椭圆形穹顶，覆盖内部的四个剧场。

此项设计引起很大的争论。反对者认为，安德鲁设计的钛金属穹顶，在结构上与内部建筑物没有任何联系，它只是起造型作用，且耗资巨大，约束内部功能，抬高日后运营成本，不能称为合理的设计。

"房子外面套房子，这是脱了裤子放屁，多此一举！"贝聿铭的好友、国家级建筑设计大师张开济，激烈地批评了安德鲁的方案。

我听到的较文雅的批评是："这如同屋子里面打伞，不可思议。"

安德鲁开始了反驳，他举出了卢浮宫扩建工程："这些指责也曾多次被用来猛烈攻击任何一座新的重要建筑：悉尼歌剧院、蓬皮杜文化中心、卢浮宫的金字塔形入口，等等。创新从来就意味着打破传统秩序，直面未来和变化。总会有些人喜欢回到过去而忽略变革的需要。"

"你对国家大剧院的方案有何评价？"我问贝聿铭。

"这个问题你去问张开济、吴良镛吧，"贝聿铭说，"他们了解情况，我没有看过模型，说不了什么。"

"但是那个效果图看过吧，报纸上都登过。"

"这个我看过，但我也说不了什么，你还是去问张开济、吴良镛他们吧。"

"安德鲁说，一个中国人到巴黎设计了卢浮宫扩建工程，和一个法国人

卢浮宫玻璃金字塔内景　　王军　摄

到天安门附近设计了大剧院，是一种很对称的感觉。你赞同他的说法吗？"

"安德鲁设计的大剧院跟我设计的卢浮宫扩建工程是两回事。"贝聿铭开口了，"我的设计就是一个玻璃金字塔露在外面，我很注意保护卢浮宫原来的环境。安德鲁的机场设计得很好，但这个大剧院能不能跟周围的环境协调，

我不好说，我不好说。"

听得出，贝聿铭对安德鲁的这个作品持怀疑态度，并认为它的设计无法与卢浮宫扩建工程相提并论。

结束了在中国银行总部大厦的参观后，贝聿铭和记者们来到一个会议室。

"现在北京的城市天际线好吗？"

180

有记者问。

"不好！"贝聿铭不留情面地回答，"过去北京的天际线非常美，北京有许多美丽动人的地方，只是你们看不见了，因为它们被丑陋的建筑遮掩了。"

"一个至关重要的决定在1950年代由毛泽东做出，就是拆除北京的城墙并修建环路。这遭到了一些建筑师的激烈反对，他们认为应该在老城之外建设一个新的行政中心区，并保持老城的原貌。如果城墙还在，北京就不会像今天这样。城墙倒下了，这个城市的发展就失去了控制与连贯性。这是不好的，也是错误的。"

"北京的发展很快，总是在变化，每次回来，都在变。但是，北京只有city plan（城市规划），没有urban design（城市设计），这样建筑就很难搞好。必须把urban design搞起来。北京应该向巴黎学习，巴黎把新的、高的建筑放在了古城之外的拉德方斯，古城保护得很完整。"

我接着提问："把新建筑放在古城之外建设，是不是也应该包括像中国银行总部大厦这样的房子？"

"可是，北京现在拆得太多了，还有多少完整的胡同、四合院呢？现在太迟了！"贝聿铭说。

置身故乡的漩流

2002年4月26日，贝聿铭85岁生日。

就在这一天，贝聿铭乘坐的飞机穿过太平洋，降落在澳门机场。

旋即新闻传出：早已宣布"收山"的贝聿铭，将重新"出山"，为澳门设计科技馆。

贝聿铭通过媒体表示，自己希望能为回归祖国后的澳门做一些事情，因为他是在中国这块土地上出生的建筑师。

2002年4月29日，贝聿铭夫妇与儿子贝定中、贝礼中出现在他的故乡苏州。同一天，国内建筑、规划与文物界的一批著名人士从四面八方星夜赶至。

他们是贝聿铭点名邀请的，包括两院院士吴良镛，国家级建筑设计大师张开济，两院院士周干峙，中国文物学会会长罗哲文，中国科学院院士、国家级建筑设计大师齐康，东南大学教授陈薇。

他们来到这里，只是为了参加一个短短3个小时的聚会。但是，这次聚会不同寻常。贝聿铭要向大家宣布一件他的建筑生涯中的大事，这就是他要给自己的家乡设计一个作品。

贝聿铭要设计的是苏州博物馆，其建设地址距离贝氏故宅狮子林不过数百米之遥。

始建于14世纪的江南名园狮子林以大规模的假山著称，乾隆皇帝曾五游狮子林，对其喜爱不已，下令于北京圆明园、承德避暑山庄内各仿建一处。

1918年，贝氏家族买下狮子林，贝聿铭在那里度过了自己的少年时光。

在假山里面嬉戏，少年贝聿铭痴迷于中国古典园林艺术。太湖石的制

贝聿铭（右）与吴良镛在苏州博物馆方案座谈会上　　王军 摄于 2002 年 4 月 30 日

造过程令他感慨不已：匠人们要把采到的岩石沉入河流湖泊里存放整整一代人或更长的时间，让水流把它们冲刷成奇特的形状，然后再经精心打磨才能用来造园。

后来，贝聿铭赴美留学并在美国创办建筑事务所开始奋斗生涯，他以太湖石来比喻自己的成长："我曾经被放置在许多不同的湖泊和溪流的边缘，或者说，经常被搁在水中央。而我的建筑物和别的任何一位建筑师的一样总被不断地从水中拖出，再收回。但愿这些建筑物的形状是经过极其谨慎的挑选的，而且是极为谨慎地放置在那里，可以与周围磨砺它们的漩流相应和。"

设计苏州博物馆可能将贝聿铭再一次推入激荡的漩流中。博物馆的建设地点极其敏感，它位于苏州古城之内的园林密集区，南望狮子林，东临拙政园，与太平天国忠王府仅一墙之隔。

拙政园与狮子林均为世界遗产，其周围街区的建设受到严格的限制，贝聿铭要在那里搞设计，难度可想而知。

这让人联想到贝氏家族在收购狮子林之后所做的一项扩建工程——在池塘内建了一个体形庞大的石舫。1982 年，贝聿铭故宅重游时曾以手掩面，作不忍目睹状："说实话，我的家族毁了园林。原来都是流水和石头。他们添加了太多建筑物。"

为了梁思成的握手

"打起精神读书，放开量去饮酒。"在苏州忠王府内，吴良镛念起了墙上郑板桥的对联，饶有兴趣地说，"前面一句尚能勉强做到，后面那句就难了！"

与贝聿铭聚会之前，4月30日上午，吴良镛、周干峙、罗哲文、齐康、陈薇一行赴忠王府参观，并考察苏州博物馆建设地址。

抵达苏州的前两天，吴良镛在北京也度过了自己的生日。4月27日，他接受了全国政协副主席宋健、中国工程院院长徐匡迪、中国科学院院长路甬祥、教育部部长陈至立、北京市副市长刘敬民等人对他80岁生日的祝贺。

在清华大学为他的生日而举办的学术座谈会上，加拿大不列颠哥伦比亚大学荣誉教授韦湘民（Brahm Wiesman，1926—2003）在发言中说：

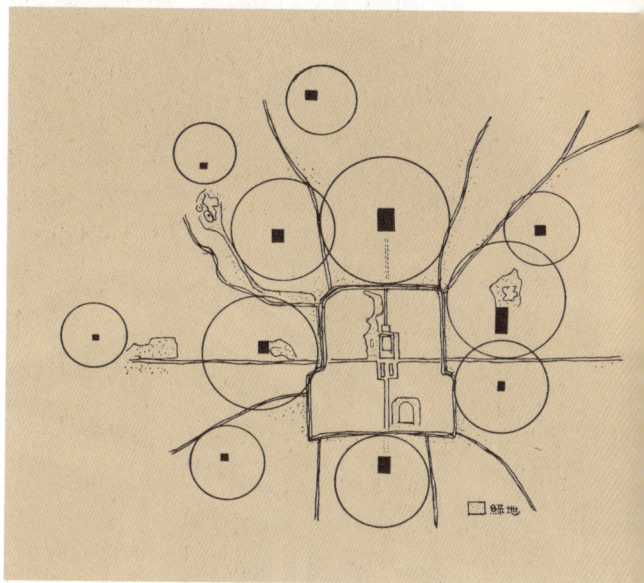

吴良镛的北京市总体布局设想示意图
（来源：吴良镛，《北京市规划刍议》，1979年）

梁思成设计的扬州鉴真和尚纪念堂　王军　摄

鉴真和尚纪念堂梁架及枓栱结构　王军 摄

"如果我是一个魔术师，我就会让8万只气球从天花板上飞下来，来庆祝这个美妙的时刻并感谢吴良镛先生对国际建筑界的贡献！"

吴良镛与贝聿铭的人生，是成功故事的两个版本。

1947年，哈佛大学年轻的助教贝聿铭在纽约拜访了担任联合国大厦设计顾问的梁思成，梁思成动员贝聿铭跟他一同回国投身建筑事业。可面对国内的战争局势，贝聿铭的父亲建议等事态安稳后再考虑此事。

梁思成回国后，把他在清华大学的助手吴良镛推荐到美国匡溪艺

术学院读书，受业于著名建筑大师沙里宁。1950年，吴良镛在收到梁思成的一封信之后，冲破重重阻挠回到中国。贝聿铭思乡甚切，却一直未能成行。

在美国，贝聿铭以肯尼迪纪念馆、美国国家艺术馆东馆等作品，奠定了无可争辩的现代主义建筑大师的地位。他设计的建筑遍布世界各地，主要作品40多座，其中有22座获奖。

在大洋彼岸的中国，吴良镛投入到火热的国家建设之中。从1989年的《广义建筑学》、1999年的《北京宪章》，到2001年的《人居环境科学导论》，吴良镛迎来了一个理论丰收的时节。

在贝聿铭召集的这次聚会上，他与吴良镛的握手将使人们联想到站在他们身后的梁思成。

1979年贝聿铭落笔香山饭店之前，来到扬州鉴真和尚纪念堂，这处唐风浩荡的殿宇是梁思成最后的建筑作品。在这里，贝聿铭徜徉不已，找到了香山饭店的墙面划分与门窗周围线脚的设计灵感。

也是在这一年，吴良镛提出了一个多中心发展北京城市的规划设想，这正是梁思成当年未了的心愿。在北京市科协召开的北京市规划座谈会上，吴良镛对"彻底改造"旧城提出批评，大声疾呼："为古建筑请命！""试想如果照有的报上所宣传的北京'现代化'城市的'远景'所设想的那样'将来北京到处都是现代化的高层建筑，故宫犹如其中的峡谷'，那还得了！"

张开济的愤怒

在忠王府里，图纸打开了，吴良镛等一行人查看苏州博物馆的基地状况。

基地的主体位于苏州古城东北街与齐门路相交的十字路口的东北角，平面呈不规则的三角形；十字路口的东南角还有两块细长的用地，一条小溪从中穿过。整个建筑用地不到1公顷，从中要盖出1万多平方米的房子。

"用地还是很紧张的，而且这里肯定要控制建筑高度。"周干峙说，"看来地下空间的利用是免不了的，可以考虑建地下通道，将南北两部分连起来。"

"设计任务书还应该细化。"吴良镛提议，"应该对博物馆的展陈和其他功能做出更为深入的研究，并提供给建筑师，这样他才好下笔。否则在设计过程中突然提出来，就容易把原来很理想的设计方案弄走样了。"

苏州博物馆的建设基地尚未腾空，车行一周，仍可见旧式民居。

这块极不规则的用地让人联想起贝聿铭1968年设计的美国国家艺术馆东馆，那块用地被称为华盛顿最不规范的地产，同样是位于一个情况复杂的道路交叉口。可是，贝聿铭合理利用地形，在梯形地块中设计了由两个

鉴真和尚纪念堂外廊　　王军 摄

三角形组合而成的建筑，获得了巨大成功。

考察结束后，一行人来到苏州会议中心座谈苏州环护城河环境整治规划及山塘历史文化保护区的保护方案。

座谈会上，91岁高龄的张开济颇为激动，他的眼睛被苏州会议中心——这组位于苏州古城之内庞大的米黄色建筑群刺痛了。

"苏州粉墙黛瓦，尺度宜人。"张开济说，"但是，这次来，在古城里面看见许多很大的楼，米黄色的大楼。不知哪位花这么多钱来毁坏苏州的城市风貌？我认为愚不可及。"

"你说的就是这个会议中心吧？"周干峙在边上说。

张开济一笑："不知谁出的主意？一个城市最重要的有两条，一是轮廓线，二是色彩。远远一看一个米黄色的大洋房，大煞风景，我看了以后特别难受。这反映了苏州的领导文化素质不是太高。"

对这个会议中心，吴良镛、周干峙也甚为不满。有一次他们甚至拒绝在此下榻。

"一定要向前走"

主角终于登场了。

4月30日下午3时，贝聿铭出现

美国国家艺术馆东馆　王军　摄

在苏州会议中心的电梯口，他看上去神采奕奕，走起路来昂首挺胸，还一手搀起了比他长6岁的张开济。

贝聿铭一到苏州就到四处游览，还品尝了各种小吃，思乡之情甚笃。由于长途旅行，他的腰疾复发，苏州方面特地为他请来名师治疗。

"中医按摩很管用！"贝聿铭边走边对张开济说，"今天上午我连走路都困难，现在可以了。"

贝聿铭与儿子贝定中、贝礼中一行在会议室里坐下，对面是他请来的客人和苏州市的官员。

他的开场白使会场气氛活跃起来："我和开济兄说话，一半苏杭话一半普通话，你们要原谅。我想今天大概要说普通话吧，我讲得不好，请你们原谅。良镛兄是我的老朋友，可以说他是全世界闻名的。你要到哪一个国家，说起中国的建筑，大家都说我认识吴良镛。这是真的，不是假话。"

"周干峙老兄呵，我们1978年见面，那是谷牧副总理请我去谈建筑的问题，请我在长安街边上造高楼，十几层。我对他说，我不想在北京造高楼。他说，既然你不愿造高楼的话，你到北京郊外找块地好了！所以找到了香山。"

"这次到苏州来，也有相同的问题。那时候到北京，中国还没有对建筑和文物表现出一定的方向，现在有了。有很多人说在浦东造高楼是不对的，有人说在北京造国家大剧院也是不对的，我在美国也听见了。可是什么东西对呢？哪一条方向是对的？我

美国国家艺术馆东馆内景　　王军　摄

也不知道。总而言之，我知道往新的方面走是免不了的。我们进21世纪了，一定要向前走。那是一定的、确定的。"

"但在苏州说起来，又不同一点。我觉得苏州固有的文化相当强，所以在这里要做建筑并不是容易的。苏州的文明、苏州的文化一定要表现，同时，苏州也要进21世纪，那也是免不了的。两方面是否有冲突，是否有矛盾，我现在还在考虑中。今天，几位专家在这里，你们在中国建筑界都是最重要的，希望能给我们一点意见、参考！"

"最喜欢的最小的小女儿"

吴良镛第一个发言，他把话题引回到香山饭店："香山饭店不是很容易设计的，贝先生前后两次拿着方案在北京找一些老建筑师开座谈会。第一次贝先生放了一些幻灯片，说了他的设计构思，一个要尊重历史文化，一个要新，要走在时代前头。第二次开完了会，贝先生跟我说了几句话，他说他有把握了，不会失败了，因为他有两条，第一用当地材料，第二采用庭院式的，跟环境结合起来。对不对？"

贝聿铭幽默道："我没有说我有把握呀。"会场上一阵笑声。

"你说不会失败，我听了以后也很受启发。"吴良镛接着说，"今天苏州博物馆所面临的，的确有新的挑战。因为在苏州城里头，又有几个重要的古建筑在旁边。如果是一般的国外建筑师来承担这个任务，我非常不放心，因为他们不了解中国文化。他的那颗心，不是苏州的。这个建筑既要代表时代，还要代表苏州的文化和历史的特点。"

周干峙的发言也同样从香山饭店开始："早在北京香山饭店落成的时候，我就有一个心理，觉得这个建筑放在苏州多好。我知道贝先生是苏州人，他做的这个东西，骨子里就是苏州的。所以我听说贝先生要在苏州盖这个博物馆就非常高兴。我觉得这个东西一定能做得很好，而且这个地点离贝先生的老根没有几尺远。"

张开济向贝聿铭竖起了大拇指："法国人现在认为贝先生很了不起，可当初卢浮宫扩建时，法国建筑界是很不服气的，是不是啊？"

"他们差不多骂了我两年，"贝聿铭叹道，"两年啊！"

"但是，贝先生太岁头上动土，盖出来后影响好极了！"张开济说，"中国建筑师能够在法国这么重要的地方留下设计，这不仅是咱们建筑界的光荣，也是中国人的光荣。我是活到老学到老，贝先生可能觉得我这个学生太老了！"

贝聿铭露出腼腆的笑容，连声致谢。

十几岁即师从梁思成的罗哲文，在发言中引述了恩师的观点："梁思成先生提倡中国的建筑设计应走'中而新'的道路，这在今天仍是有现实意义的。苏州博物馆的设计不但要'中而新'，还应该'苏而新'，要有苏州的味道。这个建筑还应从历史文化名城保护出发，不能破坏文物建筑原有的环境。"

以设计南京大屠杀纪念馆而闻名的齐康，打开了自己的草稿本，那里面有他刚刚画出的苏州博物馆平面构想图。

"我想就设计问题发表一些实质性的意见。"齐康的发言直奔主题，"这个博物馆的设计有三条路子可以选择，一是传承，二是转换，三是创新。完全走第一条路是很难的，因为这个地方，周围的建筑规模都较小。而要创新，又必须在传统与历史文化的基础上做。因此，我认为应该在第二条与第三条道路中找办法。"

采访本上的城市 非常建筑

他谈了自己的设计构想:"我觉得建筑的西南角可以高一些,往东北走可以低下去,低下去的空间可以种树,实现与传统园林的过渡。"

这个想法得到陈薇教授的赞同,这位年轻的博士生导师精通园林艺术,她在发言中借用"独上西楼"、"别有一番滋味在心头"的诗句来表达对这个建筑的寄望:"西楼是园林中颇有意境的建筑,苏州博物馆位处忠王府与拙政园以西,正可取'独上西楼'之意,形成可远眺拙政园,与之相映生趣的对景。传统与现代,常言道:剪不断理还乱。它们确实无法剪断,但我们相信贝先生肯定是理不乱的!"

各位专家的发言结束后,贝聿铭说:"你们给了我肩上那么多的责任。我觉得这是非常大的挑战,可以说也是我最末了的挑战。因为我早就退休了。在我退休的这12年间,我接受的工作大部分都是比较愉快的、简单的,不像这样的。这是我的故乡,不能轻易地做,可是我的精力也是有限的。我觉得身体是来一次有问题一次。所以我跟你们老实说一声,我接受这次挑战。这是我最后的挑战,也是我最难的挑战。"

吴良镛鼓励道:"我记得有人问贝先生,哪个作品是他最满意的。贝先生说,这好比我有5个女儿,我不好说哪个女儿我最喜欢。但是,您又说了一句:你一定要我说的话,最近我在巴黎做的卢浮宫也许是我最喜欢的。今天我感觉,可能苏州这个博物馆做好之后,将是贝先生您最喜欢的最小的小女儿!"

座谈会结束后,贝聿铭推迟了原定于5月1日离开苏州的行程。次日一早,他出现在忠王府熙熙攘攘的"五一"节客流中。在那里,他等待着灵感的迸发。

福斯特如是说

"并不能说我和贝聿铭之间存在竞争。你要知道,我们俩的作品是在不同的时间完成的,而且各自面对的情况都不一样,因此所谓的竞争是不存在的。"2003年10月21日,英国建筑师诺曼·福斯特(Norman Foster)在北京接受我采访时,谈到了贝聿铭。

他特地为出席中国建筑学会年会而来,并展示了他的事务所完成的北京首都机场扩建方案。

贝聿铭长福斯特18岁,从年龄上看,他们是两代人。这两位世界著名的现代主义建筑大师、普利茨克奖获得者数度"狭路相逢"的故事,充满戏剧色彩。

20多年前,福斯特在香港完成汇丰银行的设计之后,贝聿铭从美国赶来,在汇丰银行的边上,设计了中国银行香港分行大厦。

汇丰银行大厦以其开创性的内部空间设计成为经典建筑,中国银行香港分行大厦则以节省三分之一钢材的纪录和蓝宝石般的外观,成为香港的新地标。

几年之后,福斯特在香港完成了

中国银行香港分行大厦（左）与汇丰银行大厦（右）　王军　摄

世界最大的机场建设项目——香港新机场的设计，并获得巨大成功。

同样的故事又发生在德国柏林。两德统一后，福斯特执笔德国新议会大厦的设计，在一个老建筑的顶上建造了一个巨大的玻璃穹顶，成为德国统一的标志，并招徕每年300万人次的游客。

贝聿铭也来到了柏林。他应德国总理科尔（Helmut Kohl）之邀设计了另一处标志着德国统一的建筑——德国历史博物馆新馆。2003年5月，这处新馆开业时，当地一家报纸的标题是《柏林为贝聿铭欢呼》。德国文化部长在开馆致辞中称赞，这座建筑物证实了自己是建筑史上不辱先贤的继承者。

福斯特与我谈起了他与贝聿铭在香港的故事，"我在香港设计了汇丰银行大厦之后，这个城市的规则发生了变化，对建筑高度的控制放松了。这样，贝聿铭就设计了一个更为高大的建筑。但是，香港汇丰银行的设计是一个很好的经验，20年后，这家银行又邀请我们在伦敦设计了他们的大厦。"

说到这里，福斯特拿出笔和纸，边画边说："你看，过去的高层建筑都把管道、电梯、卫生间等安排在中心位置，而在香港汇丰银行，我们把这些设施放到了建筑的两侧，使内部成为一个大空间，不但能灵活地使用，还可将太阳能从顶部引入，并予以重新利用。这种全新的结构，已使这个建筑成为当地的象征，并被印到了港币上。"

"我们在东京设计的千年塔，也采用了这样的思想，在建筑的内部断开几层使外部环境能够渗入，以解决生态问题。法兰克福银行也是这样，建筑是空心的，实体建在外围，隔几层我们就建一个可让人休息与交流的花园，使建筑物的能耗降低为一般办公楼的五分之一。在伦敦瑞士再保险公司摩天大楼的设计中，我们所进行的每一次建筑变形，都是为了实现建筑物的自然通风。"

福斯特说："贝聿铭在许多建筑中采用了中国园林的手法，这是很好的尝试。但同时必须明白，我们已是在2003年从事设计工作了，今天的观念跟100年前比已有很大不同了，所以必须考虑到现在的技术、材料、文化、气候等因素。我们所进行的设计，只能是属于那一个场地的设计，它是不可能被搬到别的地方去的。创新是非常重要的，从古到今都是这样，建筑必须反映当代的特点。"

大剧院的 "孵化"

"这是一种对称的感觉。贝聿铭的设计是非常现代的，线条简单，它在巴黎的心脏，跟中国国家大剧院一样，也同样是在文化和政治的中心地区。"

保罗·安德鲁将过去的设计付之一炬，拿出了一个全新的中国国家大剧院方案。他说，即使这个方案不被接受，今后历史也会看见，这是最好的。

在此之前，1998 年 7 月，他向国家大剧院工程业主委员会提交了第一份设计方案——以"城市中的剧院、剧院中的城市"为主题，设计这处位于天安门广场人民大会堂西侧的建筑，其主立面如同一个巨大的面向整个城市的舞台，顶部金色穹顶休息厅可俯瞰市区。

经过评审，这个方案进入了第二轮竞赛。之后，安德鲁又作出调整，使建筑色彩明快起来。调整后的方案被业主委员会要求与清华大学合作进行修改，再与其他三个修改后的方案竞争。这次，安德鲁又作了一次修改，将建筑尺寸略为缩小，将顶部金色穹顶改变为低扁的方形金顶。

"安德鲁的第一轮方案色彩偏暗，我们提出来后，他进行了调整，把色调搞明快起来了。第一轮方案顶部是圆的，被人称为'火锅'。似乎他知道人们不喜欢这样的设计，他在第二轮进行了修改。"大剧院工程业主委员会的一位官员对我说，"一改呀，我们一看更麻烦了，'火锅'改成'烧烤'了，他把圆顶改成平顶了。"

就在这个时候，在一位高层领导的建议下，业主委员会决定将大剧院再向南退 70 米建设，使长安街增加一块绿地广场。

安德鲁随后提出了一个被他称为是"全新"的设计方案——用一个巨大的钛金属板和玻璃制成的外壳覆盖歌剧院、音乐厅、戏剧场和小剧场，周围是一大型人工水面和公共绿地，观众从水下通道进入其中。

这个方案被列入最后 3 个送审方案，报国家大剧院建设领导小组。1999 年 7 月，它被确定为实施方案。

"故宫的形式
###　　　今天已经停止了"

"造型新颖、前卫，构思独特，堪称传统与现代、浪漫与现实的完美结合。"这是国家大剧院工程业主委员会对安德鲁最后方案的评价。

国家大剧院设计方案经过两轮竞赛三次修改，历时1年3个月，来自10个国家的36个设计单位参赛，先后有69个方案参加评选。

这是中国的国家标志性工程首次进行国际设计招标。

在方案竞赛中，业主委员会曾公开展出了第一轮设计方案，先后召开了8次正式座谈会，邀请了部分全国和北京市人大代表、政协委员、艺术家、建筑学家、剧场技术专家及国外学者参观评议。

支持安德鲁方案者称，这个方案的实施，有助于改善天安门地区缺水少绿的状况，并能在对比之中，与人民大会堂等建筑求得更高层次的和谐，建成后将成为北京新的标志性建筑，极大促进北京乃至全国的建筑设计创新。

1967年，安德鲁在29岁的时候，以巴黎查尔斯·戴高乐机场候机楼的设计一举成名。从此，作为法国巴黎机场公司的首席建筑师，他设计了尼斯、雅加达、开罗、上海浦东等国际机场，参与了巴黎拉德方斯大门、英法跨海隧道法国终点站等大型项目的建设。中国国家大剧院是他设计的第一个剧院。

2000年3月31日，安德鲁兴冲冲从巴黎赶到北京，准备出席计划在4月1日上午11时举行的大剧院开工仪式。刚到北京，他就接受了我和另一位记者同行的采访。

记者：你认为你的方案最精华的地方在哪里？

安德鲁：首先，这是一个全新的概念，是所有人未见过的方案，又是经过深思熟虑的方案。这是一个很有雄心、创意的方案。这个方案经过严谨的设计，不仅外表很美，而且内部功能齐全，给人很大的享受。这是一个很大的建筑，里面像个城市，有许多街区。在建筑的大屋顶下，设施齐全，可以听音乐，可以散步，有展览，还有其他设施。就是不听音乐，到这里来散步、参观访问，也是一种美好的享受，因为它里面是一个微型的城市。

在欧洲，在法国，大家都在说，在北京建设这样的大剧院，有什么用处？西方歌剧有多少中国人愿意听？但我相信，歌剧与西方的文化，中国人是可以接受的，大家可以在这里得到熏陶，感受到这种文化氛围。应该提高市民的欣赏能力，不要因为他不懂，就不给他。

尽管叫国家大剧院，但它不仅仅是为爱听歌剧的人设计的，它还是为普罗大众设计的，这一点非常重要。大剧院内部设置了歌剧院、音乐厅、戏剧场、小剧场四个部分，但还有第五部分，就是为人民大众的文化生活而创造的活动空间。

守思想的压力下有任何退缩，留下任何遗憾。从一开始，我就认为建筑物无论在内部还是外部，都要给旁观者新奇的感觉，无论从任何角度，都能

　　所有的部分都是非常好的，在设计这个方案时，中国驻法国大使告诉我，要努力把它做得完美，不要在保

在故宫太和殿平台上可见施工中的大剧院　　王军　摄于 2003 年 12 月

够获得惊喜。

记者：这是不是一个会引起很大争论的方案？

安德鲁：当然，任何事物都会引起争论，一个新的事物出现，一定会有争议。但旧的必会被新的代替。我的设计观点是，不是去吓唬人，不是要让人吃惊，而是要让人感到惊奇。一个新事物的出现，肯定会令人惊奇。但它又会提出新的问题，这是一件好事。有人提出如何保持传统又有创新精神？这是一个很好的问题，是争论最大的方面。

记者：你最初设计的方案，是在一个方形建筑之上有一个金色穹顶，被一些中国观众戏称为"火锅"。你认为这有中国的味道吗？

安德鲁：我对中国文化传统知道得少，不能说是中国的行家。可是我唯一知道的是，中国历史悠久，文化灿烂。在中国历史长河中，无论建筑还是其他，都没有一个固定的传统，变化是很多的，因为中国的文化灿烂而多样。不能说，北京就是故宫，这不准确。我不能像其他设计师那样，从中国文化中吸取一点东西硬加入进去，这并不好。比如把中国的屋顶、一些装饰物，设计到建筑中去，就不是很大气。其他人都在创新，整个世界都在往前走，任何人，包括中国人和外国人，都没有理由不往前走。外国人也不应阻碍中国往前走的步伐。创新不是对传统的蔑视，就像一个孩子，不可能因为长大了、强壮了，在某些方面超过父母了，就不爱他们了。否则，历史就该停止了，大家就

从景山上眺望大剧院，可见它与故宫及周边建筑形成强烈反差　　王军 摄于 2007 年 7 月

不会生孩子了。

我倒想提一个问题给你们：一个圆的建筑在方形的水面上，是什么概念？这个建筑的空间是一层一层的，是环环相扣的院落风格，这是中国建筑的特点。不应该说我一点也不了解中国的文化。中国人在这个建筑中，可以找到中国文化的踪影，在找到自己传统的同时，又看到全新的建筑。

记者：在去年召开的世界建筑师大会上，你提出保护一种文化就应把它置于危险的境地，你的设计是在实践这个观点吗？

安德鲁：是的，的确如此。要保护一种文化，就应发展它，使它有生命力。发展它就会冒险，就会处于危险境地，但不能因此而放弃发展。如不想冒险，我们就待在平地上好了，但要看到更美的风景，就得爬山去。当然这要在安全的情况下进行。我想指出两点：一是这个设计体现的不是丧失理智、疯狂的想法，而是理性的设计。第二，人们对生活充满信心，就不在乎在生活中冒一点险。但我不是在完全抹杀中国传统，我希望20年后，这个剧院会被称为中国的建筑。

记者：建筑设计是业主和建筑师互相影响的过程，你感觉是你接受了业主的影响还是你影响了业主，而使他们接受了这个方案？

安德鲁：双方面的影响都有。业主始终在影响着，他们不满意，就会提要求。在这个设计中，我坚持顶着各方面压力，没有改变原则。做了这

么几轮，业主还不满意。我记得已做三轮了，他们看来看去还不满意。业主也发现了这个问题，把场地后移了。这是一个重大的改变，不然就难以处理与人民大会堂的关系。那时，所有人七嘴八舌，我简直不能忍受。我准备放弃了，不做了。有过一段痛苦的过程。在这之后，我考虑了很多，有10天的时间十分痛苦，但终于走出来了。从建筑的现代化到高科技方面，我开始有了一个全新的想法。

记者：你能描述一下当时是怎样的痛苦过程吗？

安德鲁：这是我私人感情方面的问题，我受伤，因为我投入了感情。但你们要向大众公布，我就有些不好意思了。既然你们想知道的话，（指着坐在身边的他的艺术顾问张如凌女士）她最了解。

张如凌：安德鲁先生在日本大阪有设计业务，去年春节前后，他在大阪，得知第三次修改不被认可，受到很大打击。他从大阪回国，一到机场就让接他的司机把车钥匙给他，自己开车走了，无目的地把法国转了一圈，他不让司机告诉任何人，司机很忠实于他。他到一个地方，就先找到一家酒店，住下来沉思，画图。他非常痛苦，他对自己非常苛刻，着急的时候，他骂自己为什么如此无能？为什么不能让业主满意？我们不知道他到哪儿去了，非常着急。他离开了8天，思考了很多。

记者：灵感是怎么出现的？

安德鲁：从第一轮设计开始，我

从钟楼远眺施工中的大剧院，左侧为鼓楼　　王军 摄于 2004 年 1 月

就有一个弧形方案的考虑，与业主修改规划条件后提出的环境、面积等因素结合思考，弧形方案开始成熟，如同复活的巨龙。这个建筑跟周围环境能够很好结合。在跟人民大会堂配合的问题上，大会堂立面非常垂直，大剧院应成为一个对比。你如果把大会堂的美显出来，又不压抑其光辉，就成功了。于是我把大剧院每个角度都看成一个立面，而不是设计成四个立面，这就与大会堂形成非常强的对比，以显出建筑的美。天上的阳光洒过来，不同的时刻，在大剧院上面显现不同的色调，这又与大会堂形成反差，形成对话，我把阳光反射的优点集中起来了。

记者：你一向以设计机场而闻名，这次大剧院方案是否从机场的设计中获得了灵感？

安德鲁：整个设计方案是想给人以全新的感受，观众在大街上走，被带入剧院，这是一个全新的视野。我在机场设计中，在剧院设计中，都看重人的因素，在剧院考虑观众如何看表演，艺术家如何演出，这是一个动态的而不是静止的过程，我必须考虑观众从家里出发，到这里如何活动，艺术家怎样到达这里进行演出。所以不能是静止不动的。

记者：这种动态，在机场里和剧院里是一样的吗？它们之间有何联系？

安德鲁：尽管在机场里、在剧院里，都是动态的，但它们也有不同。在机场里人们急匆匆地，但在剧院，他们可以事先准备得充分些，在那里待的时间长一些，可以保持最长的快乐。人们到剧院，从进门开始，就是一个梦幻般的感觉，这里是艺术的梦境。而在机场，也有一种梦幻般的感觉，飞机要冲向天空，要去冒险，这也是梦境。但在飞机上，人是不可以随便走动的，但在剧院，就要有活动的空间。

记者：有人说这个大剧院从水面之下入内，与戴高乐机场从候机楼通往卫星厅的感觉相似，因为它也是从地下通过，尽管是从道路之下通过。你这样认为吗？

安德鲁：在建筑上它们是有区别的。戴高乐机场是从道路之下穿过，大剧院是从水下穿过，它给人完全不同的感受。在中国很多书中，都有这样的描述，就是穿过一片水，就可看到不同的世界。很多国家也有类似的故事，说翻过山脉，就可以看到不同的风景。

记者：有人评价大剧院钛金属做的外壳，与内部设施没有结构方面的联系，因此，只要有这个外壳，往里面建任何建筑都可以成功，你这样认为吗？

安德鲁：在结构上是没有任何联系，但也有人说，这是一种完全的创新。这样的说法更好一些。我认为外观不是最重要的，外面的壳是为保护里面的建筑而造的，里面可以像个城市，在这个漂亮的屋顶下，各个建筑能够相互补充，形成一个微型城市。

记者：有人认为因大剧院建设拆了不少历史悠久的胡同、四合院，这是一种遗憾。也有人认为，这个剧院应该放在古城之外建设更好些。你如何评价？

安德鲁：这个想法不好。不过我并没有坚持要建在天安门广场旁边。最重要的是，这个城区既然已建设了一些政府办公场所，就应把政治、历

大剧院正在安装外壳支撑结构　王军 摄于 2003 年 12 月

史、文化的建筑放在一起更好，这样能让城市的中心有活力。如果放到城郊，就没有任何意义。这个大剧院在城中心更好，政治、历史、文化三者可以更好地结合。这并不是忽视老的建筑，但有新的事物也许更好。对老城区的改造，总会有复杂的感情。这个地方建大剧院非常好，拆迁时没有有名的代表性建筑，所以是合适的。而且大剧院是为公众服务的。

当初人民大会堂建在天安门广场，而故宫是古典的，在这个意义上，两者是冲突的。但一个时代有一个时代的建筑，如果一个城市，永远按过去的样子故步自封，就看不到前途了。40年前的纽约，如不接受改造，就不可能发展成今天的样子。但这种改造是有限度的。有一个中国知名的建筑师，年轻时到北京来，在景山上看，整个城市中央是金红色的宫殿，四周是一片绿色。但现在，北京的绿色少了。故宫是什么时候建成的？故宫的形式今天已经停止了。我强调要注意设计，不是什么都行，要小心、谨慎。

记者：如果北京像巴黎建拉德方斯那样，新旧分开发展，这是不是一种好的选择？

安德鲁：拉德方斯是一个新的商务区，那里只是办公的地方，城市的文化中心不在那里。我们造了四个文化设施，都在老城区。拉德方斯与这些文化设施性质不同。

记者：你认为你的国家大剧院方案与贝聿铭在巴黎设计的卢浮宫扩建工程可比吗？

安德鲁：当然。法国人到中国设计了一个大剧院，中国人到法国设计了一个那样的建筑，这是一种对称的感觉。贝聿铭的设计是非常现代的，线条简单，它在巴黎的心脏，跟中国国家大剧院一样，也同样是在文化和政治的中心地区。

记者：贝聿铭的玻璃金字塔一开始争论很大，后来被认可了，你的大剧院呢？会同样成功吗？

安德鲁：我认为把我与贝聿铭比，不适当。我是个谦虚的人。但我坚信，多年以后，这个作品会被大家接受，即使是反对它的人。

"这是建筑学上最佳的反面教材！"

安德鲁为出席大剧院开工仪式而来，可最终铩羽而归。

4月1日上午8时许，大剧院业主委员会紧急通知各新闻单位：开工仪式取消。许多记者不敢相信这是真的，因为这一天是愚人节，于是，纷纷赶往工地现场核实。

当日下午3时，工程业主委员会发出新闻通稿，称大剧院现场前期准备工作开始，只字不提开工。

这之后，一场围绕设计方案的争论如急风骤雨般展开。

2000年6月10日，何祚庥、吴良镛、周干峙、周镜、张锦秋、关肇邺、傅熹年、李道增等49位院士，在中国科学院、中国工程院院士大会期间，联名对大剧院方案提出意见；同年6月21日，沈勃、郑孝燮、张开济、侯仁之、刘小石、宣祥鎏等108位建筑专家，又就此问题联名向建设部递交意见书。这两份意见书指出安德鲁方案存在的问题包括：

一、设计不合理，面积与造价严重超标。49名院士在意见书中称，1999年安德鲁方案自报面积11.7万平方米，经北京市建筑设计研究院核算接近26万平方米，面积比原计划超出一倍多；原方案提出造价15亿元，有单位预计将达50亿元，造价估计超出一倍半以上。在这样的情况下，座位反而减少300座，许多基本的功能还得不到应有的满足。造价高昂缘于设计不合理。安德鲁方案有两大特点：一是大壳。大壳要用钛合金，估计造价3亿至4亿元；二是水池。人从水底钻进去，耗资巨大，但由于必需的结构处理，将来建成后，至多是一顶钢架亮天棚，根本达不到"水底世界"的幻境。尤其是，北京是沙尘暴多发地区，这一大壳必然有大量灰沙布满壳上，再经雨水一冲刷，必将造成极其难看的画面。

二、不合理的设计损害剧场使用功能。49位院士指出，为控制造价，有关方面正在对安德鲁方案进行调整，如划出一部分造价由地方负担、地下减少一层、将小剧场挪至剧院顶层等，但是这样做未能解决基本矛盾，造价、功能、艺术等问题均难以保证。即使做些调整，在功能上仍然是二三流的剧院，尚不如上海大剧院好用，而造价却是"超一流"的。花费巨资建造大壳，是"作茧自缚"，"螺蛳壳里做道场"；现在只好"削足适履"，"矛盾百出"。这是只管外形、不管功能和经济的典型的形式主义"杰作"。

108位建筑专家指出，安德鲁方案巨型壳体顶端高达45米，仍然不能满足舞台上部高度的需要，设计者就把舞台和观众厅往地下压，舞台台面被压至地下7米，基础深24.5米。开挖这样一个大深坑，由于没有余地放坡，需构筑1.5米厚、40米深的钢筋混凝土连续墙，这是巨大的耗费。不仅如此，在功能上也造成种种困难。按现在出入通道的布置，观众需先往地下走，再往上走，再往下走，才能进入剧场；装布景的卡车，不能直接运到舞台边装卸，需专修一条通道；从火灾消防角度看，易燃物众多的舞台和人流都集中在地下，不易疏散，隐患极大。

三、巨型壳体将造成很大的浪费。108位建筑专家提出，安德鲁方案中覆盖4座剧场、造价高昂的巨型壳体，从演出功能看毫无必要，还使大厅、门厅等辅助空间的高度都增加约30米，使用空调的体积大大增加，据估算每天空调需要的电费达10万元，这对今后的运行管理都将是很大的负担。这种造型并不新奇，西方国家早就有了。这样的设计观念是工业革命以来"高生产、高消费、高污染"传统发展模式的反映，与可持续发展战略背道而驰。

49 位院士在意见书中称："这不是学派之争。有传媒宣称，这是'把法国的浪漫带到天安门'，舍'传统'而取'现代'之争。我们认为这是'内容决定形式'还是'形式限制内容'之争；是科学的设计和不科学的设计之争；是建筑需要讲求功能合理、经济节约（已非一般意义的节约）还是脱离中国实际、无视中国传统文化之争。其中有许多设计使用上的不合理，违背建筑的基本规律，甚至有悖于基本的科学常识。某些国外舆论称，这是建筑学上最佳的反面教材！"

在国家大剧院设计方案评选委员会 11 名成员中，有 7 位公开表示反对安德鲁方案，其中，除前述提到的分别参加院士及建筑专家意见书签名的

施工人员铺装最后的钛金属板　王军 摄于 2005 年 12 月

大剧院正在铺装外壳　王军 摄于 2004 年 5 月

吴良镛、周干峙、张锦秋、傅熹年、宣祥鎏之外，还有亚洲建筑师学会第一任会长、香港建筑师潘祖尧和加拿大建筑师阿瑟·爱里克森（Arthur Erickson）。

潘祖尧2000年6月2日在致有关部门的一封信中，对国家大剧院工程采用安德鲁方案表示"十分失望"："我觉得这么多的参赛方案中，没有一个可以算得上有创意的极品，原因可能是时间不足，参赛条件不妥，以至世界著名的大师及国内的多位大师都没有参加竞赛。法国建筑师设计的'大笨蛋'对我国民族传统、地方特色是唱反调，对天安门一区只有破坏，没有建设，而且在设计上也有颇多的错误。"

同年6月1日，阿瑟·爱里克森在致清华大学建筑学院教授彭培根的信中说："我对法国机场建筑师们所设计的国家大剧院极度地失望……现在这个修改过的方案看来仍然有同样的平面布局问题，只是它再加上了一层像飞碟的尸衣，因此看起来极为不适当。"

2000年8月10日，国家大剧院设计方案由中国国际工程咨询总公司主持，进入可行性评估阶段。为此，在北京举行了为期5天的评估会议，40多位建筑、工程、声学、音乐、舞台等方面的专家学者参加论证，又是一场唇枪舌剑……

在做出一些修改之后，安德鲁方案得到了实施。2001年12月，国家大剧院正式开工建设。

"大剧院最大的意义"

"我到这儿第二年的时候，大剧院开始建设了，我是看着它一点点盖起来的。"2006年6月5日，在紧临国家大剧院工地西门的兵部洼胡同北口，一位来自河南的杂货铺女店主对我说。

6年前，她租下了这里的一个小门脸，买卖做得有滋有味。眼见大剧院露出了真容，她的生意却走了下坡路。"没办法，到我这儿买东西的多是大剧院工地里的工人，工程快完工了，工人也就少了，买卖就不如以前了。"

"五一"节前刚刚被揭去近两万块钛金属板外膜的国家大剧院，在夏日之下闪动着耀眼的银光。与外膜同时被揭去的是春季积下的厚厚沙尘。

从周围的街区望去，这个总建筑面积14.95万平方米的"巨蛋"，如从太空中飞降而至的神秘大物。

它是中国最高表演艺术中心，工程概算总投资26.88亿元，建设工期原计划为4年。4年过去了，工程尚未最后完工。

建设期间，一些新的话题又浮出水面，包括国家大剧院的隶属关系、建成后是按公益性规则运转还是按企业化模式经营、大剧院屋面形成的反射光对周围环境产生的光污染问题等。

"我们这一带很快就要拆迁了，"兵部洼胡同的那位女店主说，"已给我们看了图纸，说这一带要建成为大剧院配套的道路和绿地。"

即将另寻栖身之地的她，对眼前的这个庞大建筑有着复杂的情感。"我的一大心愿是，离开前能到里面看看。但多少钱一张票啊？要是三四百元一张，就看不起了。"

在与这家小店一墙之隔的大剧院工地内，国家大剧院工程业主委员会党委书记王争鸣，就大剧院工程建设和今后的经营管理问题，接受了我和同事戴廉的采访。

记者：为什么工程未能按预定时间完工？

王争鸣：这个问题比较复杂。对我们影响最直接的就是位于大剧院红线内的人民大会堂锅炉房的迁建，为此要拆迁89户居民，这用了一年零四个月。难度很大，按现在的拆迁补偿标准，老百姓不同意，我们只好反复地讨价还价。目前，人民大会堂锅炉房连带洗衣房已基本盖好，正进行调试。

记者：工期延长对工程造价有何影响？

王争鸣：受影响的主要是人工费，不是特别大。

记者：目前大剧院的建设投资已完成多少？它们是怎样构成的？

王争鸣：就大剧院本身，中央投资是26.88亿元，目前大概已经花了90%。周边的绿化和地下停车场一共投资是2.54亿元，中央财政和北京市财政各负担30%，我们再将其作为资本金，向银行贷款40%。中央财政的拨款实行国库直拨。到去年（2005年）年底为止，26.88亿元已经全部拨到位了。

记者：这笔钱够吗？

王争鸣：不够。

记者：为什么？

王争鸣：有好几个原因。第一，原材料价格上涨。水泥、钢筋、沙石、铝材、铜材等建材全部涨价；第二，水费、电费、人工费、运输费全部涨价；第三，汇率。我们这里进口设备不是特别多，但还是有。特别是舞台机械灯光音响等，主要从欧洲进口，这几年欧元升值很高。

实际上我们通过多种途径省钱了。一是我们的管理非常严格，预算管理和施工现场管理都非常严格；二是招标时充分利用大剧院的品牌效应，使很多厂家把价格降低，我们的很多设备的价格在同类工程中都拿不下来。尽管我们想方设法省了一大笔钱，还是兜不住。

记者：还有一个大家都很关注的问题，就是大剧院建成后的隶属关系问题，大剧院的主管单位目前定下来了吗？

王争鸣：正在确定之中。大剧院的业主委员会是由北京市、文化部和建设部三家组成的，北京市是牵头单位，在建设中什么事情都是集体讨论，三家发挥各自的长处。关于大剧院的归属，北京市的态度是"只求所在，不求所有"，文化部的态度是"不争"。在这个问题上，大家都特别有大局观念，都表示，只要中央决定了，我们就服从。

大剧院建设前的东绒线胡同　　艾丹（Daniel B. Abramson）　　摄于1996年6月4日

大剧院建设后的东绒线胡同　　王军 摄于2006年6月15日

记者：能介绍一下大剧院四个剧场的特点吗？

王争鸣：歌剧院舞台设备的特点一个是大，一个是功能全。舞台的台面很大，是国内最好的，也是世界上最好的之一。它的水平和法国的巴士底歌剧院、日本的新国立剧院并驾齐驱。在某些方面比它们更先进些。

功能全，指的是歌剧院的四个舞台——一个主舞台，两个侧台，一个后台——都可以"升降推拉转"。歌剧、芭蕾一般都是三或四幕，换景的时候一般都需要拉帘关灯，在道具底下装轴辘。但大剧院因为有四个舞台，需要的布景都在台上装好了。当需要换景时，主舞台降下去，后舞台或侧舞台上来，灯一闪，瞬间即可完成，可实现演出不间断换景。在演出过程中，后舞台还可以边前进、后退边旋转。

另外，主舞台本身是由6个升降块和3个升降台组成，既可以单独升降，也可以整体升降，还可以不同组合升降。这样就给演出形式的丰富多彩提供了技术上的可能。

如果说歌剧院是世界上最先进的之一，那么戏剧场就是世界上最先进的了。这个"最先进"就体现在它的变化形式特别多。它也是有四个舞台，一个主舞台，两个侧舞台，一个后舞台。但它的体积、面积都比较小。因为看话剧、京剧等场面不要太大。除了具有"升降推拉转"的功能外，戏剧场主舞台是个鼓筒式转台，由13个升降块和2个升降台组成，变化形式就更多了。

记者：这些舞台设备是怎样选用的呢？

王争鸣：国际招标啊。我们把功能使用的要求转化为技术指标，再将这些技术指标形成招标文件。技术指标一方面听取国内专家的意见，一方面也听国外专家的意见。建筑师安德鲁本身不懂舞台设备、灯光音响，所以他请了巴黎歌剧院作为舞台设备、音响方面的专业顾问。

歌剧院和戏剧场的要求很高，国内做不了，所以实行的是国际招标。歌剧院是日本三菱重工中标，他们曾经做过东京新国立剧院的舞台和上海大剧院的舞台。在中国国家大剧院之前，东京新国立剧院是世界上最先进的。戏剧场是德国SBS公司中的标。音乐厅比较简单，搞的是国内招标，我们总想着给国内厂家一些锻炼提高的机会。

记者：大剧院开工时曾发布消息说取消了小剧场建设，后来为什么又恢复了呢？

王争鸣：小剧场主要演出实验话剧、先锋戏剧、小型室内乐等，这是演出的重要形式，而且在演出市场非常活跃，所以很多艺术家强烈呼吁恢复小剧场，中央也就同意了。

记者：大家还特别关心大剧院的票价问题，会很贵吗？

王争鸣：现在剧场还没有正式运营，归属也没定。但我们确实对票价问题认真考虑过。我们现在对大剧院的定位是社会公益性文化事业单位。这一点，中央以及文化部、财政部、国家发改委等都认可了。这个定性就意味着票价不能太高。建大剧院初期我们就提出大剧院要体现"人民性"，为人民服务，要让尽可能多的人民群众都能进来欣赏艺术，陶冶情操。

当然也不会绝对特别便宜，要根据成本、演出的市场供求、演出内容和质量有所浮动，不能一概而论。剧院的成本变化不大，但剧团有些演出是大制作，还有供求关系等因素，所以一些名牌演员、名牌剧团的演出可能要贵一些。但就总的来说，我们的票价定位还是走低价位路线。

记者：低价位如何实现呢？

王争鸣：一是政府补贴。体现公益性，必须有政府补贴；二是大制作演出一定要有赞助；三是建立大剧院艺术发展基金，由企业、政府、个人等捐助；四是演出模式两条腿走路。我们不光要接团演出，还要走节目制作的路线，自己制作的节目相对固定，场次也可以很多，场次越多，每一场的成本肯定越低，票价也会越低。

记者：这是否意味着大剧院要自己养剧团了？

王争鸣：不是。节目制作采取项目制，大剧院自己策划，向外邀请编剧、导演、演员，实行签约制，按项目核算，市场化运作，不养闲人。这也是降低成本，实现低价位票价的重要方面。

记者：在建设过程中发现大剧院屋面形成的反射光对周围环境产生了光污染，我们想知道这个问题怎么办？

王争鸣：目前没什么好办法，不可能变颜色，也不可能给它加个罩子。但所谓光污染也不要过于夸大，因为大剧院是椭圆形，光线是曲面散射，光点集中，不直视就不会刺眼，而且光的法线向上，反射角很小，光线照过来之后是向上反射，不会直接打在地上。特别是它不会对长安街上的交通造成影响，除了因为是椭圆形的外，它离长安街有约200米远，长安街两侧还有一排大树，也会挡住反光。

记者：在前段时间的沙尘天气中，大剧院外壳上积起一层黄土，十分显眼。对大剧院的表面清洁工作你们都有哪些办法？

王争鸣：大剧院的外壳，一部分是玻璃，一部分是钛金属板。目前，我们在玻璃上涂了一层纳米涂料，

能够使灰尘、鸟屎等脏东西落上去之后粘不严，用水就可以冲掉。涂上纳米材料之后，这些脏物经阳光照射，在光学作用下可以分解。这使得清洗间隔可以长一些，清洁起来也更容易。钛板没有涂纳米涂料。在金属表面上涂纳米涂料缺乏工程实践，不能保证耐久性。

记者：人工清洗是不是很花钱很麻烦的事情呢？曾有专家提出这样的疑问。

王争鸣：清洁确实麻烦，但不复杂。咱们国家人工便宜，北京那么多家保洁公司，只要勤快点就行了。

记者：北京的沙尘天气确实不利于大剧院的表面清洁。

王争鸣：所以需要勤快。最讨厌的就是冬春季。沙尘暴要是一星期来一次就麻烦了，你擦还是不擦？擦吧很快就来了，不擦又特别脏。还有冬天下雪。雪化了之后会在表面留下污渍，挺明显的，必须下一次雪擦一次。

记者：清洁一次需要花多少钱？

王争鸣：不会很多。现在很多保洁公司找我们，我们到时候搞一个招标竞争，价格就下去了，一年包一个死数，在合同里注明清洁频率，规定沙尘暴后必须清洁，下雪后必须清洁。

记者：听说大剧院的湖面冬天不会结冰，是这样的吗？

王争鸣：是的。我们采用了一种专利技术，利用浅层地下水的冷热温差交换技术，给水面加热和降温。很多人以为我们是把地下水提出来，其实不是的。内部是一个封闭的循环系统，不耗水，无污染。

从北海公园可见大剧院巨大的建筑尺度　王军 摄于2007年8月

记者：很多人担心大剧院建成后空调、照明等日常运行成本会很高，当初有人估算说每天的空调电费开支就会达到10万元。现在这个问题解决了没有？

王争鸣：空调费肯定不会少，但也不会太多。我们现在用了一些技术，使日常费用能够降低一些。第一个就是从观众厅的座椅下送风。现在的剧院大多是利用大空调吹冷风，很浪费能源。座椅下送风有两大好处。第一，风量风速风温调好之后，主要控制人体高度内的温度，只管到距地面两米以下的范围，因而节能；第二，这些气体从座椅下裹着你，在里面很舒服，且感觉不到冷风在吹。

大厅是个特别大的空间，有些麻烦。我们同样是把温度控制在人体高度内的范围，采用地板冷热辐射技术。虽然，大厅还有风口送冷气和新风，但这比直接制冷制热便宜多了。

记者：现在有没有一个准确的测算，大剧院的日常运营每天需要多少钱？

王争鸣：现在还不好说。只能说比原来说的少了很多。

记者：大剧院就要完工了，到这个时候，再回顾一下当初的建筑设计争论，你都有哪些体会？

王争鸣：出现争论是必然的。从某种意义上说，争论也是好事，它引起了建筑界和高层领导对于中国建筑界现状的高度重视。可以说，如果没有当年那场关于大剧院的争论，就不会有当前中国建筑设计市场的繁荣，也不会有"鸟巢"、"水立方"和新CCTV大楼。

有人说北京、中国现在已经成了外国建筑师的试验田了，外国建筑师在他们国家想干而不敢干、不能干的事在北京都干了。这是在利用信息不对称蛊惑人心。另外，还有人说，我们的业主和领导人崇洋媚外。我觉得这种说法并不符合事实，至少不完全符合事实。比如，开发商搞洋设计是为了取得卖点，而公共建筑都是国际招标，评委多是中国人，评标时也没有注明设计方案是谁的。其实在国外，很多建筑，包括著名建筑也是外国建筑师设计的，所以不必过于大惊小怪，特别是不要动辄上纲上线。

整体来说，中国建筑师的设计方案确实是技不如人。中国建筑师和外国建筑师的主要差距，一是方案创意不够，二是对一些新材料、新技术的运用不够。

具体到大剧院，至今依然有争论，但争论小多了。当初之所以挑中了今天的方案，并不是某个人的行为，而是经过了很多轮的竞争，从69个设计方案中比来比去选择出来的，还征求了人大代表、政协委员的意见，这在全国开了先河。

一直到现在依然有人不喜欢它，但还是有很多人喜欢它。大剧院最大的意义不光在于这个造型新颖的建筑，它对中国建筑界的思想理念、管理体制都是一个很大的冲击。

从大剧院争论之后，我们的领导和建筑师，思想都更解放了，这实际上是中国建筑界的一次思想解放。所以从这个意义上说，争论是好事。如果没有这么一块石头投进这平静的一潭死水里，就不会有今天的繁荣。现在洋建筑确实多，但这要有一个过程，中国建筑师会成长起来，中国的建筑设计作品会越来越多，这其实已经表现出来了。

记者：那么，当初争论的一些具体问题呢？当时有专家提出了一些使用功能的问题，比如因为一个壳限制了功能的使用，还有消防问题、造价提高座位却减少了等，都很具体。

王争鸣：很多具体问题还是有道理的，当时也是最大程度地吸收了他们的合理要求。但是当时争论的焦点还是建筑风格，但这个没有统一标准，就是萝卜白菜各有所爱。至于消防安全，我们在初步设计时就做了很详细、很完备的消防设计，比国家规范还要好。

记者：建筑师安德鲁经常来吗？

王争鸣：大概一个月来一次。

记者：他的压力应该很大吧。他有没有说过他的想法，包括戴高乐机场屋顶坍塌事故。

王争鸣：戴高乐机场的事他压力很大，但是安德鲁从一开始就坚信，在机场问题上，他的设计绝对没有问题。后来证明是结构设计出了问题，而不是他的建筑设计出了问题，结构设计不是他做的，是另外一家做的。

记者：这件事对大剧院有影响吗？

王争鸣：有舆论的影响，但没有其他方面的影响。我们心里很踏实。我们的自信源于我们的把握。像建筑坍塌这样的问题肯定出在结构上，一是结构形式不合理，或者结构计算有问题，二是设计本身没问题，但在施工中偷工减料。而大剧院是非常四平八稳的结构，另外，我们的设计是法国人做了初步设计，结构计算是由北京市建筑设计研究院完成的，安全系数容余量给得特别足，又经过建设部设计院复核，在中方就过了两道关，这两家的水平都是国内顶级的，如果他们再出问题，那中国的设计就没有不出问题的了。而且，大剧院工程在北京市"结构长城杯"评审中得了金奖。施工监理、质量总站和北京市"结构长城杯"评审委员会不会都出问题吧？

记者：也就是说，当初争论时提出的技术问题都一个个采纳也一个个解决了？

王争鸣：是这样的。

国家博物馆
改扩建之争

"像这样的历史性建筑，只留下一张皮行吗？"

2007年3月17日，中国国家博物馆改扩建工程宣布开工，马未都的愿望被轰鸣在现场的拆除机械搅碎。

此前，这位中国内地首家私立博物馆的创办人多次与媒体联系，呼吁将这处位于天安门广场东侧的公立博物馆作为文物整体保留。

较少对公共事件发表评论的这位知名收藏家，在2006年底到国家博物馆参观一次后变得不再平静。当时他陪同几位友人来看展览，偶遇在这里

工作的几位朋友，得知博物馆即将改扩建，"只留下三个立面，里面整个要拆除重建"，他心急如焚，便四处约人探望这处建筑，为它辩护。

"这是为迎接新中国成立十周年建设的'十大建筑'之一，是那个时代仅次于人民大会堂的代表性工程，理应作为文物来保护。"马未都对我说，"像这样的历史性建筑，只留下一张皮行吗？"

国家博物馆就改扩建工程向记

中国国家博物馆　　王军 摄于2007年1月

拆除机械开入中国国家博物馆庭院
王军 摄于 2007 年 3 月 17 日

者提供的新闻稿披露："经过专家的反复研究论证，决定在不改变老馆主体外观的同时，通过改扩建对老馆存在的功能局限性进行改造，力求使新老建筑和谐统一、浑然一体。老馆的西、南、北三面整体保留，进行加固改造和维修。新馆部分镶嵌在老馆中间并向东扩建。建筑风格与老馆保持一致，建筑体量比现在老馆略高，其高度形成丰富的层次，显得更加宏伟壮观。"

马未都对这一说法持保留意见。在他看来，"十大建筑"至今尚无一项被列为任何一级文物保护单位是值得关注的问题。

1959 年，国家博物馆的前身——中国革命博物馆和中国历史博物馆在国庆十周年庆典之前告竣，同期竣工的"十大建筑"还包括人民大会堂、中国人民革命军事博物馆、全国农业展览馆、民族文化宫、民族饭店、北京工人体育场、北京火车站、钓鱼台迎宾馆、华侨大厦。

总建筑面积64万平方米的"十大建筑"，是见证新中国成立初期发展的国家标志性工程，从开工到竣工仅用了 10 个月。

1996 年，世界权威的《弗莱彻建筑史》在其出版 100 周年之际隆重推出第二十版，将"十大建筑"中的人民大会堂、中国革命和历史博物馆、民族文化宫、北京工人体育场收入其中。

那时，"十大建筑"已失去了一个——1988年5月，华侨大厦被爆破拆除，连一面墙也没有留下。

德国建筑师决胜天安门广场

喜庆的乐曲奏响在国家博物馆改扩建工程开工仪式现场，德国gmp公司设计总监施蒂芬·瑞沃勒（Stephan Rewolle）在人群中将手中的相机转过来对准自己，按下快门。

在他的身后，国家博物馆12根巨大的廊柱内侧，拆除工人列成方阵，领队者神情自豪地将写有拆除公司名称的牌子托在胸前。

天安门广场举世闻名，能够参与这里的工程，被这些企业视为荣耀之事。

gmp公司在2004年国家博物馆改扩建工程的建筑设计方案招标中获得首选，其方案将新扩建的展厅架空在国家博物馆的庭院之上，意在塑造世界上最大的展厅。

11家设计单位和联合体参加了方案投标，其中不乏世界顶级建筑设计事务所，包括主笔大英博物馆改建工程并赢得北京首都国际机场设计竞赛的英国福斯特事务所、主笔2008年奥运会"鸟巢"体育场的瑞士赫尔佐格与德梅隆事务所、主笔中国中央电视台新址大楼的荷兰大都会事务所。

由库哈斯领衔的大都会事务所素以制造轰动效应著称，这次却出人意料地提出了一个与扩建思路相反的方案——对博物馆东侧预留的扩建用地未占一厘，把它留给了城

采访本上的城市 非常建筑

2004年7月11日至17日，中国国家博物馆改扩建工程概念设计投标方案，在国家博物馆中央大厅公开展示。图为美国KPF公司方案模型　　王军 摄

市，对博物馆新增的功能则通过内部密集化的手法安排，尽可能减少对老建筑的拆除。

这个看似"保守"的方案未能胜出，gmp公司拔得头筹。"也许是巨大的尺度和空间震撼了评委和业主，这样一个方案被确定为实施方案。"参与投标的北京市建筑设计研究院的设计组事后在一篇文章中写道。

"我们知道这项工程对于中国和中国人民的重要性，我们组织了一支最好的团队，将以优质的工作来完成这个项目。"在开工仪式现场，施蒂芬·瑞沃勒向我证实，经过近三年不间断的讨论，中标方案已做出许多修改，"事实上我们保存了大部分老的建筑，只是把内部做得更新、更现代化。我们考虑得最多的是如何将新的部分整合到老的部分之中，使之成为一个开放的、友好的公共建筑。"

国家博物馆提供的新闻稿称，老馆由于受当时经济、技术、施工条件所限，建筑本身存在不少缺憾，越来越难以满足现代化博物馆的要求，难以满足广大观众的需求；新馆占地面积7万平方米，建筑面积19.2万平方米（地下2层，地上4层），高40.3米，绿化面积6508平方米，设有835个停车位，预计2009年底基本建成，2010年上半年投入使用。

改扩建工程完成之后，国家博物馆主要由文物保管区、展陈区、社教区、学术研究区、公共活动区、休闲服务区、行政业务办公区等部分组成，"在对观众服务、文物藏品的保存、保护手段、展览陈设的规模和方

瑞士赫尔佐格与德梅隆事务所投标方案。该方案试图在内部构筑一个巨大的、开放式的、温暖的半露天式空间——"博物馆大街"，屋顶从中国的水墨画获得灵感　王军 摄

荷兰大都会事务所投标方案　王军 摄

英国福斯特事务所投标方案　王军 摄

式、建筑设施和技术装备水平、人员配置和学术研究等方面达到一个新的水平，跃上一个新的台阶"。

周恩来与设计者碰杯

2007年2月1日，国家博物馆因改扩建工程暂告闭馆。这之前，马未都带着我走访了这处建筑。

他指了指博物馆楼梯转角处停放着的一辆国产跑车说："这都被当成了文物，难道这个房子就不是文物吗？"

立在车辆一侧的说明牌注明了生产厂家，颇似一个广告，上书"中国第一跑"、"被中国国家博物馆永久珍藏"字样。

"你看，这门厅里的柱子、内饰、地板上的石材，用的是多好的材料、多好的工艺啊，当年是集中了全国最好的工匠、选用了全国最好的建筑材料来盖'十大建筑'啊。"

马未都躬身掀起三层展室地板的一角，"这是牛皮做的，踩上去没有声音，特别安静。那个时候的人建这个房子是花了心血的。"

2003年中国国家博物馆正式挂牌之前，馆舍被分为南北两个部分，北半部为中国革命博物馆，南半部为中国历史博物馆。

博物馆建筑的用料，琉璃砖来自广东，花岗石来自山东，大理石来自东北与湖北，铜门钢窗来自上海。

在清华大学建筑系任教、当时年

仅34岁的王炜钰带着两位比她还年轻的教师和十几名毕业班的学生，参加了1958年的中国革命和历史博物馆的全国性设计竞赛。

"经过多少个日日夜夜的'奋战'，多少轮方案的评比，最后我们的方案中选并得到实施。"王炜钰在2004年出版的个人选集中写道。

清华大学建筑学院在60周年院庆之际编辑出版《匠人营国》一书，刊出建筑系（该院前身）1958年绘制的中国革命和历史博物馆透视图，注明："时任国务院副秘书长齐燕铭批示'最后决定用此图样'。"

2007年2月7日，已是83岁高龄的王炜钰在接受我的采访时，沉浸在对当年设计工作的回忆之中。在1959年国庆工程告竣的庆功宴上，周恩来总理向在座的专家和干部一一敬酒，并跟她碰了杯。

"作为从旧社会过来的知识分子，当时我能够参与革命和历史博物馆的设计感到特别的荣幸，也深受教育。"王炜钰说，"我真正感受到了'群众路线'、'集思广益'、'解放思想'的力量。"

她介绍道，最初的设计灵感来自一位学生，"这位同学说，革命和历史博物馆应该表现革命胜利这个主题，法国巴黎的凯旋门就代表着胜利，我们为什么不能用'门'的形式呢？于是'门'的概念就提出来了，这是一个大启发。顺着这个思路，我们又发展到里面是否可以是空的，就这样完成了设计方案"。

以庭院式布局的中国革命和历史博物馆以6.5万平方米的总面积获得了与它对面的总面积17万平方米的人民大会堂的体量平衡。

对正在进行的国家博物馆改扩建工程，王炜钰认为："保护博物馆的立面是重要的，里边不是不能变。但人们从外面走到里面，在行动的空间里已有了情感的记忆。里面拆多少要看具体的，有的建筑师可能全拆，仅留下立面；有的是将旧的保留，更巧妙地将新的和旧的结合在一起，这也是本事之一。能保留旧的，又能满足新的使用要求，局部是现代的，又不和旧的发生矛盾，这就更高一层了。"

未被采纳的专家意见

早在1986年，中国历史博物馆的改扩建工程即获准立项，接下来的是一场马拉松式的论证，王炜钰参与其中。

她向我指出了原设计中的缺憾："当年我们的设计就注意了外观如何向人民大会堂看齐，只是做了一个外壳，可博物馆是不需要开这么大的窗户、引入这么多的自然光的。要是现在做，我们就不会是这样了。"

1995年，王炜钰指导硕士研究生任莹完成《中国历史博物馆改扩建工程研究》，认为整个建筑在一定程度上忽视了对功能的满足，使绝大多数陈列室采用大面积低侧窗，有的甚至置朝向于不顾，不仅给展室带来了超量的自然直射光，使大量文物处于严重光害之中，减少了可利用的布展面积，而且影响了观众的舒适观赏。

这项研究提出了一个分期改扩建的设想：博物馆现有建筑内部空间及功能基本保持不变，只在中间庭院的地上和地下增建，并使扩建部分与原有建筑有机地联系在一起；从长远角度讲，可利用一二层层高为9米的空间，通过夹层的方式获得更多的使用面积，同时完善内部功能。

中国国家博物馆挂牌后，改扩建工程又被提上日程。2004年4月，受国家博物馆委托，北京市建筑设计研究院对博物馆增加高度的要求作了研究和深化设计。

这家研究院认为，国家博物馆东侧的公安部办公楼规划高度超过了国家博物馆檐口高度，由于体量较大，建成后会对国家博物馆造成一定的影响。博物馆直接加层的方案对现状建筑改变较大，且增加的面积也不好使用。世界上著名的卢浮宫、大英博物馆的改扩建工程都采用了在内院上增加天顶，将室外空间室内化的办法，改善空间的容量和人流方式。国家博物馆如采用这种方式，不但可以增加高度，充实体量，同时也可带来新的空间感受。

研究院的这一想法经审批通过，成为改扩建工程的依据。

同期展开的征集国内外设计公司的活动却引发了一些国内学者的不安，当时由境外建筑师设计的中国国家大剧院、中央电视台新址大楼、中国国家体育场"鸟巢"正在建筑界引发巨大争议。

11位中国专家参加了国家博物馆改扩建工程概念设计方案的评审，他们在会议纪要中一致认为："天安门

中国国家博物馆改扩建实施方案（天安门视点效果图）

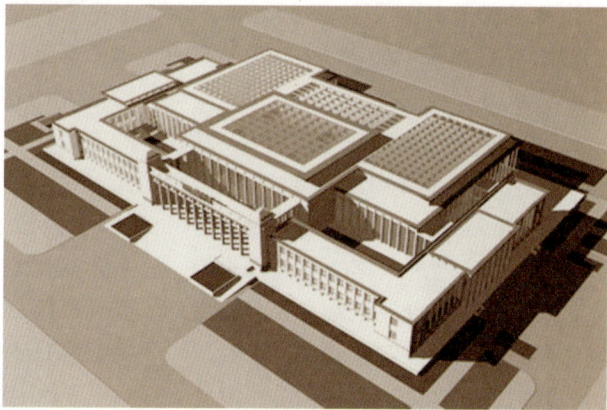

中国国家博物馆2007年3月对外公布的改扩建实施方案 （来源：中国国家博物馆网站）

广场是北京作为中国政治文化中心的核心体现，既有的建筑均由中国建筑师设计，气势宏伟、具有鲜明的民族特色，为全国和全世界人民所喜爱，也为国际知名建筑师们所称赞。国家博物馆的改扩建要以弘扬民族精神为前提，中国建筑师对此有着深刻的理解，完全可以做出最好的设计，没有必要进行国际招标。"

这个意见没有被采纳。"在这样的背景下，国家博物馆的竞赛本身就存在着很大的风险。"北京市建筑设计研究院设计组后来在公开发表的一份报告中称，"一是由于项目本身的重要性，再是地段在天安门广场的敏感性，因此在任务书上没有任何导向性的语言，只有由北京市建筑设计研究院提出的'增加天顶'和东扩范围以及自身的功能要求，没有任何表达业主主观愿望的内容，全部由建筑师根据自己的判断来决定建筑的取向，这与当年国家大剧院方案招标时要求的

'一看就是中国的、北京的、天安门广场的'相比有了很大的灵活性。"

"你跟我讲清楚哪里有危险？"

在过去的十多年里，中央政府曾投入大量资金维修和改造中国革命和历史博物馆。

1995年王炜钰指导任莹完成的《中国历史博物馆改扩建工程研究》称："目前中国历史博物馆正在进行现有建筑的大规模内部改造，耗资已逾数百万，改造包括设备更新及内部装修、设置消防系统及电脑管理系统、增加轻钢龙骨吊顶等等。"

中国历史博物馆前副馆长孔祥星向我历数了几次大的改造工程："1999年国庆五十周年之前用石材贴装博物馆的北立面和西立面，花了八九千万；抗震加固做了一部分；所

有的顶子都重新弄了。我们为什么老闭馆？就是因为这样的工程一直没有间断过。"

"我很痛心，国家花了不少钱，却始终达不到作为博物馆的要求。"孔祥星从1965年起，在历史博物馆工作了35年，当年他最头疼的就是没有库房，只好把库房设在走廊里，而库房区与办公区相混很不安全。

"搞抗震加固，把好多陈列室弄没了；夕晒很厉害，书画都不敢拿出来展；一会儿这儿加一个厕所，那儿加一个办公室、监控室，结果是越改越乱。从硬件来讲，都不是一流的，是二三流的。"在他看来，博物馆就像一个老病号，不动大手术是不行的。

在改扩建方案论证过程中，一度有消息传出：整个建筑要推倒重建。

一位权威人士向我证实了这个说法："原来是整个都要拆，我们坚决反对，许多院士也不同意。"

"本来是要拆的，为什么拆？说这个建筑不安全，已经经过专家鉴定是危险的了。"一位曾深度介入这项工程的专家对我说，"后来我们就问，你跟我讲清楚哪里有危险？为什么危险？结果说了半天，只是北边查出来有几根柱子施工质量不好，那你就加固嘛，为什么都拆呢？他没有理由，而且没有理由来判断历史博物馆总体

上是危险建筑。"

这位专家认为："'十大建筑'用的是当时全国最好的设计力量、最好的施工队伍，现在成了危险建筑，那么人民大会堂你怎么办呢？'十大建筑'已经拆了一个华侨饭店，其他9个是不是都是危险建筑？你可以修嘛，而且修了以后从设计角度来讲，只有更好不是不好。"

2006年9月，在广州举行的"2006中国城市规划年会暨中国城市规划学会成立50周年庆典大会"上，两院院士、建设部前副部长周干峙在大会发言中提到了国家博物馆改扩建工程："新中国成立以来新盖的房子至今不少已成为'老房子'了。还有不少解放以前留下的老住宅、老厂房和老的公共建筑。目前不少地方以少占地和30年房龄就够本为由，兴起了大拆大迁之风。典型的例子如北京西便门居住区，为1950年代所建，质量、水平都是最好的居住区，也几乎决定要拆迁；还有天安门广场东侧的历史博物馆，也一度被鉴定为危险建筑而要求拆除翻建。"

"现在三个立面留下来了，比全拆好多了，至少形象上保护住了。"一位文物保护官员对我说。

马未都还在惦记博物馆展室内的牛皮地板："他们要是拆了，我就要想办法把那里所有的地板都买下来。"

奥运巨构的诞生

2006年10月24日，国际奥委会主席罗格（Jacques Rogge）考察建设中的中国国家体育场，称赞这是他所见过的最好的奥运场馆，站在一旁的何振梁却在琢磨："那么粗的钢梁，建起来会像效果图那样好吗？"

"罗格是赞不绝口，说北京建了一个像悉尼歌剧院那样的建筑。"在后来与建筑师的一次座谈会上，何振梁回忆起当时的情景。

这位中国奥委会的名誉主席、中国体育走向世界的见证人，对国际奥委会前任主席萨马兰奇（Juan Antonio Samaranch）在上世纪80年代说过的一句话记忆颇深："看中国的体育建筑要到非洲去。"萨马兰奇指的是中国为非洲援建了大量优秀的体育建筑，而自己像样的场馆却屈指可数。

"1990年北京亚运会举办之后，萨马兰奇就不再说这样的话了，"77岁的何振梁感慨道，"因为我们为亚运会建造了能够代表那个时代的体育建筑精品。只有国家发展了，体育才可能得到发展啊。"

2001年成功申办奥运会后，北京以每年3000多万平方米的房屋竣工量向2008年挺进。

"这样的竣工量超过了整个欧洲一年的总和。"北京市规划委员会的一位负责人告诉我。

2006年12月26日，国家游泳中心"水立方"贴上了最后一块外层薄膜。至此，2008年奥运会的两大标志性建筑——国家体育场"鸟巢"和"水立方"外观全部亮相。

承载4.2万吨钢铸"枝蔓"的"鸟巢"是奥林匹克史上跨度最大的钢结构建筑；建筑面积约8万平方米的"水立方"是目前世界上唯一的完全由膜结构来进行全封闭的公共建筑。

"奥运会应留下标志性的东西，

‘鸟巢’和‘水立方’各有优点，但对它们也有不同的意见，包括我和我们家的老太太意见都不一样。"何振梁的话引来周围建筑师们的笑声。

"中国建筑的一声呐喊"

37岁的李兴钢风尘仆仆地从机场赶来参加这个座谈会，这位"鸟巢"的中方设计负责人，在过去的4年间度过了无数不眠之夜。在近4000张施工图完成之后，他住进了医院。

在15年的建筑设计生涯中，李兴钢获得过英国世界建筑奖提名奖、亚洲建筑推动奖、中国建筑艺术奖、中国建筑学会青年建筑师奖等20多个奖项，如今他面对巨大的挑战——"鸟巢"复杂的钢结构甚至使做模型的工程师都感到棘手，而他和他的团队却要把这样的建筑变成现实。

"感到自豪的是，我们通过自己的努力和与国外建筑师、工程师紧密的高水平合作，不仅成功赢得了国际竞赛，而且使‘鸟巢’从设计概念一步步接近并成为可在中国实施和建造的、历史性的宏伟工程。"国家体育场钢结构卸载之后，李兴钢在他所在的中国建筑设计研究院的表彰会上陈词。

何振梁出席的座谈会是为中国工程院院士马国馨的新著《体育建筑论稿——从亚运到奥运》举办的。

在这部著作里，曾主笔北京亚运会场馆设计并获得国际奥委会"体育建筑奖"的马国馨，记下了邓小平当

建造中的"鸟巢"　王军 摄于 2006 年 4 月

北京市建筑设计研究院设计的中国国家体育场"浮空开启屋面"方案
（来源：中国国家体育场方案展，2003年3月）

年视察国家奥林匹克体育中心时说的一番话："我这次来看亚运体育设施，就是来看看到底是中国的月亮圆还是外国的月亮圆。看来中国的月亮也是圆的，有时还会圆得更好一些。现在有些年轻人总以为外国的月亮圆，对他们要进行教育。"

马国馨所在的北京市建筑设计研究院参加了2003年国家体育场的设计竞赛，设计院独创的"浮空开启屋面"方案险些胜出。建筑师王兵在报告中说："这不仅仅是一个方案构想，而是中国建筑的一声呐喊。"

"但这一呐喊并未引起需要注意的人们的注意。"64岁的马国馨在书中写道，"虽然这一方案并未选为实施方案，但我一直对本方案在原始创新的独特性、奥运盛典的戏剧性、赛后利用的经济性、城市景观的丰富性、成熟技术的可操作性、内涵丰富的可拓展性等方面的优势深信不疑，我们需要有充分的自信。"

书中还印出马国馨2003年4月就国家体育场设计问题写给北京奥组委一位资深官员的信，指出："瑞士'鸟巢'方案造价畸高"，"瑞士建筑师为德国世界杯慕尼黑赛场所设计的方案即和'鸟巢'大同小异，相差无几，只不过慕尼黑赛场的外形更为科学和理性，构架十分规则，不像'鸟巢'方案那样增加了许多无用的杆件，与之相比后者似乎创新点不多"。

李兴钢的发言使座谈会的气氛活跃起来："我记得我还在天津大学读书的时候，马总（马国馨）到天大作过一次讲座，我印象很深的是他谈到一个体育馆屋顶钢梁结构的设计和计算。马总可能忘了我就是给他放幻灯的那个学生。"

马国馨面露诧异之色，随后是朗朗的笑声。李兴钢语锋一转："我知道马总对国家体育场的设计有许多见解，我虽然不敢苟同，但他作为知识分子知无不言的精神是值得我学习的。"

"卸顶风波"

2006年9月，在设于北京市建筑设计研究院的亚洲建筑师大会的分会场，李兴钢以自信的口气介绍了"鸟巢"设计概念生成的过程："这是一个真正回归到以体育——竞赛和观赛为本的体育场设计，这也是国家体育场最核心、最重要的设计理念。"

李兴钢说，"鸟巢"的碗状看台使得所有最上面的观众都能获得均衡的、距赛场中心约142米的视距，看台确定后，建筑师再顺着这个立体的、边沿起伏的"碗"来设计外罩，自然地形成一个三维起伏的马鞍形。

"接下来是推敲外罩的做法，由可开启屋顶等因素自然产生编织式的结构，即后来众所周知的'鸟巢'。"李兴钢介绍道，"从这个过程可以看出，'鸟巢'并非是设计的起点和原因，而是设计被内在因素推动自然发展的结果。真正的设计起点，是比赛和观赛、赛场和看台、运动员和观众。"

李兴钢谈到了当初国家体育场可开启屋顶的设计条件与"鸟巢"造型的关系："我们把屋顶做成一个最简单朴素的，像推拉窗一样的开闭方式，这需要两条平行轨道来提供这种开合滑动的可能性，这两条平行线导致了'鸟巢'的编织结构，设计的出发点是最朴素、最功能性的，它最终激发了建筑师的潜能，独特的结构直接构成独特的外观，达到艺术性的震撼效果，国家体育场是由功能而产生结构与外观的完美统一。"

但是这个可开启屋顶已不复存

"浮空开启屋面"方案2003年3月在中国国家体育场方案展上公开展示　　王军 摄

在。2004 年，已经动工的"鸟巢"经历了一次"卸顶风波"。

数位中国科学院院士和中国工程院院士上书高层，指出奥运工程为追求形式而极大地提高了造价，忽视安全、适用等基本问题。时值中央政府为防止经济过热陆续出台宏观调控政策之际。

这之后，北京市提出，必须牢固树立"节俭办奥运"的观念，尽最大努力降低工程造价。

2004 年 7 月 30 日，"鸟巢"暂停施工。作为降低造价的一项举措，这个原计划赛时可容纳10万人的巨型体育场，可开启屋顶被令取消，同时坐席减少至91000 个。

这引起了部分建筑界、文化界与房地产界人士的不安。2004 年 10 月 8 日，史建、王明贤、隋建国、刘家琨、张永和、叶廷芳、张宝全、任志强等联名发出"保持'鸟巢'建筑完整性"的声明，指出："修改后的'鸟巢'失去了原有设计手法的震撼性和功能的合理性，由于立面框架支撑活动屋顶作用的丧失，使原设计的具有功能性的巨大结构框架成为'虚张声势'的、徒具表演性的外衣，不仅破坏了原设计的完整，也有违'节俭办奥运'的初衷。"

但在"鸟巢"的批评者看来，仅仅是卸掉了屋顶还远远不够。一位持批评意见的院士对我说："大型体育场本应使用轻型结构，'鸟巢'却用了最重的钢结构，'适用、经济、美观'的基本原理还要不要了？"

"鸟巢"方案在2003年3月举办的中国国家体育场方案展上引发热议 　王军 摄

"我们能说埃菲尔铁塔的钢应该用那么多吗？""鸟巢"的艺术顾问艾未未在媒体上反问。

一时间，"鸟巢"的命运为社会热议。事实上，这个方案从诞生之日起，人们就各有好恶。它那奇特的造型甚至使1996年亚特兰大奥运会女子跳马银牌获得者莫慧兰产生疑问。

"我想代表运动员向您提一个问题。这个体育场有着很密的网架，这会不会让运动员感到紧张，并因此而影响成绩？"2003 年 4 月，已是体育记者的莫慧兰在一次采访中，向主笔这项设计的瑞士建筑师、2001年普利茨克建筑奖获得者德梅隆（Pierre de Meuron）提问。

"是的，这个体育场是由网架构

成的，但是我们不是简单地把结构暴露在外，从体育场里面看，结构的外表有一层半透明的膜，如同中国的纸窗。"酷爱踢足球的德梅隆回答，"你看，体育场如同一个舞台，周围界面柔和、开阔，在这样的环境下，运动员自然不会产生紧张感。我们相信，这里将诞生世界上最好的成绩。"

德梅隆答问

"鸟巢"方案于2003年5月当选为北京奥运会主体育场——中国国家体育场的最终实施方案。它的设计单位是瑞士赫尔佐格和德梅隆事务所与中国建筑设计研究院。

在此之前，北京市通过国际设计竞赛，为中国国家体育场征得13个设计方案，它们分别来自中国、日本、美国、法国、瑞士、澳大利亚、加拿大、德国、中国香港等国家和地区的设计企业。

由5个国家13名建筑师和专家组成的竞赛评审委员会，以投票的方式确定"鸟巢"为重点实施推荐方案。投票结果是：8票赞成，2票反对，2票弃权，1票作废。

北京市规划委员会发给新闻记者的材料称：中外评委一致认为，被确定为重点推荐实施的方案，在世界建筑历史的发展中将具有开创性的意义。

与专家评审同时进行的公众投票显示，"鸟巢"得票3506张，名列第一；得票前三名的方案，票数仅各相差几十张，几乎是1:1的支持率。

值此关键时刻，德梅隆来到北京。2003年4月2日，他在中国建筑设计研究院接受了多家新闻单位的采访，谈话记录如下：

记者：你能介绍一下这个方案产生的背景吗？它所表现的都有哪些内容？

德梅隆：这是一次非常重要的竞赛，我们与中国建筑设计研究院有着很好的合作，通过8个星期紧张的劳动，产生了这个方案。我们还邀请了前任瑞士驻华大使以及中国艺术家艾未未担任我们的艺术顾问，他们都非常了解中国的文化，并对如何使这项设计与中国的传统相结合提出了很好的建议。

这个设计有三方面的概念，一是它是当代的、中国的建筑；二是它与中国文化有着相当的联系；三是它在技术上是可靠的。这个体育场是为21世纪设计的，而不是为上世纪90年代设计的。上世纪的设计表现的是技术，但是我们在新的世纪，除了要表现技术之外，还要反映当代的人文问题。这个体育场是为人民而设计的，它有着柔和的环境，表现了对运动员的尊重。

这是一个很大的体育场，虽然它很大，我们却把它处理得有人的尺度。这不是一个纪念碑，它是为人而设计的。它的特点是从所有的方向都可以很便捷地进入，它是一个开放的建筑，所有朝向都是同等重要的，所

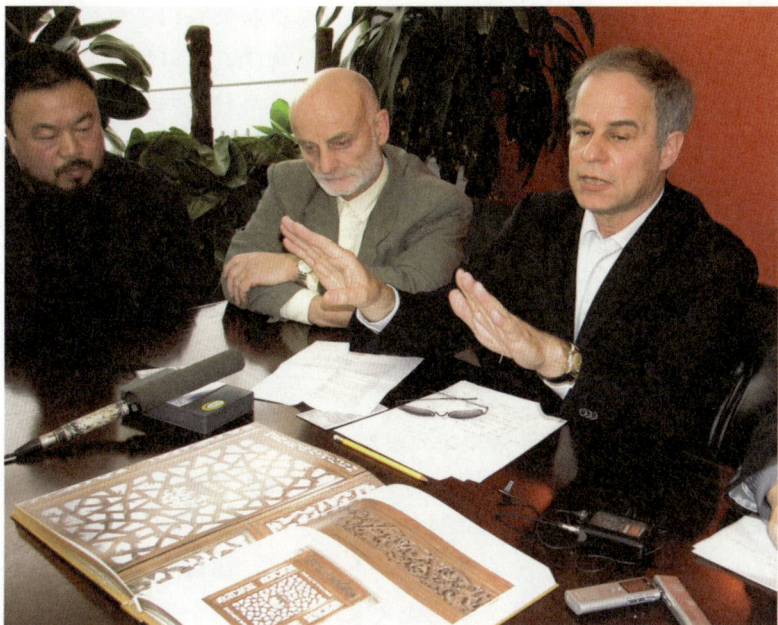

"鸟巢"建筑师德梅隆（右）2003年4月2日在北京的记者见面会上说，"鸟巢"方案从中国的菱花隔断、冰花纹瓷器上得到了灵感　　王军 摄

有的方向都让人感到舒适。

看台的设计使观众获得很好的视角，运动员也拥有很好的比赛场地。当看台坐满观众的时候，人群就自然地成为了建筑的一部分。一个好的体育场是建立在观众能够与运动员保持良好互动关系的基础上的。这个体育场对体育运动员来说应该是最好的，这里必将诞生世界上最好的运动成绩！

记者：你们在这项设计中考虑到了中国文化的因素吗？

德梅隆：在这个体育场与中国文化的联系方面，我愿意先谈一些中国艺术与哲学方面的问题。我认为，中国的文化一直是在无序之中寻找有序。

这个体育场的整个结构的表现力，不仅可以告诉人们哪里是入口，而且还能让人们产生丰富的联想，这几天各种媒体都在报道这项设计，可以看到很多形容词，如有人形容它是鸟巢等等。这可能是公众的印象。但实际上，我们还可以把它解释成其他中国建筑上的东西，比如菱花隔断、有着冰花纹的中国瓷器。它又像是一个容器，包容着巨量的人群，这些都是中国的文化。

记者：这个体育场的设计会不会提高建筑的造价并增大建造的难度？

德梅隆：这个体育场在技术上是完全能够实现的，而且是简捷易行的，它不是炫耀技术本身。如看台是用混凝土建造的，外观采用的是钢结构。在设计开始时，我们讨论过各种技术。体育场要设计可开启的屋顶，哪种是最简单的呢？是最经济的呢？是最好维护的呢？经过我们的探索，已找到满意的答案。我们设计的这种形式，是完全可以控制在规定的造价之内的。我们已有一支非常好的团队，目前已取得重要的成果，今后我们还将继续推动下去。

记者：这个体育场的设计是怎样与奥林匹克公园的规划结合的呢？

德梅隆：体育场是公众化的。奥运会时它像一个橱窗展示着中国的形象，赛后它还将成为一个开放性的场所，人们可以自由地进入，这正像奥林匹克公园的规划一样，它也将成为一个公园，并成为奥林匹克公园这个更大的公园的标志，这是一种很好的融合。

体育场的位置是规定了的，它在奥林匹克公园的中轴线与河道之间。我们将地面抬起了一些，形成一个缓坡，人们可以向上走并进入场地，这如同中国的寺庙殿宇给人的感觉。

记者：听说你与赫尔佐格（Jacques Herzog）从小一同长大，并共同获得普利茨克奖，你们还热爱足球运动。能谈谈你们所热爱的这项运动对你们的事业以及对这个体育场设计的影响吗？

德梅隆：我和赫尔佐格是从小就认识的，从7岁时我们就在一起，从小学、中学、大学都是同学。我们热爱运动，特别喜爱足球。足球是一种很有启发性的体育运动，比赛双方各由11名队员组成，每个运动员都各有自己的位置，各有自己的特点，但大家的目标是一致的，都是为了进球。这与建筑设计是有关系的。另外，爱好

运动使我们了解运动员与观众的情感交流，我们的这次设计就是要把这种情感转化到建筑当中。

这是我们设计的第三个体育场。第一个是瑞士的巴塞尔体育场，在那项设计中我们取得了成功，并决定把体育场设计作为我们的一个方向。我们设计的第二个体育场是2006年德国慕尼黑世界杯足球赛的体育场，现在它正在施工建造之中。

记者：你们在中国国家体育场建筑的完整性方面是怎样考虑的？设计的最大挑战是什么？

德梅隆：你进入这个体育场，先是上一个缓坡，各项附属设施设在坡下。走到坡顶就可以进入看台，向下观看比赛。外部广场我们以中国的12生肖为标志作出12个分区，这样观众就可以拿着标着"龙"或者"虎"的票，寻找自己的入口，这是非常有趣的。这也是受中国传统建筑的启发而产生的灵感，因为中国宫殿的坡道上都有着刻着各种图案的丹陛。

这项设计的最大挑战在于后期的深化设计之中，挑战来自于对这个项目重要性的认识。中国是一个大国，奥运会是一个盛会，这个体育场又是北京的奥运会最重要的建筑。我们感到了很大的压力，因为有这么多人在关注它，全世界都在关注它。

评委会给这项设计以很高的评价，我们完全尊重评委的意见。虽然有的公众不是一下子就能理解，这有一个过程，所以我们希望媒体能够表达准确的信息。

2003年7月21日，英国首相布莱尔（Tony Blair）偕夫人谢丽（Cherie）在北京参观中国国家体育场"鸟巢"方案。布莱尔说："我是来中国学习奥运申办经验的，伦敦市正在申办2012年奥运会。""鸟巢"的主体结构采用了英国奥雅纳公司（ARUP）的设计　王军　摄

"'鸟巢'还是'鸟巢'"

2001年7月北京赢得第29届奥运会主办权后，这个城市的奥运工程马不停蹄地展开。

2002年7月，美国Sasaki公司与天津华汇工程建筑设计有限公司的合作方案，被确定为北京奥林匹克公园的规划方案；同年10月，瑞士Burckhardt+ParternerAG公司的方案被确定为北京五棵松体育文化中心的规划方案。

2003年5月，"鸟巢"被确定为中国国家体育场实施方案；同年7月，"水立方"被确定为中国国家游泳中心实施方案。

2003年12月24日，"鸟巢"与"水立方"破土动工，那时"鸟巢"连施工图还没来得及画出来。

与时不我待的北京相比，第28届奥运会举办城市雅典则是优哉游哉。

2004年8月13日，雅典奥运会开幕；此前的8月10日，当地媒体披露，雅典赫利尼科奥林匹克中心内的击剑馆已经完成99%的准备工作，到11日就可以全部完工，迎接14日开始的击剑比赛。国际奥委会这才松了一口气。

距奥运会开幕只有几天的时间，雅典的35个奥运体育场馆，还有将近一半在进行紧张的收尾工作，一些地方的绿化工程甚至还在筹建之中。工人们三班倒、连轴转，希腊政府总理不得不亲自到场监督。

此前的2月间，罗格在国际奥委会执行董事会上，对雅典的奥运会场馆建设表示了担忧。国际奥委会委员塞萨尔（Cesare Vaciago）甚至说，北京奥运会筹备工作甚至在某些方面，已经走在了雅典奥运会的前面。

希腊前环境部长、负责奥运项目的帕潘德里欧（Vasso Papandreou）解释：希腊是一个只有1100万人口的小国，政府无力承担大笔的维护费用；奥运项目的所有承建公司都是私

营公司，他们当然不愿过早建成场馆，这样既可以不占用流动资金，又可以省去维护费，所以工期拖后完全在情理之中。

2004年8月12日，就在雅典像变戏法似的把近一半的比赛场馆赶在奥运会开幕之前变出来的时候，北京奥组委的官员出现在那里，时值"'鸟巢'卸顶风波"被各大媒体宣扬之际。

这一天，北京奥组委在雅典举行的国际奥委会第116次全会上，报告了北京奥运会的筹办情况。

北京奥组委常务副主席刘敬民随后在雅典举行新闻发布会，介绍了北京奥运场馆建设在节俭方面主要考虑的三个因素，一看是否充分利用了现有资源，二看设计标准是否恰当，三看场馆能否得到赛后利用。

刘敬民说，北京奥运场馆将在2007年整体完工。这意味着，原计划2006年竣工的时间向后推迟了一年。

"我认为'鸟巢'停工是一件好事。"中国建筑设计研究院副院长崔恺对我说，"从我们的角度来看，当时开工太匆忙了，方案还在修改呢，这超出了设计周期。我们也理解，当时是为了营造气氛。现在停下来，正好可以为我们的深化设计抢回时间。"

曾被誉为世界第一的"鸟巢"可开启屋顶将不复存在。可开启屋顶体育场建筑在1990年代以来相继涌现，全世界共有19个，其中11个在日本。

2002年韩日世界杯足球赛上，日本的可开启屋顶体育场吸引了全世界的目光。但这些体育场由于屋顶开启耗资甚大，场馆建成后多只是在比赛时象征性地开启一次，就基本不再作这样的"表演"了。

"你认为中国国家体育场可开启屋顶是必需的吗？"2003年3月28日，在国家体育场方案评审完成之后，我向这个项目的评委、荷兰建筑师库哈斯提问。

"可开启屋顶是竞赛文件要求做的。"这位记者出身的普利茨克建筑奖得主老练地绕过了这个问题。

据知情者介绍，在国家体育场设计竞赛文件发布之前，是否需要可开启屋顶，曾在决策层引起讨论，有意见认为可开启屋顶将加大投资，实际用途并不大，可这个意见未被采纳。

被卸掉屋顶的"鸟巢"，在2004年11月15日完成初步修改设计，随后再度动工。

这个被重新编织的巨构，南北长333米、东西宽298米。"就其平面尺寸而言可以容纳法国巴黎的埃菲尔铁塔。"国家体育场的中方钢结构专业负责人范重在一份总结中写道。

"即使是去掉了可开启屋顶的'鸟巢'，它的钢结构也并非是一个'虚张声势'的、徒具表演性的外衣。"李兴钢认为，"因为这个钢结构还支撑着观众席上方巨大的屋顶挑棚和笼罩观众集散厅等使用空间的重要结构和功能作用，而且建筑师在修改过程中，围绕扩大了的开口，仍然遵循了原来沿中间屋顶开口相切编织的原则。用德梅隆的话来说，'鸟巢'还是'鸟巢'。"

"9·11" 后的 CCTV

"许多年后我们肯定会发现，只有在此时此刻的北京，全球大概也只有在这么一个地方，会发生这样一件事情……"

2004年初夏，我应邀携《城记》一书参展法国波尔多"东西北南"文化艺术活动，好客的波尔多"梦之虹"建筑馆馆长米歇尔·雅克（Michel Jacques）邀请我和一些建筑师朋友开车到波尔多郊区的一个山冈，参观库哈斯的作品——波尔多华厦（Maison Bordeaux）。

波尔多华厦是一处别墅，建于1996年。它的拥有者—— 一位法国富

波尔多华厦别墅外观　王军 摄

庭院内景　王军　摄

长方体与圆的组合　王军　摄

商刚刚去世。这位富商生前遭遇车祸，半身不遂，靠轮椅度日，别墅的设计自然要满足残疾人的需要。这位残疾人非常富有，又希望显示他的力量。

　　沿着波尔多市郊的高速路飞驰，过了一条河，很快就驶入了山区。绕过崎岖的山路，隔着一片树林，我们看见了这处豪宅的身影——一个悬在半空中的褐色长方体房屋，从围墙上方探出，上面不规则地开出圆状的窗孔，盯视着我们。

　　管家打开大门，我们步入庭院，感觉非常安静。整个建筑是简单的几何结构，比例和尺度让人感到亲近。

　　左侧的围墙位置有两株孪生的大

树，建筑师顺势在墙内为大树设计了一个玻璃"橱窗"，使之成为庭院与外部环境自然过渡的空间。

庭院内水泥地面上的圆形草坪，与外墙上的圆形应急通道呼应，房屋上的圆状窗孔附和其间，与长方体的别墅外观形成视觉反差。

现代主义追求"少就是多"，库哈斯的这个作品看上去正是这一类型，建筑师只用方与圆两种符号，在含蓄与内敛之中编织多种情调，似已嚼透现代主义精髓。

别墅共三层，第一层烹制食物，第二层起居会客，第三层洗浴睡眠。第一二层采用玻璃墙面，将自然环境引入室内，并使第三层的混凝土构造"浮"在空中，隐约产生一种震撼，不过这种震撼很快就被其简约的外观化解了。

步入室内，厨房的灶台以混凝土

混凝土灶台　　王军 摄

浇铸而成，台面悬挑，小小地挑战了一下地球的重力。

一部精致的液压升降机将三层房屋垂直联系，残疾的主人生前靠它完成对整幢豪宅的统治。

第二层起居室视野开阔，因完全以玻璃筑墙，室外风光尽收眼底；散布在第三层卧室外墙上的圆孔窗，以不同方向朝外探出，在隐秘的空间里，鼓动着窥探外界的好奇心。

这大概就是一个标准的现代主义作品了，一切以比例和尺度演绎，让人

巴黎蓬皮杜艺术中心展出的模型　王军　摄

支撑点被做小的钢桁架　王军　摄

垂直联系三层房屋的升降机　　王军 摄

感到安静与内敛，虽然局部有些冲动，但最终还能收住。

可再打量建筑的结构，你将立刻目瞪口呆，因为在理性的"伪装"之下，是蔑视理性的疯狂。

房屋第三层的混凝土构造，底部由一根圆柱和一个钢桁架支撑。如将第三层房屋等分为A和B两个部分，则A由圆柱支撑，B由钢桁架支撑。

支撑A部分的圆柱位于A底部的中央位置，从结构上看，这自然是一个合理的举动，建筑师用反光钢板将其包裹，削弱其结构感，也是常见的手法。

支撑B部分的钢桁架则让人心悸，它那不动声色的外观让人忽略了它的存在，它竟以一根纤细的工型钢作为支撑柱，在最需要受力的支撑点上，建筑师把钢桁架削去一块，偏偏把支撑面做小。

钢桁架不在B底部的中央位置，它被挪到了外侧。这样，A与B的交接部位就会承受较大的重力，可那里恰恰被挖空，仅剩下两张外墙的薄皮。这时，结构上的疯狂被演绎到了极致。

解读到这里，自然就会想起库哈斯的中国中央电视台（CCTV）新址大楼方案了。有人说，这个方案是在向地球的重力挑战，完全背叛了现代主义对理性的追求。而我听到库哈斯的回答是："我们的结构工程师是非常优秀的，他把建筑师解放了出来，甚至对文化产生了作用，使得各种建筑成为可能。"

卧室内的圆孔窗满足了坐轮椅的主人在不同位置向外观望的需要　　王军　摄

洗浴间　王军　摄

自然采光的衣帽间　王军　摄

第三层房屋中间被挖
空的部分　王军 摄

室内楼梯　王军 摄

升降机通道内设玻璃书架，引入自然光　王军 摄

起居室与外部环境融合　王军 摄

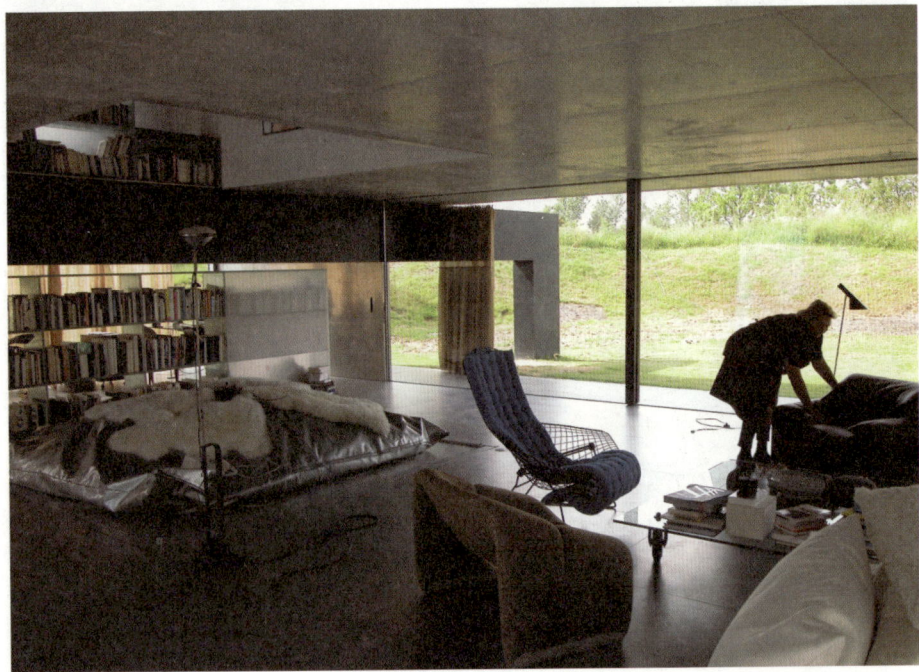

摩天大楼改朝换代

2003年7月24日，贝聿铭的合作伙伴亨利·考伯（Henry N. Cobb）在清华大学作学术演讲，他抛出了一个"市民摩天楼"的概念。

这位以设计摩天大楼而著称的美国国家设计院院士说："应该看到，当一个高层办公建筑以一种统治性的姿态介入公众生活时，它本质上还是一个私人的建筑：除了地面层之外都不被大众接近，内部也无任何公共用途。为解决这个问题可做的努力，就是人情化摩天楼，赋予其一个良好市民应有的风范。"

仅过了两周，同样是在清华大学的讲台上，亨利·考伯的这番言论就遭到了库哈斯的讥讽："听说前段时间有人在清华大学说大众化的摩天大楼，这可能吗？你们根本就不要信他！摩天大楼在美国已是一团糟，让我们在美国以外的地方加强合作吧！"

说这话时，库哈斯展示了他设计的CCTV大楼方案，这是以两个"Z"字造型、向内倾斜6度的塔楼环状连接，高234米的摩天大楼，它在163米的高处横空悬挑出跨度75米的巨型楼宇，这是人们从未见过的摩天大楼样式。

在解释这个"古怪"结构时，库哈斯强调了这个摩天大楼的开放性与社会性，以及它如何更好地与城市生活融合。这不正是亨利·考伯所说的"市民风范"吗？

这似乎是一次典型的"文人相

2003年4月，库哈斯在北京市规划委员会门口　　王军 摄

轻"。但故事之外的主题更值得关注，那就是一个多世纪以来，人们早已熟悉了的摩天大楼的形态就要发生转折，其发生地就在北京。

2001年9月11日，两架被劫持的客机相继撞向纽约曼哈顿的标志性建筑——417米高的世界贸易中心双塔。

燃烧一个小时之后，这两幢曾是世界第一高度的摩天大楼，如瀑布般从高空轰然跌落，成为一片废墟，2792人在这一事件中丧生。

华盛顿五角大楼也同样遭到被劫持客机的撞击，由于大楼以五层的高度平铺于地，只损失了五角中的一角，死亡人数不到两百人。

1993年，世贸中心地下停车场发生爆炸事件，6人死亡，1000多人受

曼哈顿世贸中心遗址围栏上有关911灾难的图片和文字　　王军　摄于2005年4月

　　图片说明写道："这20英亩的怅惘被遗留在这片土地上，也回荡在我们的心里。这些死难者不是在战争中丢掉性命的士兵。他们是清白无辜的平民，去上班却永远没能回来。他们是数以百计的营救人员，以自己的死换来了数千人的生……我们永远不会忘记这些清白无辜的在2001年9月11日死去的男人、女人和孩子们，我们永远不会屈服于夺去他们生命的敌意。为纪念他们和他们所珍爱的自由，有一天，一个纪念碑将在这里矗立。"

失去了世贸中心双塔的曼哈顿　　王军　摄于2005年4月

伤，花了9个小时，大厦内数万名工作人员才被营救完毕。那一次，世贸中心的经济损失达到5.5亿美元；而这一次，连世贸中心也没了。

高层建筑之灾让人心悸，这些大楼像一个个大罐头，里面塞满了人，难免一毁俱毁。

摩天大楼堪称美国的土特产。1851年，电梯系统发明；19世纪末，钢铁工业发展，这使得建筑向高层生长成为可能；1871年，芝加哥发生特大火灾，城市重建时，为节约市中心用地，高层建筑应运而生，随之也诞生了芝加哥建筑学派；建成于1885年的芝加哥家庭保险公司，高10层、55米，是世界上第一幢按照现代钢框架结构原理建造的高层建筑。

随着美国西部开发的结束，东部经济渐占上风，摩天大楼的发展中心逐渐从芝加哥转移到纽约。

高443米的芝加哥西尔斯大厦是美国第一高楼　　王军 摄

世贸中心双塔的照片被悬挂在遗址的围栏上　　王军 摄于2005年4月

"高层建筑的故乡"——芝加哥　王军 摄

1931 年，高 381 米的帝国大厦在纽约落成，高层建筑进入了一个全新的超高层时代。

"二战"后，世界范围出现了高层建筑的繁荣期，一个重要原因是战后各国经济急需恢复，高层建筑以其建设周期短而备受推崇。

1973 年，双峰并立的纽约世贸中心将"世界第一"的高度拔高到417米。一年后，芝加哥西尔斯大厦就以443米的高度将纪录刷新，它使"高层建筑的故乡"芝加哥重振雄风，也写下了美国摩天大楼辉煌历史的最后篇章。

这之后，环太平洋西岸的亚洲国家和地区成为摩天大楼的竞技场。

1996年，马来西亚吉隆坡建成450米高的石油大厦双塔，超过了芝加哥西尔斯大厦，成为世界第一；1998年，上海建成421米高的金茂大厦，超过了纽约世贸中心，跃居世界第三。

"9·11"事件使得世界各地竞相建造"第一高楼"的热度陡减。人们普遍对摩天大楼的安全性能产生了怀疑。

对摩天大楼的批评集中在内部拥挤、上下困难、设施费用大、阻碍邻里交往、难以消防救灾和预防犯罪等方面。

日本的医学专家甚至得出这样的结论：住在高楼内的儿童因脱离自然环境与社会生活，其身体和智力发育水平相对要低，住在高楼内的老年人因活动空间有限，健康也受到影响。

因建造了西尔斯大厦和芝加哥汉考克大厦（高344米），而被誉为"20世纪下半叶最伟大的结构工程师"的法兹勒·康（Fazlur Khan，1929—1982）认为，今天建造190层的建筑已经没有任何实际困难。要不要盖摩天大楼或在城市里如何处理摩天大楼，并不是工程问题，而是个社会问题。

"9·11"事件之后，一个高层建筑的研讨会在美国华盛顿召开，与会美国建筑专家认为，人们对高层建筑的信心不应被恐怖事件吓退，抗冲击能力有限不应成为阻碍高层建筑发展的原因，高层建筑会遭飞机撞击，但低层建筑也不例外，今后设计建造的高楼抗冲击能力将得到进一步增强，人们应该信任高楼的安全性。

他们同时提出了摩天大楼的发展方向，即如何把它们设计成为一个功能齐全的"楼中之城"。

也许是怀着这样的想法，摩天大

库哈斯1994年在《癫狂的纽约》（*Delirious New York*）一书中写道："在1890年至1940年间，一种新的文化（机器时代？）选择了曼哈顿作为实验室：在这个神话般的岛屿上，大都会生活方式的发明和测试以及随之产生的建筑被当作一种集合式的试验，由此整座城市变成了一个人造体验的工厂，真实与自然在这里荡然无存。"

纽约曼哈顿摩天大楼鸟瞰　　王军　摄

库哈斯 2003 年 8 月 5 日在清华
大学发表演说　王军 摄

楼的捍卫者亨利·考伯来到北京，开出了"市民摩天楼"的处方。而库哈斯更为彻底，他提出的 CCTV 大楼方案，已是一个就要建造的"楼中之城"。

库哈斯执笔的这幢新型摩天大楼，颠覆了以往它的同族一柱冲天的样式，并试图使建筑物内部空间更为丰富，联系更加密切。

为降低大厦的运营成本并增加盈利的可能，库哈斯在其中设计了一个供旅游者观光的环形通道，并努力使之成为城市生活的一部分，为业主创造更多的商机。

"我觉得历史一定会记住这个时刻。"库哈斯的助手，现在任教于麻省理工学院的哈佛大学博士赵亮对我说，"许多年后我们肯定会发现，只有在此时此刻的北京，全球大概也只有

在这么一个地方，会发生这样一件事情：让一个别人可能认为是疯狂的建筑师设计出这样一个大家没有想到的、毁誉交加的建筑。这注定是一石激起千层浪的作品！"

库哈斯的反攻

CCTV 大楼的造型对结构安全构成巨大挑战，它与中国国家大剧院、"鸟巢"体育场，被一些建筑界人士并称为京城"三大怪"。

又是一场形式与功能之争。面对激烈的批评，2003 年 8 月 5 日，库哈斯来到清华大学建筑设计院报告厅，为他的方案进行辩护。

他通过电脑演示了一张中国国家

大剧院的效果图，说了这样一句话："中国并不知道西方建筑师在兜售什么，什么是一流的，什么是二流的。"

接着他直奔主题："对 CCTV 大楼的批评，可能是两个方向。老一代建筑师从功能上谈自己的观点，年轻人从社会正义的角度讲它是浪费的，而我们被夹在中间。作为建筑师，我希望被暴露在媒体的面前，也暴露一些我对中国问题的看法。老一代的保守主义与新一代的怀疑主义已共同掀起了30米高的巨浪，我的恐惧正来自这里。"

他一口气说出方案的四大要点："第一，这是一个理性的建筑；第二，它是有创造性的建筑；第三，它是连续的、整合的创造；第四，它要揭示

惊人的美。"

"在这个设计中，我首次实现了我多年希望实现的环状摩天大楼的方案，这个大楼是以两个供人员流动的大环组成的，它们一是工作人员环，一是旅游人员环。我认为 CCTV 应该是开放的、大众化的。这个建筑表现的是对建筑师的敬礼，还是这家电视台的未来，我相信人们看到的是后者。"

"在 CCTV 大楼上，人们可以看到网状的结构，它们在该强的地方强，该密的地方密，它们是可读的，以这样的结构方式并不会出现想象之中的问题。"

"我所设计的跨度70多米的悬挑大厅是留给大众的，可这却遭到了大

尚未合龙的 CCTV 大楼　王军 摄于 2007 年 9 月

众的批评。"库哈斯看似委屈地说。

他接着暴露了自己的野心:"成群的摩天大楼在全世界到处都有,它们已完全失去了定义城市环境的能力。新的建筑实验是需要的,我的设计就是要创造新的摩天大楼的定义。"

他对这个定义作出解释:"摩天大楼在发展之中,它的价值在增加,内在的生活也在丰富,纽约就是这样的,摩天大楼已成为这个城市的基础。而在亚洲,摩天大楼的价值却在下降,因为太雷同了。等量的城市物质可以有无限多的组合方式,可以是分散的,也可以是集中的;可以是高的,也可以是矮的。可是到最后,摩天大楼的样式被留了下来,其他的样式都死掉了。我们曾尝试把摩天大楼改变成一个更为巨大的环境,也曾尝试把它分散开来,而现在的CCTV大楼选择的是前者。正是因为我们的创新,使得这个巨型建筑看上去已不像摩天大楼了。"

"我设计的这个大楼正试图干掉传统的摩天大楼的概念。并没有人强迫我做大的高层建筑,我只是在进行探索。我们做高楼跟别人不一样,比如我们用了斜交叉,这是可以创新的。它们虽然也是一群建筑,但每个楼是连在一起的。"

这种在高空中相互连接的摩天大楼,试图通过楼宇的联系营造多样化的城市空间,并在紧急状态下给人们提供更多的逃生路径。如果纽约世贸双塔之间它们与其他摩天大楼之间,设有通道连接,"9·11"事件所造成

的生命损失就会大大减少。

"不同时期的建筑代表了不同时期的高峰,上世纪50年代是美国现代化的高峰期,而现在是亚洲。我认为中国完全有可能在日本现代化的理念之后,提出超现代化的梦想。"库哈斯说。

清华大学建筑学院教授秦佑国向他发问:"悉尼歌剧院在结构与预算方面都是有问题的,但人们又认为它是成功的。CCTV大楼是否也是这样?如果真是这样,北京是否需要这样的地标性建筑?如果北京不需要,又如何解释要花这么多的钱来解决它的结构问题?"

库哈斯回答:"悉尼歌剧院建成之前,悉尼什么都不是。类似的情况在西班牙的毕尔巴鄂也有过,那个城市建设了古根海姆博物馆,于是,大家都要跑到那里去看看了。西方建筑学界称之为'毕尔巴鄂现象'。由此可见建筑的重要性。但是,在毕尔巴鄂发生的事情,当时对业主、对建筑师来说,都是模糊的。欧洲的罗马、巴黎也曾找我做类似的事情,我不做,甚至感到愤怒,因为这些城市已经有如此悠久的历史了。"

"北京不像悉尼与毕尔巴鄂,它更像罗马、巴黎,它也有悠久的历史,并且在今天还能够看到。所以我的回答,既不是'是',也不是'不是'。第一,我不是给北京建一个标志性的东西;第二,北京也不是悉尼。如果CCTV大楼会成为一个地标,那它也

从景山上眺望施工中的 CCTV 大楼　王军 摄于 2007 年 7 月

只是北京的 100 个地标中的一个。"

　　他接着表达了自己的不满："把 CCTV 大楼与悉尼歌剧院类比,可能产生无意的误导。50 年前悉尼歌剧院方案出来后,全世界是一片欢呼,认为新的可能与商业机会到来了。而现在,建筑师的生存环境是险恶的,留给你的空间已越来越狭窄,你已很难表达自己的价值,而更多的是在替业主说话。如果在今天,谁敢提出悉尼歌剧院那样的方案,它压根儿就不会被接受!"

　　但是,北京还是接受了库哈斯的这个看似要倾倒的摩天大楼。这个庞然大物已在北京商务中心区杂乱的楼群中崛起,周围的建筑喧哗似乎被它压迫了下去。

　　自从它那巨大的、斜着向上的结构露出地面之后,北京商务中心区管理委员会就不断接到市民电话："喂,给你们提个醒,那两幢楼给盖歪了!"

合龙后的 CCTV 大楼　　王军　摄于 2008 年 2 月 7 日

"它是一次'针灸'"

2003年8月28日，库哈斯的助手赵亮作客新华网，就CCTV大楼的设计问题，与我进行了两个多小时的访谈。

1999年，在清华大学建筑学院攻读硕士学位的赵亮，与另两位本科同学联手，以一处旧厂房的改造方案，摘得国际建协大学生设计竞赛金奖——联合国教科文组织奖。这是中国建筑专业学生首次获此殊荣。

2001年，赵亮赴美攻读博士学位，师从哈佛大学设计学院院长比德·罗易（Peter G. Rowe）教授，并有机会协助库哈斯在中国的设计工作。

在新华网的访谈节目中，赵亮试图从一个客观的角度来讨论CCTV方案："这个设计是对近100年高层建筑史的反思，说它是一种嘲笑也好，一种把高层建筑重新激活也好，或者是一种充满怀旧心理的回顾也好，或者是充满对未来的展望也好，从感情上来讲，它是一个很复杂的作品。"

"库哈斯对高层建筑的批评，是对高层建筑失去了创造性的批评。他曾经谈到高层建筑产生100多年了，数量越来越多，层数越来越高，但是从创造性和人对它的思考上来说却越来越贫乏，这是导致CCTV大楼产生的直接原因。"

我们的话题便由此深入，内容如下：

王军：成堆的摩天楼，这种摩天楼已经失去了对城市定义的作用，库哈斯批判的着眼点似乎更多地来自于这方面。

赵亮：库哈斯是一个城市学家和历史学家，同时他也是一个建筑师。他在关于CCTV大楼的一篇文章中说道："摩天大楼拔地而起，创造力轰然倒地。"CCTV并不是一个简单的摩天大楼，它跟一些摩天大楼的基本原则是不同的。比如传统的摩天大楼核心筒服务于周围这一圈，越到上面越小，这样电梯的负荷越到上面越小，这是一个约定俗成的原则。但是在CCTV大楼里面，它不是一个管状的东西，它是一个环，从概念上颠覆掉了所有人认为摩天楼应该是这样的认识。

王军：传统的摩天楼多采用双筒式的结构，外面是一个结构层，里面有一个筒。很多学者认为这样的结构方式是最安全的，也是最稳定的，这次在CCTV大楼当中没有用这样一种方式，那在结构的安全性方面是什么样的情况？

赵亮：谈论结构安全之前，我想先谈谈"9·11"之后的建筑安全观念的发展。纽约"9·11"之后搞了两轮新世贸大楼的设计竞赛，建筑师也是来自世界各地，库哈斯没有参加，他选择了CCTV。最后看结果很有意思，比如斯蒂文·霍尔（Steven Holl）、福斯特（Norman Foster），基本上都是把独栋独栋的大楼网络化，几个塔在空中连在一起，假如说摧毁一个塔的话，人们不但可以从下面逃走，还可以从上面逃走，给每个人都是两条路选择。从这个意义上来讲，从安全上来说是进了一步。库哈斯在一些小的建筑里面已经谈到环状的方式，"9·11"的出现使这种处理有了新的用武之地。CCTV大楼就会告诉大家，你看，还有这种解决方法。

王军：他也曾经展示过他的设计方案，有些摩天楼是用斜交叉的方式来做，所以有很多人说，库哈斯是在向地球的重力挑战，说他做出一种非常让人不可思议的方案，似乎已经无视地球重力的存在了，对这个问题你是怎么看的？

赵亮：对于建筑师来说总是存在挑战既有的方式、既有空间的模式。从另外一个意义上来说，谁也不可能克服地球重力。我们只是在地球重力存在的前提下尝试能不能创造一种空间感，利用我们现在的技术让人们实现以前没有能体会到的空间，没有能体会到的一种结构方式，这能够给我们这个世界一些新东西、一些新创造，而推动整个建筑往前发展。

现代建筑产生的时候，强调梁柱体系承重，而不是让墙承重，实际上也是对重力的一种对抗。到今天的CCTV大楼，则是利用最先进的外骨骼结构，精确计算到每一根梁的方式来做，我们请到ARUP公司来合作，就是想通过我们的努力为建筑的发展提供更多的可能性。

王军：我注意到库哈斯曾经说过一句话，他说结构工程师把建筑师解放出来了，这些结构工程师已经对文化产生了作用。

赵亮：是这样的，如果没有结构工程师的支持和他们的创造力的话，建筑师的想象力是没有一个坚实的平台的。实际上有很多非常著名的结构工程师本身就创造了非常重要的建筑作品。建筑师也有很多结构创造，包括沙里宁（Eero Saarinen, 1910—1961）在美国做的达拉斯机场。他们对结构这件事情的理解非常深刻。

如果回到CCTV大楼这个方案来说，因为有些网友也谈到它的结构的合理性或者是结构的造价这些问题，我觉得比较有趣的是，我们怎么定义结构的合理性呢？事实上有很多结构方式是以前我们没有见到的，它是跟新的材料结合在一起的。比如说，我们以前没有见过"张拉膜"的结构，实际上它是一个对材料消耗非常小的结构方式，现在应用越来越多。像CCTV大楼外立面的处理，以每一个点的受力大小来决定它的结构密度，这样造成结构疏密不一样，本身就创造了一种结构的美感。我觉得符合理性的东西就是合理的。

王军：这个项目要盖234米高，在163米的高空向外横挑75米，横挑的部分给建筑物主体的结构带来很大的挑战，肯定会增加钢材的使用量，会增加建筑的造价。有很多人说为什么要这样来做呢？还有一些建筑师说，最理性的建筑是应该节省造价的，平面像正方形的建筑是最理性的，造价最省，空间最好用，他们很难同意CCTV大楼是理性的设计。

赵亮：我个人倾向于这么看，一个建筑是很复杂的，它的产生有它特定的经济、文化背景，不同的业主会有不同的要求，不一定是要说得出来或者写在纸上的。就 CCTV 大楼这一个建筑，它作为一个领军的杰作，放在 CBD 旁边，能够激活整个 CBD，它起这么一个功用。

我们需要花的钱，可能不光是给新闻制作厅花的钱，或者给食堂花的钱，或者是给电梯花的钱，可能一部分钱是给城市花的。CCTV 大楼对城市空间有很多的考虑，它作为一种代表北京21世纪新的标志、新的形象，代表一种能够向世界表明的态度——我们是欢迎创新的，我们是欢迎对空间的新的态度、对新的摩天楼形态的探讨的——能够表示这样一个态度的话，我觉得它就是一个很有益的实验，对这个实验我的态度是正面的，如果我们有能力的话，就应该接受这种实验的可能。

王军：既然是实验，那么会不会出现实验不成功的情况呢？

赵亮：我们在请了世界上最有经验的建筑师和最有经验的结构工程师，去创造世界上最有挑战的一个建筑，不可否认在一些微观上或者在一些细节上会有一些探索，也不排除会有一些不尽如人意的地方，这个就像

CCTV 大楼在北京商务中心区的核心位置建造　　王军 摄于 2007 年 12 月

CCTV 大楼与高 330 米的国贸三期大楼（右）改变了北京的天际线 　王军 摄于 2008 年 2 月 8 日

库哈斯先生讲的一样，我们需要等建筑盖完以后来看。我个人认为在大的方向上，比如有人担心这个楼会不会塌，我觉得这个有点过虑了。对于结构工程师来说，他是有一个系数来计算的，这个系数一定是比 1 大的。像这种建筑会乘一个非常非常安全的系数，有一定的余度，防止它坍塌。

王军：我注意到你对这个建筑悬挑出 70 多米的造价问题，不仅仅是从建筑创新的角度来看的，你还从城市、公众的角度来探讨这个问题。我也看到很多人在支持这个项目时也提到这个观点，在北京的 CBD 范围内已出现各种各样的高楼，他们发现这些高楼放在一块好像谁跟谁都不说话，显得很零乱，但是在 CBD 的核心位置摆上了 CCTV 大楼——库哈斯的作品，好像就把整个场所的精神揭示出来了，似乎它能控制周围的气氛，那个乱糟糟的地方，一下子就安静了下来。是不是更可以从这个角度来理解造价的问题呢？

赵亮：从城市角度来说，我们有一个词叫作"巨构和城市针灸"，国际上很多建筑大师他们都接受一个观点：我在一个城市中，一定会有一些建筑以一种强有力的"针灸"的方式，改变整个城市的运行方式。举一个简单的例子，CCTV 悬挑出这一块，如果只考虑建筑地段要求的话，一定会选择悬挑出的部分对着姊妹楼 TVCC，这对建筑本身是一个互补的方式，形成一个空间或者是一种氛围，可最后为什么没有选择这样做呢？

我们是把它转过来，让悬挑出的部分对着三环路，就是让车在穿行的过程当中，看到一个建筑在对整个城市讲话，对整个城市在起作用。所以从这个角度讲，我们可以想象一下，如果只是简单的两根棍杆在那儿，跟城市的关系是有差别的。我们也可以想到 CBD 将来肯定是百花齐放，会有不同的建筑起来，如何避免它们各自为政、一派散乱，或者是因房地产利益而造成互不相干的状态？如果从现在看以后的 15 年、20 年，假设那些楼都盖起来之后，我们会觉得 CCTV 在这儿是值得的，它是一次"针灸"。

非常拆迁

拆 迁 之 惑

"爸，乐一乐呀？干吗老是愁啊？难道乐被人偷走了？"

大年三十

43岁的常诚这两年头发一下子白了，担心已是病魔缠身的父母受刺激，她背着他们一次次把头发染黑，生怕露出破绽。

2004年的春节她过得不易。大年三十她还跑去上访，为的是拆迁。

上访归来她强作欢颜，哄两位老人开心，但这是徒劳。

自从两年前失去了在北京东直门西羊管胡同1号祖传的300多平方米的四合院后，一家人就再也开心不起来。

可是，常诚不甘心。"爸，乐一乐呀？干吗老是愁啊？难道乐被人偷走了？"

74岁的老父是一个地道的"老北京"，打小儿就对人满脸堆笑，可这时，他像一块木头傻坐在凳子上。

房子被拆之后，老父突发脑梗，整天沉默不语。

屋子里唯一的动静，就是72岁的老母"唉，唉，唉"的叹气声。她患脑出血已有6年，过去还能自理，可现在脑子全糊涂了，成天除了叹气就是哭。

老母浑身疼痛，常诚给她捶背、按腿。"妈，没事儿，等明儿咱有钱了，给你打点滴，就不疼了！"

说到钱，常诚一筹莫展。2003年8月，全家人凑了1万块钱让父母搬入拆迁公司在北门仓指定的这套一居室住宅，说是被照顾了8万多块钱。

常诚自己一家三口，拆迁后被安排到民安小区的一套住宅里，但这是需要花钱买的。她贷了14万多元的款，每月需还991元。得知入住还要一次性交纳各种费用1万多元钱，她就死活也不敢去住了，只好天天跟父母挤着。

"我整天除了去上访就是去借钱，

254

现在已欠了朋友和单位10多万块钱。"常诚对我说，"现在已是2月份了，这个月给银行的还贷还没有着落呢。儿子读高一，新学期还要交400元，我又着急了！"

由于忙着上访，常诚被单位末位淘汰了。父母每月的退休金加起来1000元出头，其中一半要用于买药，还只能买最便宜的。丈夫在工厂上班，每月挣1000元。这点家底与拆迁后面对的债务相比，是杯水车薪。

"屋漏偏逢连阴雨"，丈夫一着急，眼睛看不清了。跑到同仁医院治眼疾，专家号300元，挂不起，只好挂了10块钱的急诊号。

"我要是有钱，怎舍不得给他挂专家号呢？"提起这件事常诚的眼圈红了，"反正现在还活着，过一天挨一天吧。"

2002年1月10日，一群陌生人改变了这家人的命运。

那一天，常诚与哥哥、弟弟都不在家，一帮人冲进了他们在西羊管胡同的祖宅，把老父母架出去摔倒在院外，随即就把房子平了。

拆迁公司事后要求他们接受两套回迁的一居室和一套回迁的二居室，以及一套异地安排的一居室二手房，而要想住进这些房子，除了将他们的私房搭上之外，还得再交纳40.8万元。

常诚的哥哥为凑足8万元住进那套一居室，愁得吃不香睡不着，最后一笔钱借齐后竟摔倒在路上猝死。常诚到区政府信访办喊冤，被拘留了10天，说是扰乱了公共秩序。

在房子被拆之后的4月12日，拆迁公司对他们家的房产进行评估，加起来37281元。

常诚死活不信他们家只值这点钱，一打听才知道土地不补钱，6间自建房不补钱，补的只是祖传的那4间房子和院内的化粪池及三棵树木，说这是政策。

她咽不下这口气，说过去他们一家十口人，不但在祖宅里都住得下，还能腾出三间房出租，每月收租金2000元，祖孙三代其乐融融，可现在呢？

祖宅被拆后，原地造起一处平房由一家装修公司使用。"我一定要把我家的房子要回来！"常诚的目光透着一股狠劲儿。

看到报纸上说要查处野蛮拆迁了，她就跑到市国土房管局上访，挑定了一个上访接待日，凌晨3点钟就去排队，还只排了个第6位。

零下7摄氏度

2004年2月4日晚，北京寒风大作，最低气温零下7摄氏度。

马忆良让我去摸他家的暖气片，冰冷刺手。穿着厚毛衣的他，点燃了一支烟，逗起了闷子："好在我们家位于楼房的中央，冷墙少，要是住在顶上或边上，就惨了。"

马忆良是北京龙潭西里危改小区的回迁户，住进这套一居室已有3

年。这里实行的是分户采暖，每家安了一个燃气锅炉，可马忆良就是不敢用。

"这锅炉一开，蹦一个字就是两块钱，一个月下来怎么也得800块钱，烧不起。"他说。

马忆良一家三口，妻子无业，孩子念小学5年级。全家人就靠他每月500元的打工收入和660元的低保金过日子。"孩子一年的学杂费就得两三千块钱，要是念中学，还得多，真头疼呀！"

他住的这套房子是花钱买的，总价9.1万元。首付款2万多元是他跟朋友借的，自己又贷了6.5万元的款，每月还贷300多元。

"借朋友的钱，到现在还没还上呢，就甭提装修房子的事了！"盯着家里的水泥地板，马忆良叹了口气。

他向我说起过去住的那间陋室，那是"文革"之初盖的简易楼，他们哥仨儿跟父母挤着住一间半房，30平方米，还在外面搭了两间房子。

简易楼在1976年被唐山大地震震成了危楼。"不管怎样，那会儿住房子毕竟不花钱。"马忆良说。

住着危楼就盼着危改。北京市2000年6月开始在这里试点"房改加危改"的新政策，把3幢简易楼拆了，盖出两幢6层楼房。

老住户们大部分回迁，少部分外迁；回迁须按房改价每平方米1485元购买人均15平方米面积以内的部分，超出的部分按每平方米3800元的经济适用房价购买。

马忆良一下子犯了难，但一听说要是外迁，就得迁到五环路以外的大兴去，他就只能去借钱了。

"虽然有困难，我还是感谢政府。我虽然硬撑着，可毕竟有了房子住。"马忆良说，"可是，后来发生的事情，就是我没有料到的了。"

决定买这套房子时，他看图纸上标明的面积是47.89平方米，可后来拿到房产证，一看含阳台在内的套内建筑面积只有40.86平方米，那7平方米哪儿去了？

他去询问，被告知那7平方米是公摊面积。他又跑到房地产测绘所打听，人家说像你们这样的普通楼房，公摊面积一般不超过7%，而你家已超过了14%。

马忆良一下子就火了，毕竟他挣点钱不容易。他跑去找危改小区的开发单位，索性较起真儿来。

这位中年男子看上去很单薄，可浑身一股倔劲，他非要把那7平方米的去向搞清楚。

"原来的图纸注明，小区的地下一层是公用的自行车库，这当然是我们老百姓公摊的。"他说，"可建设单位硬把它建成仓库，出租赚钱去了！搞得居民连自行车也没地儿放，摆在院里被偷了30多辆！"

在龙潭西里，像马忆良这样心中有火的居民还不少。

2001年8月的一个晚上，居民们在院子里开了一个露天会议，宣布解散业主委员会，要求落实公摊面积和地下自行车库等问题。

当时，开发单位正在小区的门口内侧建办公房，地基都挖了，居民们硬是让它停了下来，说小区的门本来就不宽，你们怎还能挤着盖房子？

地下仓库终于被宣布可以作自行车库了。可它没法用，因为尽是楼梯，没有坡道。

马忆良拿了几张照片给我看，照片显示住宅楼的下端横着一条又长又深的裂缝，"现在你看不到了，后来他们给抹了！"

他又拿出几张照片，显示首层住户的卫生间、厨房的地面被挖出大洞，"这是开发单位去年夏天挖的，因为排水不畅，住一层的人倒了霉，于是就挨家挨户翻工！"

马忆良拍着自己的胸脯说："我敢保证这两幢楼还存在其他工程质量问题，因为它从开工到竣工只用了半年！"

可是，龙潭西里被当作了样板工程，许多人跑到这里参观。一次，马忆良冲着参观的人群喊了一嗓："别看了，都是假的！"

他招了不少人的恨。可是，2002年8月，居民们却把他选进了业主委员会。

对一处私房的"修缮"

2003年2月24日，谢玉春失去了在北京南池子的私宅。

那一天，家里没人，屋门紧闭。回来一看，房子已被拆，家什被搬走。

这之前的2月19日，区政府向他们下达了强制搬迁决定书。

"我要是在家，就敢用刀砍他们，这是入室抢劫！"谢玉春对我说。

谢父1947年购得此处四合院，它占地402平方米，紧邻故宫，原属为宫内供应副食的葡萄园。

"文革"时谢家房屋被占，煤厂在院子里建了三间房。"文革"后谢家几经周折，终于在1986年清走了挤占户，并将房屋翻建；而院内煤厂建的那三间房，在新发的产权证上却不在谢家名下。

2002年5月，北京南池子历史文化保护区房屋修缮和改建工程启动。有人突访谢宅，自称是拆迁办的，要来评估他家房产。

"我对他们说：'这是我家房子，不卖，你评什么？这不是强卖强买吗？'拆迁办的人火了，说了一声'走！'，转身出去了。"谢玉春回忆起当时的情景。

谢家的门牌是普渡寺西巷1号，临街房出租办餐馆，是一家人主要的生活来源。

拆迁启动后，餐馆的门窗被砸，老父后来又被惊吓，大小便失禁，找大夫看，说这是"恐吓入肾"。

他们要求保留自家房屋，并根据南池子工程的《宣传提纲》，选择了不愿意参加改建，按统一规划自费修缮自己的房屋，自费接通市政管线。

但不知何故，得到的答复是必须搬走。

拆迁办要他们报一个价，谢家反复思量，欲以550万出手。拆迁办来人强行评估，称只值 159 万，于是陷入僵局。

2003 年 2 月 14 日，谢家收到《城市房屋拆迁纠纷裁决书》，他们对这份责令他们搬走的裁决不服，仍主张保留自己的私宅。随后强拆发生了。

此后，全家老少六户四处奔波。谢玉春是家里的老大，他和妻子跑去住单位的办公室，终不是长久之计。上访的生涯开始了。

2003 年 11 月，街道办事处腾出一间房让谢玉春陪老父住下。

一位人大代表怜其遭遇，向政府转去谢家的诉求，北京市国土资源和房屋管理局答复称："我市的历史文化保护区修缮和改建范围已经确定，但在规划设计、居民安置、资金平衡等方面都还处于摸索阶段。南池子是历史文化保护区修缮和改建的第一片试点项目。该项目于 2002 年 5 月正式启动，至年底，尚有 14 户居民未签订协议搬离现场。在有关人员反复动员无效的情况下，为保障 300 多户居民的按时回迁，东城区国土资源和房屋管理局于 2003 年 2 月进行了裁决。"

谢家的情况被这份答复认定为："在法定时间后对其实施了强制搬迁。"

谢玉春对答复表示不解："南池子工程说是按院落进行修缮和改建，我家不属危房，我们要求留下来自我修缮，是符合保护区政策的，怎么会影响其他住户回迁呢？你资金不平衡了就来拆我家房子，这跟抢银行有什么区别？"

谢家的房子被拆后盖成了一个四合院，卖给了一位富商。谢玉春拨通了这位商人的电话。对方说："开发公司讲这是危改开发项目，价格不到 5000 万，就要履行合同了。我不知道有这么复杂的产权情况。"

谢玉春颇感惊讶，他拿着自家的老房契对我说："开发公司在产权没有变更的情况下，进一步将我们的私有财产转卖他人，是违法的，是超常的暴利行为。这样拆下去，谁能保证以后那位富商不会重蹈我家覆辙呢？"

"恐拆症"

与谢家的故事相似，赵景心老人 2000 年失去了自己的四合院——美术馆后街 22 号，此前他作了两年多的抗争。

那是在 1998 年初的一天，他和老伴出去散步，回来一看，"拆"字被写在了自家墙上，老伴的血压一下子就上去了。

一打听，原来一个项目要占他家房子建设，说政府都批准了。而在此前，没有任何人跟他们商量过。

这处四合院是赵景心的父亲赵紫宸 1950 年购得的。赵紫宸是中国现代基督教领袖，曾是世界基督教最高国际组织——世界基督教协进会六大主席之一，抗战时被日寇迫害，在狱中写就爱国诗篇传世。

赵景心刚刚故去的姐姐赵萝蕤是

著名翻译家和比较文学专家，生前长居此院，译有《惠特曼全集》和艾略特的名诗《荒原》。

侯仁之、吴良镛、罗哲文、郑孝燮、舒乙、梁从诫6位学者联合论证这处四合院有极高的文物价值，须原址保留，这使拆迁一度停止。

然而好景不长。1999年10月，无任何通告，推土机突将四合院前院的南墙和东墙推倒。

"我根本不跟拆迁办的人谈什么钱不钱的事，我的回答就是两个字：不走！"赵景心对我说，"我的这个四合院好好的，根本不是危房，他们凭什么来危改？北京难道不应该保护四合院吗？"

2000年10月26日，赵宅被强制拆除。赵景心远在美国的侄子为他在北京买了一套高档公寓，希望两位无儿无女的老人安度晚年。

公寓楼1999年建成，紧邻国贸大厦，土地与房产两证齐全。可住了不久，麻烦又来了。

一家开发公司来这里跟业主开会，底气十足："给多少钱走啊？"原来他们看中了这处公寓，准备拆掉后再搞房地产开发，说话的口气让人感到整块地皮已在其囊中。

赵景心的新邻皆富商，楼下停着一辆法拉利红跑车十分惹眼。"现在看来，开发公司跟业主的运作还是比较商业化的，双方直接见面讲价钱。"赵景心的律师吴建中对我说，"相比之下，赵老上一次被拆则是先贴拆迁告示再通知你走人，根本没商量。"

"不过，这是不是另一种不公？在这个地方能这样来跟业主谈判，在别的地方为什么就不行呢？"吴建中说。

虽然是直接见面讲价钱，但赵氏夫妇再一次陷入了恐慌。

他们索性到北郊昌平找到一套房子住下，四周皆农田。"我今年86岁了，"赵景心对我说，"估计在我活着的时候，他们还拆不到我这里来。"

"与拆迁无关"

与赵景心在国贸附近的公寓相邻，12幢住宅楼内，约1400户居民重复了赵景心2000年的故事。

前后也就是一年的时间，这些楼房就被夷为平地，一幢摩天大楼要在这里盖起来。

"《宪法》规定，公民的财产是受法律保护的，任何人不得侵犯。我们购买的是国家住房制度改革全按成本价出售给我们的成本价产权房，产权归个人所有，是受法律保护的。可拆迁方单方面宣布自己的拆迁事项，贴上通知搬迁走人，如此简单粗暴，视我们受法律保护的私有财产而不顾。"2003年2月，几位被拆迁居民向我出示了他们的意见书。

住在这里的多为工厂职工，因企业效益不好，多已提前退休或下岗待业。他们希望以产权人的身份与拆迁人协商，要求"必须按国家相应政策，所给的补偿价应在拆迁房屋周围地区能买到相应面积的房子"。

可是，拆迁呈一边倒的势态。拆迁公告贴出后，小区的面貌每天都在变化。

先是菜摊被取消，居民必须乘公交车走几站地去买菜。紧接着，早点铺、饭馆、超市、药店、理发店，甚至连公共厕所都被拆掉了。

小区的清洁工消失了，垃圾泛滥成灾。最后，除了住宅楼，其他的设施都被推土机铲除。居民生活在废墟之中。

一位亲历此次拆迁的新闻记者在发给我的一篇文章里，记下了拆迁公司一位工作人员说的话："我们这是以拆促迁。所谓文明拆迁是阶段性的，等过了规定搬迁期限，我们就开始砸门砸窗户了。走一户砸一户。"

按照拆迁公告，居民必须在一个月内，按照给出的公式计算出的价格签订拆迁协议。这位记者去拆迁办公室咨询公式中的系数是怎么回事时，拆迁公司的人员不耐烦地敲着桌子吼道："你怎么还不明白？我建议你签完协议花1200元上个学习班，就彻底明白了。"

"邻居刘阿姨有个90多岁的老婆婆，经不起这样的折腾撒手人寰。拆迁公司对老奶奶的去世自然不负任何责任。但所有人都知道，老人的死与

北京永安西里的一幢老住宅楼紧临一处楼盘地基大坑　　王军 摄于 2005 年 12 月 13 日

北京市规划展览馆售票窗口　王军 摄于 2005 年 1 月 11 日

这场拆迁有关。"这位记者写道。

同样的故事也发生在相距不远的永安里。

北京建国门外永安里 7 号楼上世纪 50 年代建成，墙体结构松散。此楼高 4 层，共有 3 个单元，其一单元被划到一处房地产项目的名下，1998 年 11 月被以"切蛋糕"的方式拆除。

二、三单元的住户惶恐不安，他们说，为什么不把整幢楼的人全迁走了再拆房子？拆楼房又不是卖豆腐，可以切成两块卖。

工程部门对此的解释是，规划方案就是这样确定的。

居民们开始对规划问题产生敏感。2000 年，北京市规划委员会设立展览中心，在办公楼顶层展示规划成果以期公众参与。可刚一开张险些惹出事端，许多人购票参观是想了解拆迁信息，查无所获便高声嚷着退票。

2004 年 9 月，北京市规划展览馆开馆，售票窗口贴出免责声明："本展馆内容与拆迁无关，请慎重购票。"

"拆迁也有GDP"

"建设有GDP，拆迁也有GDP，这就使楼越盖越大，拆得越来越多……"

"搞规划的人有不同的命运，有的人的命运是悲惨的。"2007年1月15日，当我走进两院院士、建设部前副部长周干峙的办公室时，这位76岁的城市规划专家正在与一位同事谈论前辈规划师陈占祥的往事。

1950年，陈占祥与梁思成共同提出另辟新城、完整保护北京古城的方案未获采纳，陈后来被划为右派，20余年不能从事设计工作，1979年获得平反后，在周干峙的帮助下终于得以发挥余热。

"有不少有真知灼见、好的方案意见，往往由于认识的局限，或这个利益、那个利益的关系问题，得不到支持。"周干峙感叹道。

这些年来，周干峙多次以个人或联名的方式上书高层，指出建设领域存在着严重的浪费问题。

他在接受我采访时，建设部、国家发改委、财政部、监察部、审计署刚刚联合下发《关于加强大型公共建筑工程建设管理的若干意见》（下称《若干意见》）。

受温家宝总理委托，中共中央政治局委员、国务院副总理曾培炎2006年9月主持召开座谈会，就《若干意见》进行了讨论，周干峙参加了那次会议。

此前，温家宝做出批示，强调要从管理和制度上解决大型公共建筑工程建设中存在的问题，采取综合措施控制城市建设中贪大求洋、浪费资源、缺乏特色等问题。

2007年1月5日公布的《若干意见》提出，进一步端正建设指导思想，加强对政府投资大型公共建筑工程造价的控制，增强评审与决策透明度，防止单纯追求建筑外观形象的做法，凡达不到工程建设节能强制性标准的，有关部门不得办理竣工验收备案手续。

"建立健全制度是重要的，"周干峙对我说，"但从根本上说，奢华浪费的风气必须扭转，什么东西一旦形成了社会风气就很麻烦，解决起来不是一天两天的事情。"

"浪费现象已到了惊人的程度"

王军：你多次呼吁重视节约问题，能谈谈具体情况吗？

周干峙：中央强调科学发展观，提倡节约经济，建设和谐社会，十分英明。我感到节约这个问题在城市建设行业很有必要多说说，因为节约是和谐的基础。在经济发展以后，城市建设中的浪费现象已到了惊人的程度，包括资源、土地、人文，物质和非物质方面的浪费。

粗略地说，城市建设的浪费直接表现在以下六个方面。

一是决策浪费。现在我们有一些重要项目，事实证明决策是不对的，在决策过程中匆匆忙忙就定下来了，后来发现根本不应该这么干，说远一点的一个典型，就是珠海机场。在周围已有多个机场的地区内，硬要花几十亿元再挤进去一个机场。十年过去了，这个机场每天只有几个航班，经营结果——每年要赔上7000万元。眼看还要一年一年地赔下去。

二是规划不当。许多开发区，不少项目留了备用地，长期占而未用。土地浪费从职责范围和操作层面讲，是规划的浪费。这种浪费纠正起来时间很长，规划用地不当，选择在错误的地方，还带来配套设施浪费和长期使用中的浪费。

三是设计工作方面的问题，也有设计指导思想造成的问题。许多中小城市都有宽马路、大广场，对居民并无方便，造成不必要的浪费。更多的是追求气派，崇尚新、奇、洋、怪。不少地方的机关办公楼大而无当。很多公共建筑，设备、装修豪华，和实际经济水平不相称。由于设计体制方面的关系，设计院不负节约或浪费的责任，业主定的标准越高，设计院的收入越高。

四是工程质量低劣，使用寿命大大缩短，甚至出现工程事故，损失还不只经济方面。

五是运行管理方面的浪费。能耗、水耗往往不被重视，造得起，用不起，必须靠补贴才能使用的项目已经不少了。

六是大拆大迁，过早拆旧造成浪费。此风近年来刮起，往往以节地为名，三四十年房龄的房子都要拆除。目前，在北京等大城市，不仅一二层的老房子都要拆迁，上世纪50年代至六七十年代盖的五六层，以至七八十年代建的九层十层的房子都有开发商盯着，去搞所谓的再开发，谋取其中的土地利益。

以上六个方面加起来，这个账很难算，但我估计，因浪费造成的损失，占城市建设总投资的百分比至少10%。我们的GDP一年是十几万亿元，其中大约一半是用于城市建设投入，全国加起来可能达 7 万亿元左右。如果浪费百分之十就是好几千亿元啊。新中国成立初期，国家提倡"少花钱，多办事""一块钱要当两块钱来花"，可现在许多地方，恐怕在拿两块钱去办一块钱就可以办的事了。

王军：一些地方认为，30 年房龄的房子就可以拆，有依据吗？

周干峙：所谓 30 年期限，并无根据，只是过去建设部有过要求，就是非临时建筑至少要保证 30 年安全期，并无 30 年以上就可以拆的规定。过去，大家希望旧城要改变一点面貌，但经济条件不允许；现今你要保护一点旧城，但拆老房子的劲儿却越来越大，大拆大迁之风正越演越烈。主要是由于城市土地价值凸显，拆旧建新意味着拆一建三、建五，甚至建更多面积。扣除给原住户补偿，提供市政建设费等等，开发商仍可获大利。这些现实的、局部的、一时的利益，当然吸引一部分人，只是由此带来的资源浪费、环境恶化、交通拥堵等全局性、长远性利益，就无人问津了。

我国城市房屋大体总计有 400 亿平方米，30 年以上房龄者至少有三分之一，如果正常维护使用，能再用几十年的，至少还有 100 亿平方米。如果都要拆除，都变成垃圾，再用资源去建设这 100 亿平方米，经济上受得了吗？除了经济节约问题外，还必须考虑原居民的安居问题。一般只要居住条件能保持一定水平，人们总是故土难离，没有必要强制人家迁到边远

地方。现在，对老房子用而不修，客观上也造成过早拆旧，以至强制搬迁。这对社会安定也是不利的，和一些发达国家保护历史街区的做法也是完全相反的。

"一些历史文化名城，老房子几乎快拆光了"

王军：大拆大迁问题，还影响哪些方面？

周干峙：还涉及一个大问题，就是冲击历史文化名城和文物保护，使城市中本当最宝贵的资源——文化、艺术资源，却被当作糟粕、垃圾，面临拆除。一些历史文化名城，老房子几乎快拆光了。

北京的四合院和胡同已所剩无多；南京金陵古城也几乎消失；延陵（常州）古城也已见不到踪影；连一些中、小名城，也往往把古城区彻底铲除。是不是因为古城老屋已影响安全，非拆不可了呢？显然不是。欧洲城市，几乎无一不保持自己的一片历史地段，留住城市的记忆，在教育、旅游等方面起重要作用。当然也要改造一些破烂地段，但谁会热衷于去拆光老房子呢？

王军：像这样的问题，为什么解决起来那么难呢？

周干峙：可能有多方面的原因。首先有一个对勤俭节约和尊重历史的认识问题。崇尚节约、尊重历史本是我国的优良传统；讲究面子、喜新厌

建设部大院"拆低建高"　　王军 摄于 2007 年 3 月 1 日

旧也是国人常有之陋习。特别是刚刚富起来，往往就爱摆气派，装点门面，夸耀今日。

一些城市在开发初期只是热衷于个别突出的公共建筑和新开发区，后来土地利用严格控制了，注意力就转移到拆迁改造老城上来。拆迁有一时的经济效益，符合部分居民利益，在某些地区小范围内，可取得大的开发利益，作为城市领导，自然重视、支持，不会马上意识到有多大负面作用，更意识不到会形成崇新、崇洋，以至发展成为一种奢华的风气。

另外，对城市领导，还有一个考核机制和政绩观的问题。建设工程产生可观的 GDP 产值，只要有人埋单，建设有 GDP，拆迁也有 GDP，这就使楼越盖越大，拆得越来越多，就是所谓要"一步到位，几十年不落后"。

值得注意的是认识问题一旦成为共识，进而成为社会风气，解决起来就并非易事了。

我国城市建设的风气有两条和世界潮流不同，一是欧美发达国家，一般对历史遗产视为瑰宝，不少国家，50 年以上房龄的老房子，都作为法定遗产，保护下来，有些允许里面改造，但外观不得改变。因此，城市文化气

拆除旧楼房渐成一股风　王军　摄于 2007 年 8 月 10 日

氛浓厚，而不妨碍现代生活利用。

二是利用旧有设施已日益普及，由所谓 "4R"（Renew、Reuse、Recycle、Reproduce，即翻新、再利用、循环利用、再制造）发展到 "循环经济"，正在改变整个消费和生产观念。已经开始形成一系列的所谓 "再制造业"。从机械装备到飞机、汽车以至电脑、手机，都不主张不断丢弃更新，而要资源循环，充分利用。占用大量物质资源的房屋建筑、城市设施，岂能把本来可以改进利用的财富轻易抛弃，耗费资源、制造垃圾？

王军：那么，应该怎样才能杜绝浪费、发展节约经济呢？

周干峙：树立健康的社会风气是一个根本问题。最近中央已经总结了历史经验，号召要改变发展模式，发展节约经济、循环经济，建设和谐社会，这是历来勤俭建国思想的科学发展，也是民心所向、世界所趋、至关重要、完全正确的发展方向，必须始终不渝地坚决贯彻。

具体措施有三，一是社会风气

266

要有各级政府引领。有了各级政府的表率和示范，人们记忆犹新的、健康的社会主义国家、廉洁的人民政府，将产生无穷的力量；二是学习国际先进经验，改变一些落后观念，真正用科学发展观来指导建设工作；三是对建设管理要法制化、规范化，包括不以GDP论政绩高下；项目决策要有科学分工和明确责任人；尊重多数，尊重专家。

我国的历史经验多次表明，有了正确的方向和民意所向，加上教育、媒体等多方面的配合，很多难题是可以迎刃而解的。相信不需要太长时间，我国的社会面貌、人的精神面貌，一定会发生健康的、可喜的变化，从而使我国的社会经济走向一个新的境界。

住宅双轨制

"凡是与人民利益相冲突的制度，补救的最好办法就是废除之。"

2007年8月27日，全国城市住房工作会议结束后的第二天，天安门广场南侧前门地区的194户被拆迁居民，在政府部门的安排下，在北京西北郊的回龙观选到了经济适用住房。

虽然那里与前门相距约20公里，但每平方米2600元的价格还是让他们感到满意，毕竟经济适用住房已是稀有之物，那附近的商品房已涨到了每平方米7000元。

49岁的王俊花则没有这样的运气，这位已办理病退的公交车女司机2007年4月遭遇了强制拆迁，一个房地产开发项目使她失去了在北京东八里庄的家。

"拆迁办说给我们找经济适用住房，但他们一会儿说有，一会儿又说没有。经济适用住房现在到哪儿去找啊，他们有那么大的能耐吗？"王俊花对我说，"最后，他们让我们拿10来万块钱走人，靠这点钱我们到哪里安家？"

被强拆之后，不得不借住在弟弟家中的王俊花从报纸上得知，《城市房屋拆迁管理条例》将于2007年10月1日物权法施行后停止执行，8月24日递交全国人大常委会审议的城市房地产管理法修正草案，在原来的总则中增加了一条："为了公共利益的需要，国家可以征收国有土地上单位和个人的房屋，并依法给予拆迁补偿，维护被征收人的合法权益；征收个人住宅的，还应当保障被征收人的居住条件。具体办法由国务院规定。"

2007年8月24日至25日，全国城市住房工作会议在北京召开。会议确定了扩大廉租住房制度保障范围的时间表：2007年底前，在所有设区城市，凡符合规定住房困难条件、申请租赁补贴的低保家庭，基本做到应保尽保；2008年底前，覆盖到所有县城。2008年底前，东部地区和其他有条件的地区，要率先把保障对象扩大到低收入住房困难家庭；2010年底前，全国城市低收入住房困难家庭都要纳入保障范围。

在此之前的一年间，随着房价的高涨，加强住房保障制度建设的呼声越来越高。眼下，一个众望所归的"市场归市场，保障归保障"的住房双轨制呼之欲出。

住房保障紧锣密鼓

在全国城市住房工作会议召开之前，2007年8月1日，温家宝总理主持召开国务院常务会议，讨论并原则通过了《国务院关于解决城市低收入家庭住房困难的若干意见》（下称《意见》）。

随后消息传出，原国家发改委副主任姜伟新调任建设部副部长、党组书记，建设部住房保障和公积金管理司在紧张筹建之中。

《意见》要求加快建立健全以廉租住房制度为重点、多渠道解决城市低收入家庭住房困难的政策体系；省级负总责，市县抓落实；逐步扩大廉租住房制度的保障范围；2007年底之前，城市人民政府要建立低收入住房困难家庭住房档案，制订解决城市低收入家庭住房困难的工作目标、发展规划和年度计划，纳入当地经济社会发展规划和住房建设规划，并向社会公布。

国务院副总理曾培炎在全国城市住房工作会议上，将廉租住房制度建设提高到贯彻落实科学发展观的高度。他要求切实将解决城市低收入家庭住房困难作为政府公共服务的一项重要职责，继续调整住房结构，稳定住房价格，促进房地产市场健康发展。

这之前的两年间，房地产调控战云密布，各项措施涉及户型、土地、税收、信贷、交易等各个环节，几乎涵盖了房地产及其关联的所有领域，但房价依然如脱缰之马。

2006年5月17日，国务院常务会议提出促进房地产业健康发展的六条措施（下称"国六条"），内容包括：切实调整住房供应结构，重点发展中低价位、中小套型普通商品住房、经济适用住房和廉租住房；合理控制城市房屋拆迁规模和进度，减缓被动性住房需求过快增长；加快城镇廉租住房制度建设，规范发展经济适用住房，积极发展住房二级市场和租赁市场，有步骤地解决低收入家庭的住房困难。

同年5月24日，国务院办公厅转发建设部等九部门《关于调整住房供应结构稳定住房价格意见》的通知（下称"九部门十五条"），提出了两个70%与一个90平方米的调控指标："凡新审批、新开工的商品住房建设，套型建筑面积90平方米以下住房（含经济适用住房）面积所占比重，必须达到开发建设总面积的70%以上"，"要优先保证中低价位、中小套型普通商品住房（含经济适用住房）和廉租住房的土地供应，其年度供应量不得低于居住用地供应总量的70%"。

"国六条"及其实施细则"九部门

十五条"出台一年之后，2007年6月，国家发改委的信息显示，5月份全国70个大中城市房屋销售价格指数为106.4，创出自2005年12月以来18个月的新高。

越调越高的房价使调控政策备受质疑。事实上，质疑之声在政策出台之初就已响起。

2006年7月10日，城市规划学者赵燕菁在《瞭望》新闻周刊发表文章预言："按照目前的政策，不仅房价降不下来，在经过一段时间的观望后，很可能出现像今年年初一样的报复性反弹。道理很简单：90平方米以上的住宅由于成为稀缺品，价格会继续上涨；而90平方米以下的住宅，由于总价减少，炒房的门槛降低，价格（特别是单价）也很难降得下来。果真如此的话，房地产新政的政策效果就可能与宏观经济目标发生偏差。"

"解决问题的办法只能是，短期内通过宏观调控抑制投资投机性需求，长效机制只能依靠政府建立与市场平行的住房社会保障体系。"国家发改委经济体制与管理研究所张海鱼和方敏撰文指出。

两个70%与一个90平方米的调控指标在落实中遇到了很大阻力，更细一步的操作方案未能出台。"政府按照自己对市场需求的判断，直接插手了户型设计，那是否也应直接插手市场销售？"浙江杭州的一位开发商抱怨道，"万一政府指定的户型销售不出去，谁负责？这种规定存在责、权、利不对等的问题。"

"哭坟哭错了坟头儿"

《意见》出台后，北京市华远集团总裁任志强以胜利者的口气在自己的博客里写道："终于'人民公敌'的主张变成了政府文件中的措施，通过一系列的争论过程，政府开始下定决心为低收入家庭解决住房问题买单了。"

"人民公敌"是任志强对包括自己在内的开发商的戏称。2006年，任志强因宣称"我是一个商人，我不应该考虑穷人"而引爆了舆论，他认为穷人是"哭坟哭错了坟头儿"，"如果穷人都要买房，那政府恰好可以推卸责任，不提供住房保障。最后受损失的不是我们，是穷人。穷人哭着喊着非要说降低（商品）房价，再低他也买不起！他必须要靠政府的补贴才能买，这是很简单的道理"。

1998年"停止住房实物分配"的房改为今日的争论埋下了伏笔。当时正值亚洲金融危机，亟须启动国内需求，《国务院关于进一步深化城镇住房制度改革加快住房建设的通知》（下称《通知》）出台，要求促使住宅业成为新的经济增长点。

《通知》欲通过住房分配货币化的方式，建立以经济适用住房为主的多层次城镇住房供应体系，最低收入家庭租赁由政府或单位提供的廉租住房，中低收入家庭购买经济适用住房，其他收入高的家庭购买、租赁市场价商品住房。

经济适用住房可售可租的建议在

这之前遭到了否定。《通知》指出，"停止住房实物分配后，新建经济适用住房原则上只售不租"。这明显带有拉动内需的导向。

直到今天，以经济适用住房为主的住房供应体系仍是水中之月。1994年分税制改革之后，地方财政约束变硬，出现财权向上集中，事权向下集中的现象。财权与事权的倒挂，使得地方政府急于开辟财政收入来源。1998年的房改将存量住房大规模向市场释放，房地产交易空前活跃，这使地方政府竞相卖地"经营城市"成为可能。

在这场土地盛宴中，商品住房因能给地方政府带来可观的收益，而得到市长们的追捧。经济适用住房则遭到冷落，廉租住房更是捉襟见肘，甚至有145个城市到2006年底尚未建立廉租住房制度。

在这样的情况下，不同层次的住房需求纷纷挤上了商品住房这根独木桥，"打压房价"、"让老百姓买得起房"的呼声响彻大江南北。

拉动内需的拆迁

在畸形发展的住房供应体系中，中国城镇住宅私有率迅速超过80%，大大超出欧美发达国家的水平。

这一方面暗示了中国保障性住房匮乏的现实，一方面表明住房产权已成为中国重要的家庭财产形式。

与之相关的法律体系还有不少疑点。《土地管理法》第五十八条规定，"为公共利益需要使用土地的"，或"为实施城市规划进行旧城区改建，需要调整使用土地的"，即可收回国有土地使用权。

将以上两种情况并列，表明"为实施城市规划进行旧城区改建，需要调整使用土地的"不是"为公共利益需要使用土地的"。这样，强制性收回国有土地使用权的行为，甚至可以在非公共利益的房地产开发中发生。

2001年颁布的《城市房屋拆迁管理条例》（下称《条例》）则使拆迁人获得了强势地位，大量的被动性住房需求迅速被拆迁制造出来。

《条例》规定，拆迁人与被拆迁人或者拆迁人、被拆迁人与房屋承租人达不成拆迁补偿安置协议的，经当事人申请，由房屋拆迁管理部门裁决。事实上，房管部门很难扮演公正裁判的角色，它们已是运动员，卖地已是地方政府除了税收之外的"第二财政"。

《条例》规定，当事人对裁决不服的，可向人民法院起诉；拆迁人依照《条例》规定已对被拆迁人给予货币补偿或者提供拆迁安置用房、周转用房的，诉讼期间不停止拆迁的执行。

"在这样的情况下，被拆迁人的权益无从谈起。"北京市律师协会律师秦兵认为，"拆迁是涉及当事双方变更房屋产权的行为，应该由双方先变更，再到房管部门登记。可目前的情况经常是，拆迁人只需与房管部门通通气，就可以把人家的房产变更了。"

国内许多城市在经历1998年的房

改之后，仍有不少租金低廉的房管局直管公房和单位自管公房由老住户继续租用，这些公房多为人口拥挤的旧宅院或不成套住宅。按照《条例》的有关规定，拆迁时承租人与公房所有人如果对解除租赁关系达不成协议，拆迁人应与公房所有人实行房屋产权调换，产权调换的房屋由原房屋承租人继续承租。

王俊花租住的是一处不到20平方米的直管公房，只要不与房管局解除租赁关系，她本可以按照《条例》规定，在拆迁后继续承租产权调换的房屋，可在那一刻，房管局以金蝉脱壳的方式将她推入到市场。

根据《条例》制定的《北京市城市房屋拆迁管理办法》作出了比《条例》更多的规定，包括拆迁直管公房时，直管公房应当按照房改政策出售给房屋承租人，房屋承租人购买现住公房后作为被拆迁人，由拆迁人给予补偿；拆迁自管公房时，也可按照上述规定处理。

这样，只要一拆迁，这部分带有保障性质的公房便不复存在，它们被以房改的方式售给了房屋承租人，房客就变成了房主，同时也变成了被拆迁人，接下来的情况便是，拿着拆迁补偿款加入购房大军。

"强暴"旧城的逻辑

"他们拿来一份合同让我签字，说拆之前要统一进行房改，要我交5000多块钱把这个房子买下来，还说这笔钱可以从拆迁款里扣。"王俊花向我叙述了她参加房改的过程，"没办法，那份合同你不签也得签，大家都签。"

拆迁补偿款按房屋面积支付，面积越小，得到的补偿款越少。北京市政协2003年的调查显示，外迁居民平均每户拆迁补偿款在10万至15万元之间。

看着疯涨的房价，王俊花感到了恐惧。"我买不起房啊！"她说，"可拆迁办的人冲我吼，谁叫你没钱呢？！"

生活在危旧房改造区的多为城市低收入者，被拆迁后他们多面对巨大购房压力，即使搭进全部拆迁补偿所得，也不得不背上沉重债务。

但在一些人看来，拆迁拉动了房地产发展，房地产拉动了城市经济发展，是一举多得的事情。

1991年至2003年，北京市共拆迁50多万户居民。2003年11月，北京市有关部门在对房屋拆迁工作进行回顾时表示："居民拆迁拉动了全市房地产发展，按经验数字拆1平方米旧房建3.55平方米新房推算，1991年以来仅拆除旧住宅房屋就拉动商品房开发建设约6060万平方米，加上20%配套住房，可达7200万平方米。"

北京市统计局2006年1月公布的数据表明，2005年，第三产业对北京市经济增长的贡献率达到66.4%；第三产业中发展最为突出的是房地产业，"十五"期间房地产业年均增速高达19.7%，高于第三产业平均增速7.4个百分点；房地产开发投资占全社会固定资产投资的比重 2004 年为58.3%，2005 年为 53.9%。

房地产业被誉为北京经济的"重要支柱产业"，它的增长与城市拆迁呈正比发展。拆旧建新、拆低建高，成为一些城区的"经济增长点"，推土机的轰鸣声已从胡同、四合院向周围的楼房区扩散。

2002 年 6 月《北京日报》披露的信息显示，被拆迁居民对商品住房的需求量已约占北京市场全年住宅销售总面积的三分之一，"已经成为市场中重要而且比较稳定的有效需求量"。

2004 年 10 月《中国经营报》载文评述北京房地产市场："'城中村'改造带来的是巨大的商机，一方面许多土地被清理成'熟地'，给了众多开发商生意机会；另一方面，大量居民重新购房，又为房地产市场提供了充足稳定的需求。"

"如果不对旧城进行'强暴'就不可能改善人民的生活。"2000 年 12 月，"只为富人盖房"的任志强却关心起穷人的房子来，他写了一篇文章，为旧城改造叫好，"目前北京无数保护区内仍处于住房贫困（原文如此——引者注）、危险状况之下的居民，对政府的要求仍是首先改善他们的住房条件。活着的人不是为死去的文化生活，而是为创造未来的文化生活。历史的文化只有当其能为未来创造价值时其本身才有保护的价值。"

"北京旧城里现在 85% 以上都是房管所的房子，私房户很少了。房管所实际上就是房东，说白了，房东让你走你就得走。现在给你贴着钱，让你从一个无产者变成有产者，还不满足？拿那些钱能买到新房的一半就已经够不错的了。""北京旧城风貌保护与危房改造专家顾问小组"成员王世仁 2007 年 7 月向媒体发表评论。

北京理工大学教授杨东平则道出了内在的逻辑，他在 2006 年 1 月修订出版的《城市季风》一书中，描述了他所定义的"'拆迁经济学'原理"："大规模拆迁→制造购房需求→推动房地产开发→再拆更多的房，如此循环。拆得越多，需求越旺，房地产就越发达。这就是为什么用推土机开路，迫不及待地把大片历史文化街区和古老建筑夷为平地的经济原因。"

物权与保障的联盟

旧城内普遍存在的房危屋破是大规模拆迁的理由，这通常被一些官员描述为"老百姓强烈要求危改"，可拆迁工作时常遇到阻力，由此引发的矛盾日益增多。

2006 年 7 月，北京市建委下发《北京市房屋拆迁现场管理办法》，提出"严禁采用恐吓、胁迫以及停水、停电、停气、停暖、阻碍交通及上门骚扰、砸门破窗等手段，强迫被拆迁人搬迁"。

房屋拆迁关系社会财富的再次分配。在现有的拆迁程序中，拆迁人位处分配链条的上游。拆迁人与被拆迁人不平等的博弈，拉大了财富差距，不但使拆迁问题越发敏感，还为可持续经济发展累积了隐患。

"一种制度的良善与否可以从民心中考究出，实践是检验制度得失的试金石。"中共中央党校政法部教授、人权理论研究博士生导师林喆认为，"凡是为民众不认可或损害了大多数人利益的制度，一定存在着重大的缺陷，凡是与人民利益相冲突的制度，补救的最好办法就是废除之。"

2005年2月7日，林喆投书《瞭望》新闻周刊，对不断发生的恶性拆迁事件发表评论："很有必要废除现行的、赋予政府更多自由裁量权的法规——《城市房屋拆迁管理条例》，而制定一部保护公民住宅权的法律，以给予城市房屋拆迁行为以更为严格的限制，以及给予拆迁户更为优惠的补偿。"

她认为，2004年宪法修正案作出"公民的合法的私有财产不受侵犯"、"国家依照法律规定保护公民的私有财产权和继承权"的规定，为公民保护自己合法的私有财产，防止国家（主要是地方政府）权力的侵害提供了有力的宪法武器，它对于提高地方政府对公民合法的私有财产的尊重和保护具有重要的意义。

"宪法关于'国家尊重和保障人权'绝不能成为一句空话，必须通过具体的法律制度来体现，对公民私有财产的尊重，实际上是对公民人格的尊重，而房产是公民最重要的财产。"

物权法出台后，从"拆迁＋市场"转向"物权＋保障"已是大势所趋。

"现在从市里到区里，大家都明白了，解决危房和旧城保护问题，不能再简单地用房地产开发方式去做了，正确的策略是用住房保障对接。"2007年8月，北京市政府的一位官员对我说。

2006年，北京市编制了"北京住房建设规划"（2006—2010年），将住房保障体系的建设列为重点，提出建立由廉租住房、经济适用住房、政策性租赁住房三个层次构成的住房保障体系，扩大廉租住房保障政策范围，转变经济适用住房供应模式，由销售为主过渡到租售并举，通过收购存量住房和租赁型经济适用住房，作为政策性租赁住房的主要来源。

"这些都是好政策。"王俊花看到了全国城市住房工作会议的报道，"我还得供女儿上大学呢！我的要求不高，就是还能像以前那样，有个小房子让我继续去租，能够安身就行。"

人民城市喊不出来

它需要一个公正的程序加以界定。否则，它就会走火。

悖　论

毫无疑问，在过去的半个多世纪里，"人民"是中国社会最著名的词汇之一，它如此深刻地影响着人们的生活，如此直观地出现在人们目所能及的各个角落。

在城市里，有数不尽的"人民大道"、"人民广场"、"人民会堂"、"人民公园"；在大街小巷，"为人民服务"、"人民城市人民建"之类的标语，通常是扑面而来。

没有人怀疑"人民"二字的神圣意义。在道德层面上，它是一尘不染的，人们相信它衬出了更多的丑陋。

所以，在"阶级斗争"时代，"人民"引发了"原罪"，不少人为成为"人民的一分子"，竟是终其一生而不能成功。

1991年版的《现代汉语词典》对"人民"的解释是"以劳动群众为主体的社会基本成员"。以此类推，"人民城市"当然是"以劳动群众为主体的社会基本成员的城市"。但是，"劳动群众"又该如何界定呢？在这个地球上有哪些城市不是"劳动群众"的呢？

有关"人民性"的讨论曾长期主导中国思想界的走向。谁"能够"站在"人民的立场"，谁就"能够"获得无比"正义"的力量去扫除那些"肮脏"的事物，而这个大扫除是以什么程序进行的，却少有人关心，哪怕它根本就没有程序。

许多悖论就这样因"人民"而产生，历史的教训不胜枚举。

"人民"是一个尺度巨大的概念，相对于它的"巨大"，个人的价值似乎微不足道。1959年，冰心走进人民大会堂时的感受是："好像一滴水投进了海洋，感到一滴水的细小，感到海洋的无边壮阔。"

但是，如果连一滴水都没了，大海还会有吗？

2005年，美国规划协会全国政策主任苏解放写了一篇文章《北京当代城市形态的"休克效应"》(The "Shocking Effect" of Beijing's Contemporary Urban Form)，这位热爱中国的美国规划学者呼吁中国城市应建立公正规划程序——"政治家、决策者、开发商、居民、学者，无论老少和贫富，都有均等机会参与"，必须改变的情况是——"建筑师和评审者在玩着同一个游戏，而不得不生活在他们选择的后果中的人们却被排斥在外"。这是他对"人民城市"的理解。

"人民"并不是一个抽象的道德概念，"人民城市"也同此理。

建设"人民城市"，程序比结果更为重要。历史已经证明，以牺牲程序、不择手段的方式追求正义，往往会走到正义的反面。对"人民城市"的追求也是如此。

"人民城市"喊不出来，它需要一个公正的程序加以界定。

否则，它就会走火。

契　约

"人民城市"当然是"人民的城市"。

城市的主人是定居在城市里的人——市民。

我喜欢"市民"这个词，它是轻松的、明确的，可以为我们探讨城市提供一个逻辑的起点。

《现代汉语词典》对"市民"的解释是"城市居民"，这比它对"人民"的解释更让人明白。

没有市民，就没有城市。

并不是哪里的人多哪里就是城市。乡间集市的人多，可买卖一完就散去了；兵营里的人多，可打完了仗就撤退了。

也不是哪里的房子多哪里就是城市。庞贝古城被挖出来了，但它只是一个遗址。

城市是有血有肉的，不是一堆石头。觉察不到生命的呼吸我们就无法理解城市。

市民是城市的缔造者。他们定居于城市是因为他们对脚下的土地享有权利——所有权或使用权。

他们对公共服务存在需要，便以付费的方式雇用政府。

付给政府的佣金与他们在城市里的财富相关——财产税（property tax）是人类最古老的税种之一。

市民拥有的不动产积淀着城市最大的财富，城市主要的税收便从这里产生。

不动产的市值是公共服务质量的体现，公共服务越充足，不动产市值就越高。

于是，以不动产的市值为基数开征的不动产税，成为政府公共服务投入的回收途径，也是不动产拥有者享受公共服务的付费方式。

政府因此而成为政府，"为人民服务"不仅仅是一种美德。它是必须发生的行为，这是政府对契约的承诺。

为使承诺成真，市民以代议制的

方式行使权力。

政府也不乏动力——"为人民服务"增加了市民的财富，也增加了政府的税收。

人类的城市正是基于这一自觉，才走出中世纪的阴影。

程　序

具有现代性的城市建立在市民社会的基础之上。

市民社会不是臣民社会。臣民社会是人类历史的歧途，是权力异化的产物。

中世纪的欧洲庄园使城市出现衰退，依附在那里的农奴，没有在城市生活的自由。

封建社会的解体使城市重获生机。思想家们回溯人类社会的起点，拨正了城市的航向。

"人民和君主们一样需要，或者比君主们更需要，由一个参政院或参议会来指导一切。"孟德斯鸠（Baron de Montesguieu, 1689—1755）在1748年说，"但是为着可靠起见，它的成员应由人民选择。或者像雅典一样，由人民直接选择，或是像罗马曾几次实行过的一样，由人民指派官员去选择。"

宪政运动使城市成为市民自治的组织。演进至今，公共参与已是法定的程序，它既是手段又是目的。

对程序正义的追求使美好事物发生。基于财产权的公共政策使城市获

得了平衡。

形而上的价值包含在形而下的利益之中。

用税收救济贫民为城市带来了安全，财富才不会贬值。所以，调节贫富差距，为无家可归者供应可负担住宅，成为城市的选择。

减免文化遗产拥有者修缮费用的税负，是因为他们的权利受到了限制——他们必须按要求对其名下的资产进行保养，而这样的行为增添了城市的魅力，街区的不动产价值因此而获提升，所以大家愿为此付费，文化遗产保护就不会是纸上谈兵。

社会抗议也不再是噩梦——在以财产权为基础的市民社会里，这样的博弈以共生财富为导向，也包含着政府的利益。

财产所有者的角逐鲜以暴力的方式进行，所以城市鼓励对财富的拥有。

1789年，法国大革命的纲领《人权和公民权宣言》写道：人人生而自由、平等，且始终如此；财产权神圣不可侵犯。

时至今日，具有现代性的城市已把这一理想化作最为实际的利益。

自由与平等因此而根植大地。

这是程序的胜利。

乌托邦

对财产私有的质疑在人类社会由来已久。

两千多年前，柏拉图甚至幻想在

卫士这个等级废除家庭，实行妻子和子女公有。

托马斯·莫尔（Sir Thomas More，1478—1535）1516年写成《乌托邦》一书，宣称：财产私有是社会万恶之源。

当时的英国正在"羊吃人"，圈地运动使无数农民流离失所，饿死沟壑。

托马斯·莫尔断言，只要私有制存在，就不可能根除贪婪、争讼、掠夺、战争及一切社会不安的因素。在这种制度下，总是凶狠狡黠者获得最多的财富，而他们是人群中的少数。

他所幻想的"乌托邦"是一个公有制的社会，那里物资充裕，取之不尽，按需分配。

这样的情形对于今天的人类来说仍是遥不可及。

20世纪上半叶，两次世界大战及频繁发生的经济危机，迫使人类寻找出路。

人们对计划经济充满信心，相信精密计算的计划会比市场更优地配置资源。

计划经济理论使规划师热血沸腾，他们认为一个新的城市时代正伴随着"计划＋公有"而到来，困扰城市的顽疾将因此而被根除。

在计划模式下，因财产权而形成的契约关系让位于因行政命令而形成的从属关系。

精英与权力联手，自上而下地制定并推行计划。

计划是纯洁的正义的，是不需要噪音的。财产权不再重要，它必须服从计划。

谁能够获得市民的资格，谁就能够享受几乎是免费的服务，但后者的容量有限，于是，城市的大门不再自由通行。

这甚至给市民的界定带来了困难，并不是你在那里纳税，你就是那里的市民。

"契约城市"因此而成为"身份城市"。

20世纪的历史表明，计划经济如同"生活圈二号"那样难以成功——

为了试验人类离开地球能否生存，美国从1984年起花费近两亿美元，在亚利桑那州建造了一个几乎完全密闭的"生物圈二号"实验基地，内部是一个模拟地球的环境。

8位科学家在里面"刀耕火种"，最后沦落到吃种子度日的地步；基地内的空气迅速恶化，足以危害大脑健康，实验以失败告终。

人类尚不具备"造物主"的能力，计划经济也遭遇类似的尴尬。

包括中国在内的计划经济国家，在20世纪后期纷纷撤出计划经济的领地，融入市场经济的大潮。

市场经济并不是简单的私有和买卖，它基于良善的法治。

2004年中国的宪法修正案作出"公民的合法的私有财产不受侵犯"的规定，彰显建设法治的决心。

拆

《诗经》所咏唱的"溥天之下，莫非王土"，只属于它和它之前的时代。

西周中后期，贵族之间已发生交易受封土地的行为。

春秋时期，诸侯国已开始管理不断出现的私有土地；战国时期，公地私有化已经流行。

秦孝公任商鞅为相，"废井田，民得买卖"，承认私有土地所有权；秦始皇统一六国，"使黔首自实田"，在全国范围内推行并确认土地私有权。

此后，私有土地成为中国历史上最主要的土地所有形式。中国的封建社会，虽有"官田"和"私田"之分，但后者的数量远超过前者。

土地的私有伴随着土地的税收。

春秋时期，齐国实行"相地而衰征"，根据土地的不同条件征收赋税；鲁国颁布"初税亩法"，按土地面积计算纳税。

为城市设立的专门税种，在宋代称"城郭之赋"，包括宅税和地税两项。

地税是政府对城郭之内除了官地之外的地产，无论是屋舍地基、空闲地段，还是菜圃园地等所征取的赋税；

宅税，又称屋税，为城郭之赋的正项，是政府对民间在城郭之内的房产所征取的赋税。

宅税以间为单位征取，并按照房

为使旧警察署的部分建筑免遭房地产开发拆除，香港中西区区议会2007年1月主办"走进域多利监狱历史"活动，公开征集民众意见　　王军 摄

产坐落地段的冲要、闲慢、出赁所获房租的多少以确定不同的等级。

城郭之赋是城市经济发展的表现。中国的城市在宋代打破了封闭的里坊，呈现"清明上河图"式的繁华。

新中国成立后，政府对城市的不动产进行重新登记，据此发放房地产所有证。北京1953年完成的房地产总登记显示，67.06%的房屋为私有。

1951年，国家立法开征城市房地产税，按房地产的区位条件、交易价格等，确定标准房价、标准地价、标准房地价，每年定期按固定税率征收。

对私有房地产的改造使房地产税源减少，新增加的公房不在征税之列，城市的公共服务投入只能依赖生产和销售环节的税收，并出现严重短缺。

"文革"后逐步发还私房。1982年宪法规定城市土地属于国家所有，但私房的土地使用权并未灭失；1988年宪法修正案确定"土地的使用权可以依照法律的规定转让"，表明土地使用权是一种财产形式。

1998年的住房制度改革将公房向个人出售，停止实物分配。如今，中国城镇住房私有率已超过80%。

但统一的面向私有房屋征收的城市房地产税已不复存在。

经过一系列变化，城市房地产税仅适用于外商投资企业，房产税的征收范围不包括个人所有非营业用的房产，城镇土地使用税是土地保有环节征收的唯一税种，但税额偏低。

这使城市的公共服务投入不能正常回收，它虽然推动了私有房产的升值，政府却难以分得杯羹，唯一的回收途径就是拆房子卖地皮。

官方与民间的利益通道因此而被扭曲，理想的契约关系因此而难生成。

城市失去了稳定——"拆"字旗下，它创造了财富，又丢失了财富。

价　值

"人民城市"是价值的联盟。

价值有两种：精神与物质。"人民城市"需二者得兼。

精神是阳光，物质是土壤，城市是大树。

树要长得高，根得扎得深。

所以，在仰天长叹之时，还需俯瞰大地。

因为，"人民城市"喊不出来。

老北京

老北京的死与生

住宅权利之稳定，乃住宅生命之"源"；住宅市场之公正，乃住宅生命之"流"。一个城市欲"源远流长"，此道不可偏废。

68岁的王英宇在等待命运的安排，他不愿离开生活了61年的老宅。2006年4月22日，他在自家的小四合院里来回踱步，指着大门南侧的一间房，对我说："就差这一间了，'文革'时被街道办事处占了，到现在还没有还回来。"

接着，他叹了一口气："可是，要

北京前门鲜鱼口、大栅栏地区鸟瞰　宋连峰 摄于1999年10月4日

回来了又能怎样呢？"

这个小院所在的草厂八条胡同，与北京正阳门城楼相望，房屋约150平方米。

2006年2月8日贴出的《崇文区前门东片地区解危排险工程公告》，让王英宇心生不祥之兆，"说是解危排险，可用的是拆迁管理办法，要整条胡同、整条胡同地把大家迁走。"

"这个院子是我们家的私宅，我完全可以自己修缮。你来解危排险，可是不是还有不危不险的呢？解危排险难道是解旧排旧吗？"这位退休老人抱怨道。

王英宇居住的街区，不少地方已是人去房空，涉足其中如入死城。

曾在清咸丰年间发祥京剧艺术的前门商业区，正在经历一场规模空前的大搬迁。

商业区东西两侧的鲜鱼口和大栅栏，均是北京历史文化保护区，商业老字号云集，会馆、戏园、寺庙遗存众多。

很快，一条龙饭庄、天兴居炒肝、便宜坊烤鸭店、大北照相馆等老字号，均被迁走只余房屋躯壳，外侧立起围栏，上书"保护历史名城，再现古都风貌"。

情况每天都在变化，王英宇在自家小院内惴惴不安。

"为什么把我们 都发出去？"

草厂八条位于鲜鱼口历史文化保护区内。

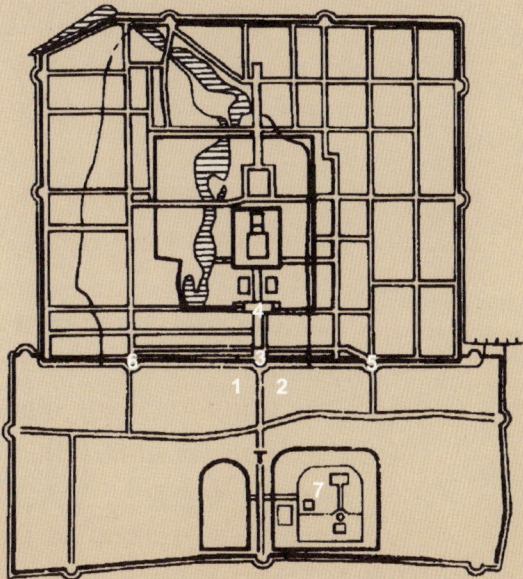

1 大栅栏 2 鲜鱼口 3 正阳门 4 天安门 5 崇文门 6 宣武门 7 天坛

大栅栏、鲜鱼口地区在北京明清古城内位置图

2002年由北京市政府批准的《北京旧城二十五片历史文化保护区保护规划》，划定草厂三条至十条为鲜鱼口的重点保护区，明确重点保护区要采取"微循环式"的改造模式，"循序渐进、逐步改善"，"积极鼓励公众参与"。

鲜鱼口地区呈鱼骨状排列的胡同，因古河道走势形成，这是北京旧城内罕见的景观。草厂一带南北向胡同，朝着700多年前元大都城墙的方向延伸。元大都城墙夯土而筑，为防雨水冲刷，墙体以苇帘子覆盖，草厂即与当年的收苇场有关。

得知自己的家被划入重点保护区，王英宇当初乐上心头，"这下踏实了，总算不拆了"。

"文革"期间，他的小院被挤入3户人家。这些年，他打官司，又赶上北京市腾退私房，终于请走了最后一户"房客"。

他想把自己的家好好修修，到区里办手续，得到的答复是不让大修，因为这一片要整体改造。

"不是不拆了吗？"王英宇很是不解。有间房塌了，几经争取，他费力把它盖起来。收回来的老宅如同他的心头肉，修修补补已花去两万元钱。

如今赶上了解危排险，由北京市崇文区房屋土地经营管理中心贴出的公告称："前门地区是北京市危旧房最集中的地区之一，经过上百年的风雨侵蚀，危险房屋数量逐年增加，市政设施极端落后，各种安全隐患普遍存在，虽然采取了积极有效的措施，但是到了汛期和冬季防火季节，房屋安全事故时有发生，严重影响了人民群众的生命财产安全。"

公告明示："按照北京市委、市政府和崇文区委、区政府的要求，北京市崇文区房屋土地经营管理中心决定对崇文区前门东片地区危险房屋实施解危排险。补偿标准参照《北京市城市房屋拆迁管理办法》（北京市人民政府令第87号）及相关文件中的规定执行。"

"我就是想不通，为什么用拆迁政策来解危排险？为什么把我们都发出去？"王英宇嘟囔道。

鲜鱼口长巷头条被拆余一树的湖北会馆　　王军 摄于 2006 年 2 月

"《拆迁管理办法》就贴在墙上，明明写着'鼓励居民结合住房制度改革实施危旧房改造'，'房屋拆迁可以实行货币补偿，也可以实行产权调换'。可我要求自己修缮不被允许，要求产权调换也不被允许。出路只有一条，拿钱走人，每平方米补偿 8020 元。可我们是穷人，城里的房子都涨到一万多块钱一平方米了，这让我们怎么办？"

在这片区域的小院里，挤住着的众多家庭居住面积都不大，有的仅十多平方米，甚至更小，按面积补偿使他们面对巨大购房压力。

一位区干部来做王英宇的工作，知他用了两万多元修房子，"这说明你有钱啊！"

"我对区干部说，不是保护古都风貌吗？你给我民族风格的图纸，我自己把院子修好行不行？"王英宇转述道。

"可区干部问，你有这么多钱吗？我说我宁可负债，也不愿走。他说，恐怕做不到。"

"人都走了，财气也就消了。"74 岁的"爆肚冯"掌门人冯广聚，看着门外已排成长队的顾客一脸愁容。

前门地区拆迁的消息传开后，"爆肚冯"每天顾客陡增至 1000 多人，是平时的两三倍。这家曾为清宫御膳房特供专用肚子的百年老字号，位于与鲜鱼口一街之隔的大栅栏廊房二条，如今也赶上了"解危排险"。

一位 90 多岁的老太太硬是让孩子扶着她上台阶吃爆肚，这让冯广聚感慨不已，"大家排队来吃，一是怀念老

廊房二条"瑞文斋玉器铺"招牌　王军 摄于 2006 年 3 月

街道，二是怀念老字号。老街道没了，故事也就没了。"

坐在一侧的儿子愤愤不平，"我就是不明白为什么把大家都迁走？大栅栏这一带，过去 140 多家字号，40 多处寺庙，处处商机，步步为市，相当辉煌。现在把人都迁走了，文化底蕴就没了！"

大栅栏归北京市宣武区管辖，一位区干部向冯广聚表示工程结束后，老字号还要迁回来。

"说是两年后回来，但我们怕回不起。"冯广聚对我说，"改造后房租肯定不是今天的价了。我现在烧饼 5 毛钱一个，25 元就能吃一顿套餐，如果两年后房租从现在的 8 万元涨到 30 万元，你说我要卖多少钱合适？"

廊房二条北侧是此次"解危排

险"的范围，冯广聚就把餐馆从胡同的北侧迁到了对面的南侧，算是躲过了这一轮搬迁，但听说胡同南侧的改造也将分期进行。

冯广聚居住的三富胡同也被"解危排险"圈定。"街坊们有许多怨言，搬迁就是给钱走人，拿到的钱只够到边远的郊区去住。"他说，"我家有这个店，经济上还好办点，可有的人下岗了，就难了。到郊区去住，每天上下班得花多少时间啊。"

冯广聚对前景不甚乐观，"吃爆肚的多是北京的老居民，他们都走了，就得换另一层人来吃了，到那时还成吗？"

与"爆肚冯"相隔不远的谦祥益，是大栅栏著名的"八大祥"之一，这次也被划入"解危排险"范围。

"去年我们花了100多万元修缮房屋，你看这是危房吗？"谦祥益的副总经理高慎昌对我说，"可五一节一过就要我们拿钱走人，拆迁办说把我们的房子修好后再让我们搬回来。搬回来还得自己出钱，肯定超过现在的补偿价，说是两年后回迁，可以享受优惠，可到底要掏多少钱回来我们并不清楚。"

专营丝绸品的这家老字号为孟子后人创办，现为一家集体股份制企业。1999年职工集资买下的这处中西合璧的二层店铺，把着前门商业区北口，是北京市文物保护单位。

"爆肚冯"门前的顾客排成了长蛇队　　王军 摄于 2006 年 3 月

高慎昌说，宣武区建设委员会2月份贴出拆迁公示，对他们来讲如同当头一棒，"既然不拆房子了，为什么还要我们走呢？我们得到的答复是整个地区由开发商承包了，市政设施要改造，我们的店铺也要交给开发商来装修。"

"可是，我们这儿根本用不着开发商来装修啊。店门口前几年就挖过管道，我们搭上板子照常营业。"高慎昌说，"我们不愿意走，也希望多得到一些补偿，但拆迁办说按政府文件办事，没有余地可谈。"

一家评估公司对谦祥益的房产作了评估，说这是三类地区，每平方米估价不到1万元。高慎昌颇为不解，"评估公司说王府井是一类地区，前门大街是二类地区，我们这儿与前门大街相隔几米，就成了三类地区。可每年五一、国庆和开'两会'的时候，我们这儿又被划入安全保卫的一类地区了。"

与"爆肚冯"一样，谦祥益这几个月也是顾客盈门，日销售额猛增五六倍，甚至十倍。

高慎昌叹道："目前我们还没有找到合适的外迁地点，只能让职工先回家待着再说了，不排除丢掉饭碗的可能。"

是保护还是开发

得知"爆肚冯"、谦祥益的处境，清华大学建筑学院副教授边兰春感到诧异。

已被拆迁围栏圈住的谦祥益　王军 摄于2006年4月

他是《北京前门大栅栏地区保护、整治与复兴规划设计研究》的项目负责人之一，2005年4月，他在接受我采访时表示，他们在两年前受区政府下属的北京大栅栏投资公司委托做的这项控制性规划，并没有提出把人都迁走。

"大栅栏东北部的这一地块，中间夹着小吃等传统商铺，是王府井所不具备的优点。"边兰春认为，"如此丰富的商业文化应让它们自己演变，小的店铺恰恰是有活力的，不应该机械地都把它们迁走。"

边兰春及其同事所完成的这项规划，提出以"院落"为单位进行渐进式小规模有机更新，防止大规模改造对历史街区带来的破坏，一个院落、一个院落地逐步进行保护、修缮、改造和更新，新建建筑不得破坏原有院落布局、胡同肌理和历史风貌。

在边兰春看来，最理想的保护方式是政府通过良性介入，提供优质的公共设施服务，以带动整个地区的"血液循环"。

2001年他完成北京西城区烟袋斜街保护规划，政府部门据此投入不到160万元，选石铺路，拆除违章建筑，引入天然气管道，便激活了整个街区。

"大家知道不拆了，市政设施改善了，地段升值了，别的商家就进来了。"边兰春介绍道，"原来卖光盘的地方变成了酒吧间，紧闭着的大铁门变成了一家茶馆，发廊变成了旅游工艺品店，一年内就发生了明显变化。"

他认为，历史文化保护区的保护，应该树立市场信心，鼓励产权交易与租赁，通过设计导则与技术标准的制定，规范各类修缮行为，"政府应该做的，是通过做好公共空间，制造'触媒'，以带活一块，而不是弄死一块"。

他打开一张西班牙巴塞罗那的公共空间分布图，"你看，巴塞罗那从上世纪70年代开始复兴旧城，他们只是持续做公共空间的改造，以此带动地段升值，促使交易活动与房屋修缮的发生，像扎针灸一样把整个城市扎活了。这是反思欧洲当年流行的成片保护理论的结果，做得非常成功。"

边兰春的想法与前门地区正在发生的情况有很大不同，"我们只是尽量提高规划编制的科学性，不很清楚大栅栏控规的执行情况"。

2006年2月17日，北京市宣武区建设委员会贴出的《北京市城市建设项目拆迁公示》称："经政府储备土地和入市交易土地联席会审议由北京大栅栏永兴置业有限公司作为煤市街以东区域地块项目的实施主体，先期进行C、H地块土地整理工作。"

C、H地块分处大栅栏东部地区的一北一南，C地块大部分位处历史文化保护区范围之内，谦祥益正在其中。

C、H地块合计占地面积7.53公顷，现状房屋建筑面积8.56万平方米，其中被划入保护类建筑的约1.85万平方米。

"从理论上说，要进行土地整理，也就是一级开发，就必须完成拆迁和市政基础设施建设，再以招标、拍卖或挂牌的方式出让土地。这样，所有的人都必须迁走。"一位曾深度介入前门地区改造工程的人士在接受我采访时说。

2005年1月由国务院批准的《北京城市总体规划（2004—2020年）》，则展示了历史文化名城保护的另一种前景："推动房屋产权制度改革，明确房屋产权，鼓励居民按保护规划实施自我改造更新，成为房屋修缮保护的主体。"

总体规划要求："积极探索适合旧城保护和复兴的危房改造模式，停止大拆大建"，"应坚持小规模渐进式有机更新的思想，加强对具有历史价值的胡同、四合院的保护和修缮，减少房地产开发行为，不宜搞一次性超强度开发"。

"你认准了方向，就应该一二三下决心去做，可现在的问题是，历史文化名城保护工作没有一个部门牵头，如何试点，如何总结，如何推广，没有一个部门主抓。"北京城市规划学会理事长赵知敬对我说，"弄到最后，具体工作还是落到了区里，走的还是过去危改开发的那套程序。"

"你把一二级土地开发分开，一级开发完成后，把地价卖得那么高，二级市场的开发商还会让那些小吃店回来吗？"北京金田建筑设计公司总建筑师黄汇认为，前门商业区的开发机制与保护目标存在矛盾。

一位知情者透露，在大栅栏工程的方案设计中，政府部门确有通过分取开发商利润空间，创造条件帮助本地区原生及繁衍企业回迁的思路。

谦祥益就得到了类似的承诺，但被强制性买断产权的现实让高慎昌感到彷徨："开发商要开发这里，肯定是要赚钱的，否则他不会让你走。也许他们会发善心，给我们一个可承受的条件吧。"

"人房分离"玄机

2006年1月，北京市属媒体披露了崇文区前门危改的"新思路"——"人房分离"，"即老百姓搬出以后，先将房子封闭保存起来，由文物专家鉴定以后，对有价值的保护、需修缮的修缮、需更新的更新"。

2006年3月13日，"北京旧城风貌保护与危房改造专家顾问小组"成员谢辰生走访了前门东侧地区，得知一些独门独院、现状良好、被挂牌保护的私家院落也被勒令限期搬迁，深感震惊。

他认为"人房分离"不能一刀切，应体现宪法保护公民合法的私有财产，以及北京城市总体规划鼓励居民成为房屋修缮保护主体的要求。

"不能只见物不见人，也不能光听专家的。"谢辰生表示，"应按照《国务院关于加强文化遗产保护的通知》要求，建立公示制度，广泛征求社会各界意见。"

以大规模资金介入的"人房分离"将以何种方式实现回报尚是悬念。五合国际设计集团在其网站上公布了该公司2005年12月在前门至崇文门地区设计的"中式豪华高科技别墅"方案，称"在纯古典四合院外形下，应用生态技术手段，实现微能耗、高舒适度。该项目预计建造大小四合院别墅800栋"。

数家设计单位参加了前门东区的项目设计，一位曾参与其中的规划师对我说："前一段被迫做了一阵前门的规划，心情很差，去那里看过就不再能够接受是自己在设计它，好在现在可以放下了。但是想起那些老房子还是心痛得厉害，难道北京的历史就只能这样前进么？"

这位规划师透露："开发商的想法是，沿前三门大街建设回迁商务楼，把东区内的企业搬入回迁楼，然后把所有住户全部给钱迁走，将整个东侧路以东的部分变成四合院豪宅区，恢复古三里河（水深不超过30厘米），四合院大小控制在200—800平方米，估计他们会以1000万—5000万的价格销售这些院子。"

作家肖复兴在前门东侧的打磨厂长大，他写了一篇文章，叙述自己2006年元旦重访前门地区的见闻："鲜鱼口里的长春堂老药铺已经成为了一片瓦砾，长巷头条里湖北会馆也是一片瓦砾，只剩下一株老杜梨树孤零零地在寒风中瑟瑟抖动。兴隆街、大蒋家胡同、草厂几条老胡同里，也已经拆得一片凋零。冰窖厂、罗家井、前营后营，包括康熙年间重修的乾泰寺，更是被推成了平头。"

"在兴隆街一条街上，老式二层木楼和拱券门窗的西式店铺就有很多家。比如泰兴号、正明斋、敬记纸庄、永庆当铺、青年救世军基督教堂……都还健在，干吗都要一推了之？"肖复兴对这一地区的道路工程提出质疑，"不过一万平方米的街区，被7条纵横大道切割，老胡同肯定会被破坏，失去胡同的依托，老院落的存在还有意义吗？"

他对将原住居民迁走的做法表示不解："失去老人的居住，老院落也只是一种舞台上空落落的道具而已，会失去了生命力的延续。更何况新建起的街区里大多数将再不是老院落了。地脉与人气的失去，还能够挽回吗？"

围聚在前门地区的矛盾在2006年"两会"召开期间出现一次高潮。

3月8日，万选蓉、张文康、冯骥才、叶廷芳等8名全国政协委员，联合向大会提交了一份题为《抢救保护北京前门历史文化街区》的调查性提案："北京前门历史文化保护区内的古建筑及街景布局，正在遭受着一场比拆城墙还要严重的浩劫，如果再不引起有关部门重视并加以保护，北京将会痛失古都的历史风貌。"

提案披露了一组数据：崇文区鲜鱼口地区文物普查单位共有57处，此次列入危改名单的有41处；保护院落原定80处，这次列入拆迁的有61处。

万选蓉在接受媒体采访时说，根据崇文区已公布的危改方案，拆迁几乎涉及该区域所有60多条胡同的门牌，2005年12月以来，崇文区陆续拆除了建于明代修于清代的铁山寺、湖北会馆等5处普查登记在册文物，"按规定普查登记在册文物应该予以迁建，但调查发现，拆迁中文物古建构件如木材等均被卖掉，砖瓦则被砸烂，根本未按迁建的程序施工"。

参与联名提案的中国文联副主席冯骥才，在2005年"两会"上曾指出北京历史文化名城保护存在"规划性破坏"。2006年4月18日，他在北京的一个研讨会上又对"规划性破坏"作进一步阐释，认为这在国内城市均有表现，"这是最残酷的、最大的破坏"。

"多好的规划方案在我听来就是尸检报告，"冯骥才说，"就是把原来丰富的历史积淀的整体给解构了，完全按功能重新划分，把历史本身的活生生的生命变成一个个尸体，然后搁在手术台上进行分析。"

"我们对我们的城市没有做过文化上的认定，我们现在谈论得比较多的是物质性的建筑，可对它里面人的灵魂和人与地域的关系，也就是非物质的关系，没有进行研究就开始动手了。"

在政协委员发表批评意见之后，已被拆除的铁山寺、安徽太平县会馆开始重建，工地现场挂牌告示，这两处建筑皆因道路建设之需而迁建于原址附近。

"已不是过去的味道了，"铁山寺附近的一位居民，指着工地上立起的梁架对我说，"你看这些新木头，盖起来只是一个假古董。"

商业区的命运之符

面对已人房分离的街区，设计师只能在空房子上做文章。

尽管可在建筑立面上附加一些具有本地风格的符号，但它们已不是城市细胞由内向外自然生发的文化观瞻。

细加考证前门商业区的每一幢房屋，或能发掘一些设计灵感，但无缘面对房屋主人的这项工作犹如与风车作战。一位规划师的疑问是："这些细胞已失去了主体，细胞核是什么？"

而这些细胞在过去较长时间内多已失去活力。北京市社会科学院2005年发布的《北京城区角落调查》显示，在崇文区辖内的前门地区，严重破损和危险的房屋比例高达47.5%。

宣武区辖内的大栅栏地区情况同样严重。据房管部门调查，三、四、五类危旧房，即一般损坏房、严重损坏房、危险房面积比例逐年增大，已达到90%以上，其中四、五类危房已达30%以上。

《北京城区角落调查》分析了大栅栏商业区衰败的原因："改革开放以来，北京其他商业区先后进行了大规模的更新建设，而对大栅栏商业区的发展却长期缺乏一个科学的规划，致使大栅栏地区在'保护'的名义下一直无法得到合理的改造，居民长期生活在低矮潮湿狭小、连基本的市政基础设施也不具备的平房里。"

"大栅栏商品品质低下、业态水平落后、商业设施陈旧。"北京宣武区大栅栏文保区排险解危指挥部的一份材料称："这一国人引以为自豪的商业金字招牌已经濒临淘汰的危险境地。"

前门商业区今日之衰与昨日之盛形成对比。

明代改建北京城后，大运河终点码头从北城的积水潭南移至东南城外的大通桥，城市商业中心随之南迁至前门一带。

明永乐初年为恢复经济，官方在京城各处添建铺房，召民居住，召商居货，谓之廊房。今大栅栏的廊房头条至四条便在那时建成，当时开设的店铺都是前店后厂，主人多为从外地迁来的手工业者。

明清两朝的吏、户、礼、兵、刑、工六部机关设于正阳门内东西两侧，前门外可接待各地来京官员、考生、商人的会馆应运而生。

清代内城禁建戏园，戏园便云集前门之外。商人多敬鬼神，这一带的寺庙更是星罗棋布。

经过历史的积淀与发育，前门地区成为了京城商业中心，以及戏剧文化的中心。这里天天有戏班演出，程长庚、杨月楼、谭鑫培、梅兰芳、尚小云、程砚秋等京剧艺术大师流光溢彩。

从官方最初兴建廊房到商业区规模不断扩大日渐兴隆，房屋产权的流通起到关键作用。

"李掌柜经常找刘掌柜下馆子，逛下处，最后经中人作证，在都一处酒饭馆要了一桌酒饭，写了字据，李掌柜就把店铺买了过来。"北京史学者王永斌在《话说前门》一书中，叙述了清嘉庆年间通三益干果海味店扎根前门的故事。

在民间持续发生的产权交易与修缮活动，使房屋商铺如流水不腐。

1900年义和团火烧大栅栏老德记药房，风助火势殃及全街，4000余家店铺被毁，但后来经商家自我复建又

清代末期的正阳门箭楼和正阳桥　（来源：美国国家档案馆）

恢复了繁荣。

市场自发的机制使前门商业区出现了今天的规划师所希望看到的功能分区。前门大街两侧是繁华的商业地带，往内侧渗透便是库房、票号、会馆、戏园，它们为商业区提供多样化服务，再通往胡同深处就是闹中取静的商家私宅了。

前门一带虽有众多小院，但它们租金便宜，购置成本低，正是外来人口及城市平民寻觅商机的落脚点，热闹的商街离不开廉价劳力的支撑，前门老字号的创业者多是"英雄莫问出处"。

该发生的终究还是发生了。前门大街在明朝前期十分宽阔，小商贩们便在大街石道旁搭盖棚房为肆。清乾隆之后，棚房逐渐被改为砖瓦正式房，内侧的夹道成为左右逢源的卖场，被缩窄至21米宽的大街是一个逛街的尺度，并可满足南北向的交通。

被窒息的市场空间

前门商业区的传奇，诉说着数百年房屋兴替的历史。

在民间发生的交易活动不可能将整个街区归入一家之囊，它们只能以既有的产权单位为基础，院落便被赋予了生命，如同细胞一样相次生长，在变与不变之间孕育着生机与活力。

这样的机制在近半个世纪发生了变化，大栅栏文保区排险解危指挥部的材料对近年来的房屋翻建表示忧虑："近几年我区被迫每年翻建危房约1000间，其中700多间（约1.5万平方米）集中在大栅栏文保区，且都未按原有风貌和统一规划翻建，对地区风貌造成很大影响。"

《北京城区角落调查》分析了房屋维护质量低下的原因："大多数居民住在产权名义上归政府、由房管所管理维护的平房四合院里，可是低廉的租金根本就不足以维持平房四合院的基本维护，更谈不上居民住房条件的改善与历史风貌的保护。"

这项调查还进一步揭示："一方面是有产权但收入不足以维护，另一方面是居民无产权长期低价租住，经常私搭乱建，甚至出现多手转租。有的平房四合院的产权名义上归某家单位，可这个单位实际上已经名存实亡。同时，还有一些属于私人产权的平房四合院夹杂在混乱无序的平房四合院中。"

考察北京房屋交易的历程，可知过去收入不足以维护房屋者，多可通过出售产权使其获得新的补养，但后来在城市大改造的背景之下，四合院的交易长期陷入困境，加上行政强制力介入拆迁，被拆迁人不能享有谈判地位，四合院终落得无人轻易敢修、无人轻易敢买的境地，不是被拆掉就是自己烂掉。

如能修复房屋交易的秩序，市场净化机制便可发生，但大量公房产权主体缺位以及公私产混杂的现状，使院落细胞失去生命之核，还排斥了市场交易的可能。

前门商业区的物质衰退，是北京旧城房屋状况的缩影。

1949年8月，《人民日报》载文阐明国家对北京市公私房产的基本政策，明确保护私有房屋的合法权益。经过公逆产清管，到1953年底，北京市清查城区及关厢房屋共登记119万多间，其中私房占67%。

在此基础上，市政府对私有房屋颁发了房地产所有权证。1954年《宪

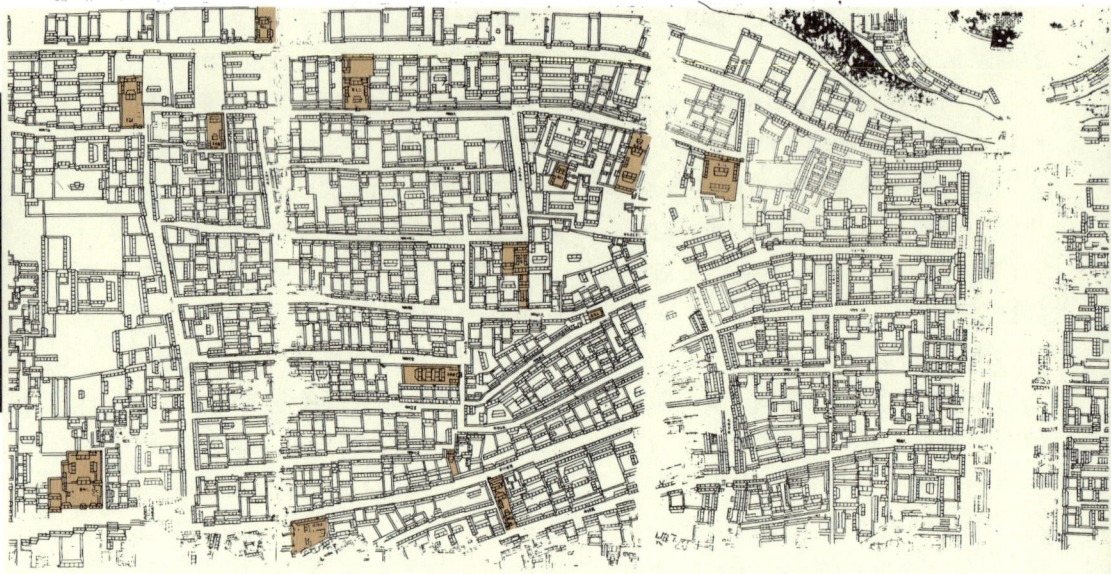

《乾隆京城全图》中的大栅栏地区。深色部分为笔者标注的寺庙位置的大致范围

法》规定，国家保护公民的合法收入、储蓄、房屋和各种生活资料的所有权。这样的制度设计正是房屋产权人能够自我修缮、爱惜其名下资产的前提。

1952年的调查统计资料显示，北京城区危险房屋仅为4.9%。这也从另一层面说明，基于产权清晰、权利稳定、市场流通，产权人多能自发地保持房屋健康，而无需借助大规模资金的介入。

1949年5月21日，法学家钱端升在《人民日报》发表文章，对将私房充公的倾向表示忧虑，认为这将导致"无人愿意投资建造新房，或翻建旧房"的情况，一方面政府没有多余的财力去建房，一方面私人又裹足不前，不去建房，房屋势将日益减少，政府还背上繁重的负担。

1958年北京市对城市私人出租房屋实行"经租"政策，将城区内15间或建筑面积225平方米以上的出租房屋、郊区10间或120平方米以上的出租房屋，纳入国家统一经营收租、修缮，按月付给房主相当于原租金20%至40%的固定租金。

"文革"发生后的1966年9月，固

定租金停止发放，房主被迫上交房地产所有权证。"经租"房产至今未归还产权人。1958年北京市经批准纳入国家"经租"的有5900多户房主的近20万间房屋，约占1953年北京市城区及关厢房屋登记间数的16.8%。

"文革"初期，北京市接管8万多户房主的私人房产，建筑面积占解放初北京城市全部房屋的三分之一以上。"文革"后落实私房政策，实行"带户返还"，要求房主与挤住其房屋者订立租赁契约，租金由政府规定，是为"标准租"。大量社会矛盾被甩在了因政策而形成的"大杂院"之中，私房主修缮房屋的热情难以发挥。

2003年以来，北京市加大腾退"标准租"私房的力度，随着产权的回归，"大杂院"现象在这些院落得到改变，但置身大规模危改的环境，私房主修缮房屋信心不足，仍有较多顾虑，生怕修好之后即被拆迁。

梳理这段历史不难看出，北京旧城房屋的危破并非简单的物质问题。住宅权利之稳定，乃住宅生命之"源"；住宅市场之公正，乃住宅生命之"流"。一个城市欲"源远流长"，此道不可偏废。

伴随着财产权体系的混乱，大量四合院沦为了危房和大杂院　　王军 摄于2004年1月

前门东区共有 1.3 万多户，2.6 万多人，平均每户不到两人。

《北京城区角落调查》显示，崇文区辖内的前门地区，人户分离现象严重，户在人不在的占常住人口的 20% 以上，个别社区外迁人口占 45% 以上。

许多房屋并不为户籍人口实际居住使用，它们或被出租盈利，或被长期闲置。

一些非产权人在区外拥有第二套住宅之后，通常对危改抱有强烈愿望，因为一拆迁即可将不属于自己的房产变现为补偿款收入私囊。

而留守在胡同里的低收入者，以及房产长期受到分割、无缘享受福利分房政策的私房主，多面对"回迁掏不起、外迁买不起"的困境，即使全力支撑，也不得不背上沉重的债务。

户多人少、人户分离的现实，已为理清产权关系、培植院落细胞、建立公正交易秩序创造了条件，但大规模一刀切式的搬迁，却把劲使到了其他地方，结果孩子和洗澡水被一块倒掉。

强制性的拆迁力量虽可一时完成物质层面的改观，但它将直接摧毁社区的多样性。这种程序一旦确立，必动摇市场对房屋产权的信心，导致恶性循环。

事实上，如能修复产权与市场的关系，政府只需将前门商业区的戏园、会馆、寺庙等公共空间激活，按保护要求接入市政基础设施，即可推动不动产升值，促使房屋交易发生。

同时确定技术标准规范房屋修缮，便可望使衰落的街区得以真实的再生，并持续自然地生长。

权力与市场的边界

2005 年，以明清商业街风格整修的北京鼓楼东大街，拆掉的只是违章建筑，新铺了人行道，对街道两侧的店铺进行了统一设计，由政府出资修缮。

由东城区推进的这项工程得到了社会各界的称赞，一家小杂货店的主人却向我抱怨买卖不如以前了。

在同一个时间段焕然一新的街道颇似新搭设的布景，让这样的小店失去了身份的识别，回头客很容易走错了门。

但政府的这个举动向市场传递了一个明确的信息：原定展宽这条大街的计划终止了。

情况因此而发生了变化。"已有 70 多户商家申请转变业态，并希望自己出资二次改造门脸。"北京市"2008"环境建设指挥部办公室总体策划部部长魏科在一次调研中得知。

区政府的干部对此表示忧虑，因为刚投完钱把大街整修好，生怕又给改乱了。魏科却认为，"这说明有人进来了，过去不被看好的地方被看好了，政府做的值了"。

他在接受我采访时说："如果整修前先找好商家，让他们按设计导则自己动手，两步就会并为一步，政府还能省掉一笔钱。"

整修一新的鼓楼东大街　　王军 摄于 2006 年 4 月

什刹海烟袋斜街的吹糖人。鼓励房屋租赁、买卖的保护政策
使这条商业街得以真实地再生　　王军 摄于 2006 年 4 月

　　魏科印象颇深的是1997年东城区接手王府井商业街整治时，已持续4年的大规模改造居然让这条大街卖起了三块钱一碗的牛肉面。"当时我们都傻了，"那时魏科在区政府规划部门任职，"这可是王府井啊！"

　　他发现让这处黄金宝地贬值的正是"改造"二字，"商家被搞怕了，不敢来了"。

　　"于是我们把工作的重点转入环境的整治，恢复他们的信心，结果地段升值了，资本进来了，那家牛肉面店消失了，变成了中国照相馆的新店，营业额翻了番，在家待岗的职工都回来了。"魏科相信，只要政府做了自己应该做的事情，市场就会让它慢慢好起来。

　　近年来趋于活跃的四合院民间交

井蕴娇在什刹海修缮待售的一处小院　　王军 摄于 2006 年 4 月

在沙尘天气中进行着的南锣鼓巷保护区四合院
"微循环式"改造　　王军 摄于 2006 年 1 月

易证实了他的想法。

"现在是拆院子的跑着拆,买院子的跑着买。"在北京率先打出"四合院专业代理评估"招牌的井蕴娇告诉我,"察院胡同那边正在大拆,可挨着的永宁胡同说是不拆,就有人找我们到那里买院子。"

与推土机赛跑的四合院购买力呈现的是另一番景象。"两年前市政府有一个政策,说要保护四合院,并腾退'标准租'私房,一下子院子就出来了,整个市场就有了。"井蕴娇说,"我的公司一年就经手了几十个院子。"

找上门来买院子的都是有产阶层,投资客居多。其中20%至30%出于自住之需,70%多抱着投资目的,将收购来的院子翻建为四合院宾馆,或出租出去。

四合院被越拆越少使其奇货可居,井蕴娇在公司网站上发布待售的四合院,面积不等,多有超过千万元的报价。

2005年她还在报纸上打起了广告,希望凭着世界知名的四合院将公司打造成世界知名的品牌。

她请朋友帮她分析北京还有多少四合院能被投放到市场,对仍在持续的拆除十分痛心:"四合院是不可再生的资源啊,大杂院用不着去拆,用市场的办法是能把它拱走的呀。"

她介绍了她的办法:"我们像居委会一样到四合院里做每家每户的工作,理顺了产权关系,就把它推入市场,这个地方每平方米值两万元,我们就给住户两万元。"

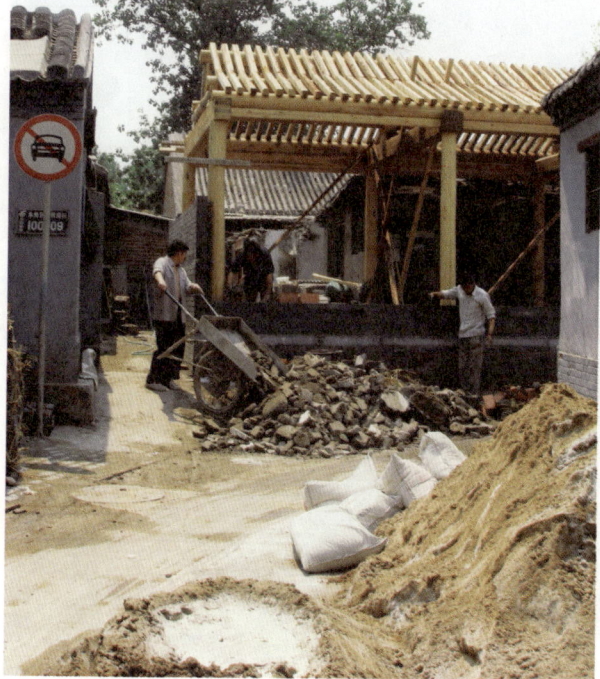

按原材料原工艺修缮四合院的活动,较多地出现在不受拆迁侵扰的保护区内。图为什刹海保护区内的房屋修缮   王军 摄于 2006 年 5 月

井蕴娇的做法与前门商业区正在施行的"人房分离"有很大不同,作为一家私营公司的老板,她得不到行政强制力的支持。

她恰恰认为正是这样的拆迁破坏了市场的环境,"现在最大的难题就是规划问题,就怕政策出尔反尔,如果我们的客户刚买下院子就被拆迁,我们怎样向人家交代?"

她做的项目集中在文保区及故宫缓冲区内,因为政府承诺要保护那里的院子。

然而像南池子那样的文保区也遭遇了拆迁,这让井蕴娇的项目无法获得银行按揭贷款的支持,"银行说要

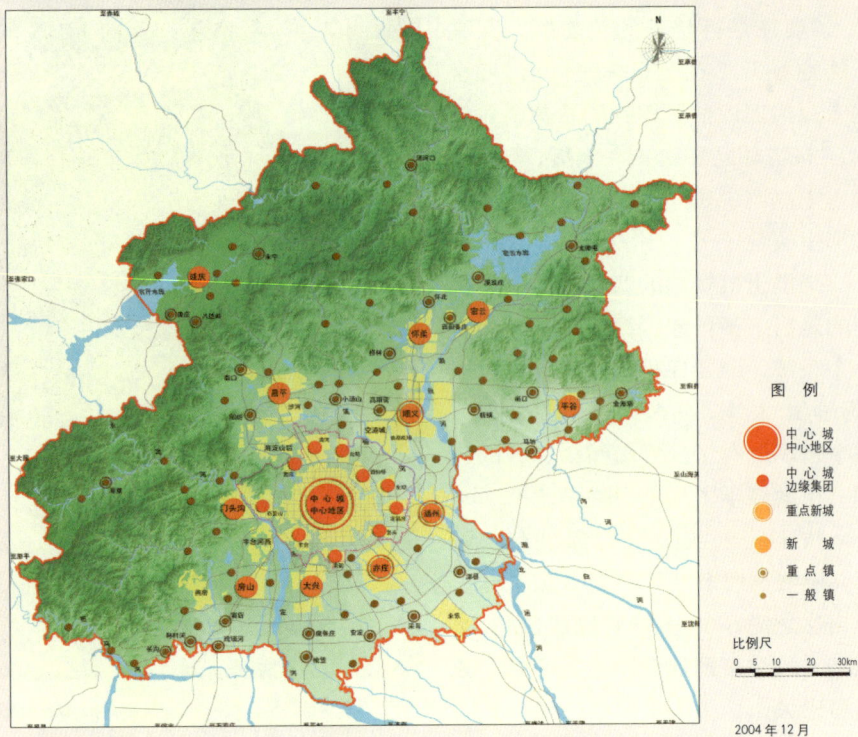

北京城市总体规划（2004—2020年）
市域城镇体系规划图

图例
中心城 中心地区
中心城 边缘集团
重点新城
新城
重点镇
一般镇

比例尺
0 5 10 20 30km

2004年12月

《北京城市总体规划（2004—2020年）》中的市域城镇体系规划图

是拆掉了怎么办？所以财产权一定要稳定啊！"

8位外籍人士2006年3月致信北京市政府，询问"在保护区的政策上有哪些变化，在鼓励私人购买及修复传统建筑的政策上有哪些变化"。

信中说："在将近两年以前，北京市政府出台了一个新的政策，允许和鼓励外籍人士在老城已定的历史文化保护区里购买四合院。我们是在中国生活和工作的一些外籍人士和海外归侨，都非常喜欢中国的古典建筑，所以就纷纷购置了四合院或长期租赁并投入大量资金进行修缮，或正在准备签订购买合同。"

"然而，我们最近发现，有些保护区里的胡同也正在被拆除，比如崇文区前门东侧的鲜鱼口保护区、西城区复兴门内大街南侧的南闹市口保护区（文华、文昌胡同等）、南北长街……这令我们感到非常担忧。"

德籍华人黄映红说她特别迷恋北京的四合院，自己到处找房，终于在钱粮胡同买下了一个院子，"我的房子后面是东城区政府，我希望它能够保佑我。因为在德国，政府是很注重私人财产的安全性的"。

舒梅是经手房地产业务的律师，

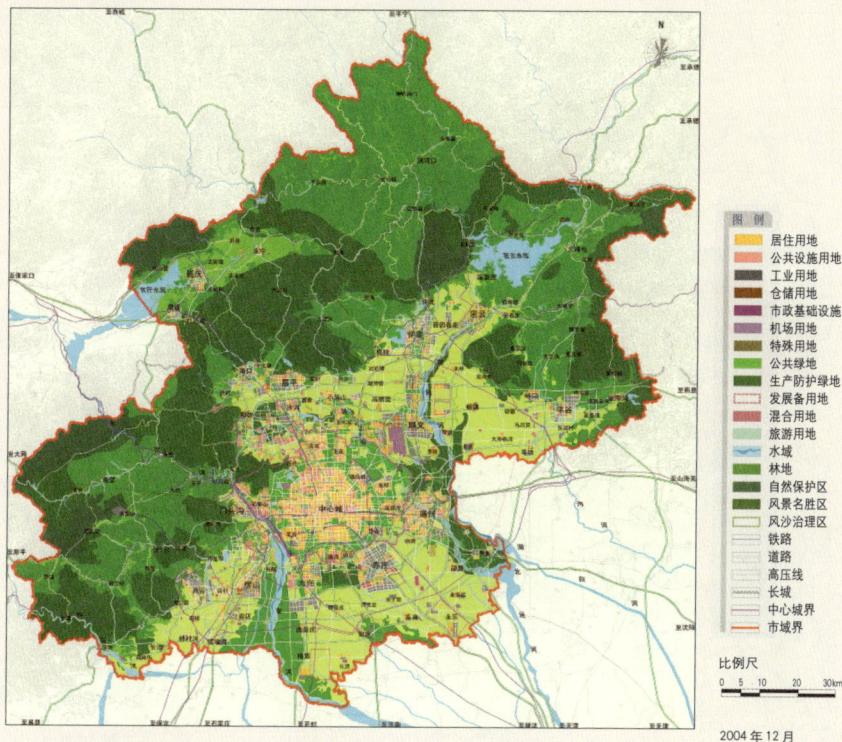

北京城市总体规划（2004—2020年）
市域用地规划图

2004年12月

《北京城市总体规划（2004—2020年）》中的市域用地规划图

她说许多想买四合院的客户都来咨询会不会遇上拆迁，"虽然政府信息公开的程度逐渐放开，但就是我们律师出面调查也很难得到确切信息。而现在的拆迁不会考虑你房屋的历史价值，你投入几百万的装修甚至会血本无归"。

"其实真正用钱来作杠杆问题都解决了。"井蕴娇说，"那些院子破了政府就想把它们拆了，可它们是有市场的啊，你让市场自己来做就行了。你甚至可以把院子里各家的使用权拿到市场上流通，等使用权变产权的时候再收取土地出让金，这照样是有钱赚的。"

整体保护提出之后

2005年1月国务院批复新修编的《北京城市总体规划（2004—2020年）》之后，两院院士吴良镛发表评论："我认为北京的总规修编才完成一半。"

总体规划确定整体保护北京旧城、推动新城建设的原则，是吴良镛多年的愿望，但他担心如不能跟进有效对策，"这个城市会像整个一张'大饼'，摊到行政范围内全是。"

半个多世纪在老城上面盖新城，已使62.5平方公里的北京旧城在2003

老北京的死与生 ■ 301

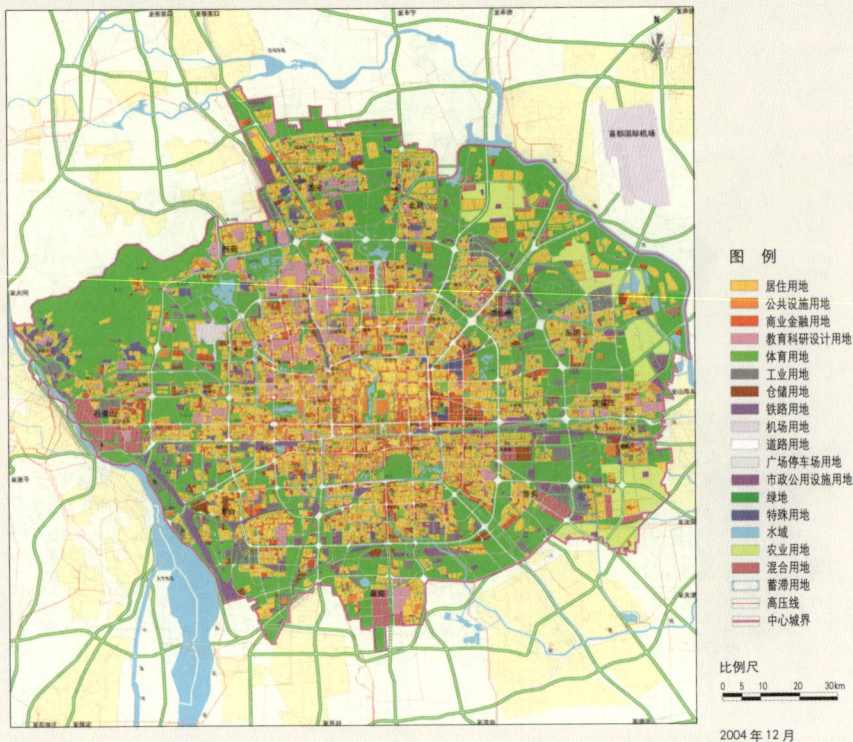

北京城市总体规划（2004—2020年）

中心城用地规划图

图　例

居住用地
公共设施用地
商业金融用地
教育科研设计用地
体育用地
工业用地
仓储用地
铁路用地
机场用地
道路用地
广场停车场用地
市政公用设施用地
绿地
特殊用地
水域
农业用地
混合用地
蓄滞用地
高压线
中心城界

比例尺
0　5　10　　20　　30km

2004年12月

《北京城市总体规划（2004—2020年）》中的中心城用地规划图

年仅留下不足15平方公里较完整的历史风貌空间，以旧城为中心的城区因承载过多的城市功能，交通与环境压力持续加重。

吴良镛多次呼吁旧城内的建筑量不能继续增长，与这一思路吻合的总体规划刚获批准，却面对数量可观的成片危改项目正在或等待实施。

2005年1月25日，北京市政协文史委员会向政协北京市第十届委员会第三次会议提交党派团体提案，建议按照新修编的总体规划的要求，立即停止在旧城区内大拆大建。

这份提案指出，就在新规划出台前后，旧城内东、西等城区又有多处强度极大的房地产开发项目重新启动，四城区还有一大批危改的"后备项目"，这些项目大多是2003年以前批准的，"一旦实现，北京的胡同四合院就将被基本消灭得差不多了。"

2005年2月，北京古都风貌保护与危房改造专家顾问小组成员郑孝燮、吴良镛、谢辰生、罗哲文、傅熹年、李准、徐苹芳，与两院院士周干峙联名提交意见书，建议采取果断措施，立即制止在旧城内正在或即将进行的成片拆除四合院的一切建设活动。

意见书提出，对过去已经批准的危改项目或其他建设项目目前尚未实施的，一律暂停实施。要按照总体规划要求，重新经过专家论证，进行调整和安排。凡不宜再在旧城区内建设的项目，建议政府可采取用地连动、异地赔偿的办法解决，向新城区安排，以避免造成原投资者的经济损失。

同年4月19日，北京市政府对旧城内131片危改项目做出调整，决定35片撤销立项，66片直接组织实施，30片组织论证后实施。

这些项目集中在旧城之内，仍沿用"拆平建高"的高强度开发模式，对历史文化保护区形成包围之势。

《北京城市总体规划（2004—2020年）》中的旧城文物保护单位及历史文化保护区规划图

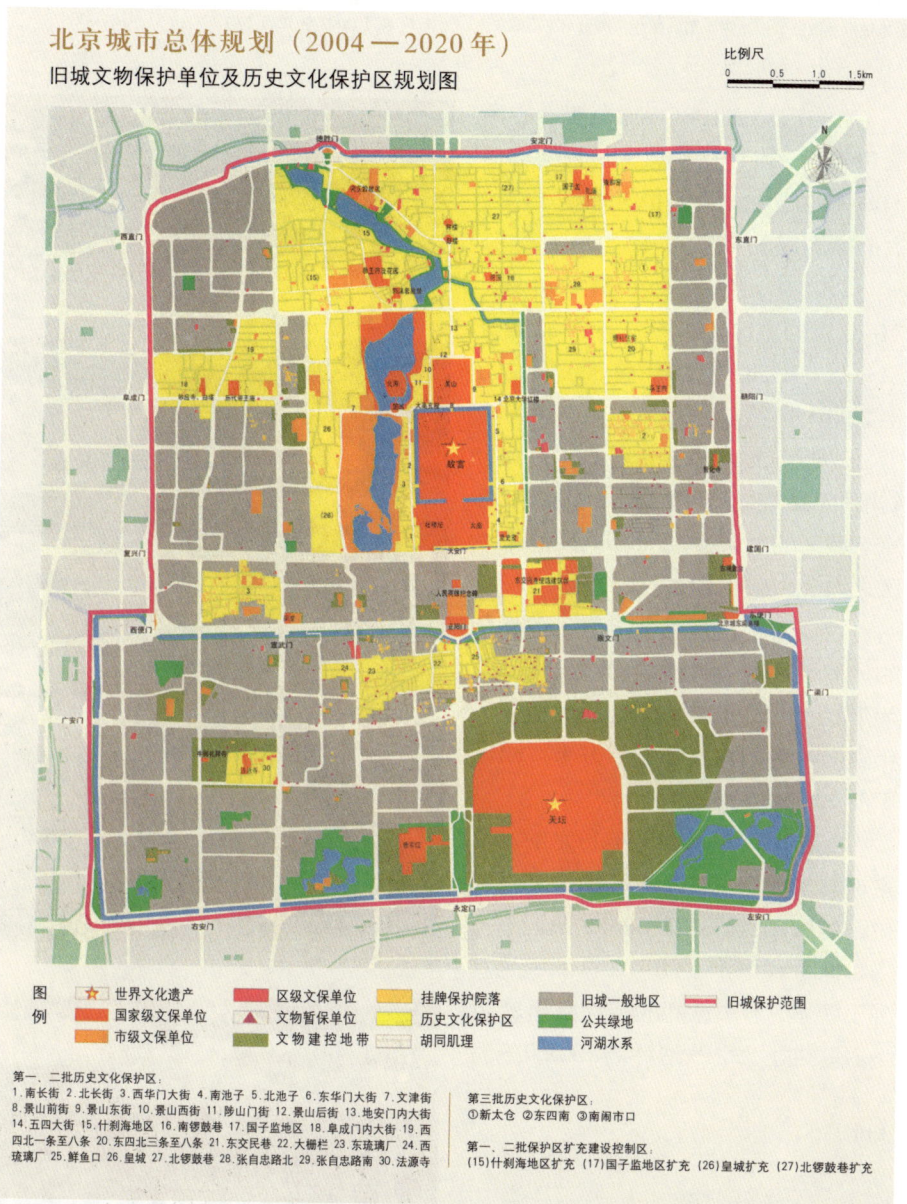

北京城市总体规划（2004—2020年）
旧城文物保护单位及历史文化保护区规划图

比例尺 0 0.5 1.0 1.5km

图例
☆ 世界文化遗产　　■ 区级文保单位　　■ 挂牌保护院落　　■ 旧城一般地区　　— 旧城保护范围
■ 国家级文保单位　　▲ 文物暂保单位　　■ 历史文化保护区　　■ 公共绿地
■ 市级文保单位　　■ 文物建控地带　　□ 胡同肌理　　■ 河湖水系

第一、二批历史文化保护区：
1.南长街 2.北长街 3.西华门大街 4.南池子 5.北池子 6.东华门大街 7.文津街 8.景山前街 9.景山东街 10.景山西街 11.陟山门街 12.景山后街 13.地安门内大街 14.五四大街 15.什刹海地区 16.南锣鼓巷 17.国子监地区 18.阜成门内大街 19.东四三条至八条 20.东四北三条至八条 21.东交民巷 22.大栅栏 23.东琉璃厂 24.西琉璃厂 25.鲜鱼口 26.皇城 27.北锣鼓巷 28.张自忠路北 29.张自忠路南 30.法源寺

第三批历史文化保护区：
①新太仓 ②东四南 ③南闹市口

第一、二批保护区扩充建设控制区：
(15)什刹海地区扩充 (17)国子监地区扩充 (26)皇城扩充 (27)北锣鼓巷扩充

基本被拆尽的桂公府东路院落。图片右侧仍可见拆除工人　　王军 摄于 2002 年 12 月 27 日

北京旧城占 1085 平方公里中心城面积的 5.76%，这次总体规划修编使旧城内的历史文化保护区增至 33 片，占旧城面积的 29%。

2004 年北京市文物局的文件称："在北京的市区内，胡同至今占据着三分之一的面积，居住着北京旧城近半数的人口。"

2005 年北京城市规划学会完成的《胡同保护规划研究》显示，2003 年北京老城区的胡同有 1571 条，其中保护区之内 660 多条，保护区之外 900 多条。

旨在 5 年内完成全市危旧房改造的计划已使成片的胡同、四合院被夷为平地。2000 年启动的这项工程在两年内拆除危旧房 443 万平方米，相当于前 10 年的总和。

在这次大规模改造运行之前，北京市划定第一批二十五片历史文化保护区范围，占旧城面积的 17%。

保护线划到了哪里，拆除线也划到了哪里。愈演愈烈的拆除激起 25 位学者联名上书，改造计划 2002 年 9 月

被迫暂停。

"进一步扩大旧城历史文化保护区的范围"被写入新的总体规划，但随后再度启动的成片危改工程又将推土机引入旧城。

保护区外的成片拆除已在进行，金宝街、霞公府、米市胡同、察院胡同、文昌胡同、文华胡同、麻线胡同等地的拆迁现场，继续上演着拆与保的遭遇战。

天坛航拍照片，摄于1945年10月13日。上方可见崇文门城楼（右上）及内城城墙　（来源：美国国家档案馆）

保护区内的情形同样可叹。大面积推倒重来的南池子工程被数位知名学者联名指责为"一大败笔"，紧接着南长街被成片拆除，大栅栏、鲜鱼口又引发争议。

保护规划的一些模糊表达或对此负有部分责任。《北京旧城二十五片历史文化保护区保护规划》显示，保护区内仍有一个可拆范围，保护区由重点保护区和建设控制区组成，其中建设控制区可"新建或改建"，占保护区面积的37%。

保护规划中的道路扩建方案随处可见，南北纵穿鲜鱼口和大栅栏的两条25米宽的道路工程，和这里其他新建和扩建的道路一样，是对保护规划的执行。

旧城里越拆越宽的道路并未使交通拥堵改观，它只是将周围交通的堵点迅速移入城内。在高密度的城市里发展小汽车鲜有成功的先例，为其支付的巨大成本还使街道的商气尽失。

北京市规划委员会2005年承诺在新的旧城规划编制中，对传统格局保持较好的街道进行整治时降低其城市道路网密度，减少红线宽度，原则上

天坛航拍照片，摄于1945年10月13日。上方可见正阳门城楼、箭楼，内城城墙，以及鲜鱼口、大栅栏地区　（来源：美国国家档案馆）

混凝土屏障逼近钟楼和鼓楼　　王军 摄于 2008 年 2 月 8 日

建于元代的妙应寺白塔被湮没在楼群之中　　王军 摄于 2008 年 2 月 8 日

不再新建红线宽度在 40 米以上的道路，而以 15 米到 25 米宽的道路为主。

2006 年 4 月，位于旧城中心区域的西绒线胡同、油坊胡同、大方胡同的道路扩建展开，西绒线胡同的宽度由现状 25 米增至 35 米，油坊胡同、大方胡同的宽度由现状 10 米增至 25 米。

在公交优先战略未获明确之时，这些道路工程尽管被控制在"瘦身"尺度之内，仍将继续吸引小汽车的涌入。

高密度城市的交通以"步行＋公交"主导，这是国际通行的准则，如

高大的房地产项目笼罩着拥有 700 多年历史的大乘胡同　　王军 摄于 2004 年 12 月 3 日

以鼓励小汽车的发展为基本交通政策，纵使将城市拆成了郊区也难以满足交通增长之需。

连续不断的拆迁被认为拉动了房地产发展，众多居民被迫负债买房的现实，暗示了社会财富的转移。

在层层分税、财权和事权倒挂的体制下，仅占地方财政收入四分之一的区级财政，承担着行政开支、社会管理、公共服务以及资金需求量巨大的危旧房改造。

易于推进区域水平分工的不动产税尚未开征，地方税收以营业税为主体，做大经济规模成为多方一致的方向，不但助长各城区经济同构恶性竞争，还使对"土地财政"的欲望高温难降。

"祈年大街受天坛世界文化遗产规划限制，发展受阻。"这是崇文区政府的一位官员2005年在一份研究报告中的表述。

在全市行政区域之内，北京旧城乃弹丸之地，却拥挤着4个饱含发展激情的区级政府。

虽然新的总体规划提出"打破旧城行政界限，调整与历史文化名城保护不协调的行政管理体制"，但近年来被寄予厚望的将旧城四区合一的设想未有下文。

总体规划已明确提出调整城市结构的目标，但大规模的建设还是在中心城内发生，外移城市功能尚无具体动作，因拆迁而被驱至郊区的低收入人群，正在加入城郊之间更为汹涌的交通大潮，生活与就业成本加大，城市运行成本高筑。

在这个意义上，北京旧城内每一个四合院的留存，都是落实城市结构调整的行动。

形势仍不明朗。较之以往，北京市近年来在旧城保护方面也倾入了更多的力量，出台了历史文化名城保护条例、鼓励单位和个人购买旧城历史文化保护区四合院的规定、旧城历史文化保护区房屋保护与修缮的规定等。

在一些地方推行的四合院"微循环式"改造，采取居民以院落为单位自愿申请和房管部门推荐相结合的方式进行。

可推土机又蓄足了马力。吴良镛2006年4月20日在他的恩师梁思成诞辰105周年的座谈会上感言："每一个民族的文化复兴，都是从总结自己的遗产开始的，我们总不能给后人只留下一个故宫吧？"

宣南士乡之殇

"我不是为了自己的家，你给足我钱，我走都行，可宣南文化拆没了就太可惜了！"

2007年11月20日上午，北京市宣武区菜市口胡同84号，三位民工爬上了潮州会馆前院的东厢房和倒座房，用铁镐用力向下砸去。

《每周评论》旧址　王军 摄于 2007 年 11 月

"太可惜了，"一位尚未迁出此院的老人叹道，"这么好的房子为什么要拆呢？"

潮州会馆建筑为清代中后期建造，共两组三进院落，正房面阔五间，宏敞高大，旧式木质屏门、棂条花格清晰可见。

"1976 年唐山大地震的时候，这个房子一点儿动静都没有，质量多好啊。"那位老人说，"当年潮州进京赶考的举子就住在这里，他们当中还出了不少进士呢，听说还有一对是父子进士。"

一番锹飞镐舞之后，前院那几间房子徒余残垣断壁。会馆东侧，瓦砾堆成了小山，几位包工头模样的人站在"山头"警惕着周围的情况，上前将我劝出现场。

潮州会馆一带的老城区，正在房地产开发中变为废墟。那里是中国古代士文化的最后结晶——宣南文化的核心区域。

清朝在北京实行"旗民分城居住"。八旗据内城，汉人居外城。在北京宣武门以南的外城地区，逐渐形成了一个以汉族朝官、京官及士子为主要居民的地域，人们称之为宣南。

北京旧时会馆原有400多座，绝大多数集中在宣南地区。参与编纂《四库全书》的4200多位清代士人，多在会馆住过；进京赶考的学子从全国各地汇聚而来，客居会馆之中；政治家、学者、诗人在这里彼此往来，形成了清代引领学风、主导潮流、开近代改革之先河的宣南文化。

西周的蓟城、唐代的幽州、辽代的南京、金代的中都，也在宣南一带。"宣南地区文化历史积淀非常深厚，全国数一数二，"清史学家戴逸撰文称赞，"宣南到处是文物古迹、名人故居，几乎每一间房都能找到是谁住过的。"

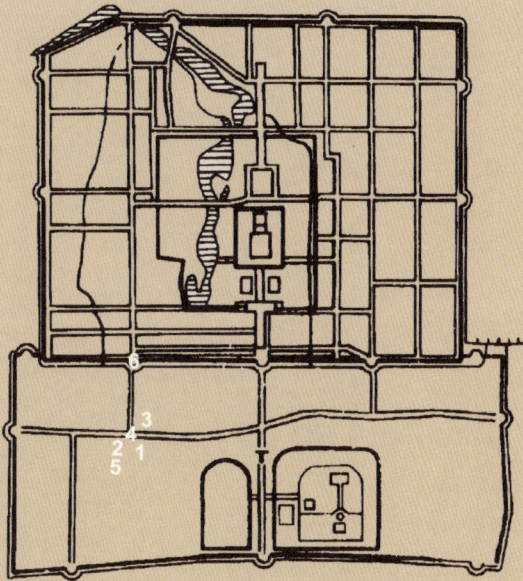

1大吉片 2菜市口西片 3棉花片 4菜市口 5法源寺 6宣武门

大吉片、菜市口西片、棉花片危改工程在北京明清古城内位置图

被拆碎的记忆

1898年，戊戌变法失败，六君子血溅菜市口。紧邻刑场的米市胡同北口，仍有一处旧棺材铺遗存，让人联想起当年菜市口刑场的腥风血雨。

"拆"字被写在了棺材铺的墙上。由此向南，是康有为领导戊戌变法、起草"公车上书"之"万言书"、创办北京出版的第一种民办报刊《中外纪闻》的所在地——南海会馆，外墙嵌有石碑，上刻"北京市文物保护单位

康有为故居"字样。

2004年12月3日，南海会馆一进院主堂发生火灾，北京市文物局、宣武区人民政府随即发表声明称，受保护的康有为故居为院内北部的七树堂，"发生火情的建筑不属于任何级别的文物保护单位"。

2007年8月，这处戊戌变法的纪念地被公布在北京国信房地产开发有限责任公司（下称国信公司）实施的大吉片危改工程的范围之内。

南海会馆以南的米市胡同64号泾县会馆，门道两侧的墙上各有一个"拆"字。这里是"五四"时期叱咤风云的《每周评论》编辑部旧址。

由陈独秀、胡适先后任主编的这

大吉片地区历史文化点分布图　　岳升阳　绘

图例

●	会　馆
■	寺　庙
○	故　居
●	报　馆
■	官　署
⬠	商业服务业
●	位置不确定

本刊物，高扬新文化运动的大旗。李大钊在此发表《新纪元》社论，提出"打倒全世界资本的阶级"，并与胡适展开问题与主义之争；蔡元培在这里发表文章歌颂"劳工神圣"。

接着南行，关帝庙已是废墟中的"孤岛"，这处格局完整的寺庙，创建于明天启五年（1625年），清末被改为潘祖荫祠。

潘祖荫（1830—1890）在光绪年间任工部尚书、户部尚书等职，时值各地水灾频发，他奏请赈灾粮米，捐出自己的养廉金去救济，择地设粥厂，重病之中仍在督导赈务，死后检出他亲手写的告灾、乞赈函件达1000多份。

关帝庙东侧，南横东街131号院内古槐参天，一座庑殿式建筑饰有琉璃彩瓦，周围的房屋几被拆尽。

北京市宣武区建设管理委员会、

北京市古代建筑研究所1997年编辑出版的《宣南鸿雪图志》载，此处院落为清朝接待朝鲜、琉球、安南、回部四处贡使的会同四译馆。现存前殿、后殿及西跨院数座建筑。

宣武区文化委员会采信有关专家的意见，将这组建筑认定为华严庵。北京市政协常务委员、北京市社会科学院研究员王灿炽对此提出异议，认为"这有贬低其价值之嫌"。

1998年，王灿炽阻止了一次对这组建筑的拆除，他写了一份政协提案："请立即行动起来，坚决阻止拆除会同馆的行为，请保留下这个北京唯一幸存，具有255年历史的清代国宾馆——南横街会同馆，留给后人一份珍贵的文化遗产吧！"

从南横东街向北折入前兵马街，一堆瓦砾之中，四处拆下来的木料被归拢到一处，堆成了小山，边上置一磅秤，木料论斤而售。

一笔交易刚刚完成，正在装运的卡车，货厢被堆成了另一座小山。

接着北行，路东的湘阴会馆徒余残房数间；中兵马街南口，三进院的观音庵仅有后殿残存；平坦胡同之内，京剧"后四大须生"奚啸伯的故居被拆除一空；后兵马街北侧，京剧"四小名旦"张君秋的故居被夷为了平地。

旧时保安寺街多有文人雅事流传。清初大诗人施愚山（1619—1683）常到此访友，留下"踢月夜敲门，贻诗朝满扇"的诗句。这条街上，明正

南横东街 131 号后殿　　王军 摄于 2007 年 11 月

买家光顾被拆下来的老房木料　王军 摄于 2007 年 11 月

统年赐额的保安寺现有山门留存；湘潭会馆、关中会馆屋宇高大，格局完整；玉皇庙尚有院落和老屋可寻。

眼下，保安寺街被写满了"拆"字。街道北侧，京剧"前四大须生"高庆奎的故居，外墙已被拆破，那上面的"拆"字就有四个。

"这样的书空前绝后了"

"你瞧，连这地上都写上'拆'了！"在北大吉巷 22 号李万春故居前，一位居民指着涂在胡同地上的"拆"字，让我辨认。

这附近的 19 号院，是李万春在上世纪 30 年代创办鸣春社科班的旧址。这位以武戏和猴戏著称的京剧生角大师，先后在这里培养了"鸣"、"春"两科学生近 300 人。

"拆"字被写在了鸣春社的外墙，当中贴上标语："危改项目等于公益事业，等于征收土地！"

"开发商把老百姓迁走，盖写字楼、宾馆，这是公益事业吗？"19 号院的房产人郭观云向我展示了他从网站上下载的大吉片危改项目设计方案。

这一带的拆迁标语随处可见，包括："先走的绝对占便宜，奖励期后走的绝对吃亏！"

被写上"拆"字的还有福州馆前街林则徐居住过的莆阳会馆、粉房琉璃街梁启超结婚时居住过的新会会馆。

"大吉片是北京会馆的核心地带，这一片的会馆不下四十个。"74岁的宣南文史专家孙兴亚说，"有的胡同，门挨门都是会馆，一条胡同就有十五六个。"

他向我介绍了会馆存废的过程："到本世纪初，北京的会馆约留下200处，在这之前，约200处被拆掉；到2007年，又有约100处被拆掉，现在约不足100处了。"

"危改是先捡'肉'吃，就是先拆人口密度低的地方，因为那里的拆迁成本低。宣武区就这样从广安门外由西向东拆，现在拆到了中心地区。两广路拓宽时拆掉了20多个会馆，宣武门外大街和菜市口大街拓宽时又拆掉了20多个会馆。"

说完这话，孙兴亚手捧2007年4月出版的《北京会馆资料集成》，他是此书的主编之一，"我们现在只能做一些纸上的工作了，像这样的书空前绝后了，以后不会再有人做了，因为几乎拆没了！"

2007年9月26日，宣武区建设委员会在一日之内，为北京天叶信恒房地产开发有限公司进行菜市口西片危改小区的土地一级开发，发出三个拆迁公告；10月10日，这家委员会又为北京中融物产有限责任公司实施棉花片危改（六期）工程，发出拆迁公告。

在菜市口的东南、西南、东北部地带，大吉片、菜市口西片、棉花片三个危改项目齐头并进。

棉花片危改区内的四川营，是明末帼国英雄秦良玉的屯兵处。由此北行至山西街，可见京剧"四大名旦"荀慧生的故居，此院1986年被列为宣武区文物保护单位，近年院外掘坑盖楼，故居发生墙体开裂，一处老宅倒塌。

折入铁门胡同，一幢施工中的大楼把胡同拦腰截断，施愚山故居残存于工地之侧；胡同北口，体形硕大的商厦拦在面前，让人忆起施愚山《移寓寄宋牧仲诗》："书声不敌市声喧，恨少蓬蒿且闭门。此地栖迟曾宋玉，薜墙零落旧题痕。"

菜市口西南侧的法源寺，是唐代悯忠寺旧址。公元645年，唐太宗为悼念东征阵亡将士而建此寺。1127年，宋钦宗赵桓被金兵掳至燕京囚居于此。

北大吉巷47号"青云揽月"门磴　　王军　摄于2007年10月

南宋亡后，曾与文天祥同科中进士的南宋诗人谢枋得（1226—1289）被强迫至大都做官，誓死不从。在悯忠寺，他看见颂扬东汉孝女曹娥的石碑，泣曰：小女子犹尔，吾岂不汝若哉？不食而死。

明代为纪念其忠烈行为，在法源寺后街谢枋得殉难处建立祠堂。此处院落格局犹存，还有二层小楼一座，原供谢枋得和文天祥像。

眼下，谢枋得祠被划入了菜市口西片危改范围，其外墙被刷上了"拆"字，并贴上标语："早签协议，早得实惠！"

所谓"迁建"

"在大吉片危改项目中规划了一个四合院保护区，一些有保留价值的建筑将迁建到那里。"2007年11月22日，宣武区常务副区长王永新在接受我采访时说，"棉花片危改，也是采用这样的方法。"

"菜市口西片危改项目的情况是，建筑规模20万平方米，其中10万平方米为酒店、写字楼，10万平方米为住宅。"王永新说。

据宣武区文化委员会介绍，大吉片危改共涉及1处市级文物保护单位

法源寺后街的谢枋得祠　王军 摄于 2007 年 11 月

和8处文物普查登记项目。其中，4处原址保护，包括康有为故居（保护范围扩大至整个南海会馆）、米市胡同29号楼房、梁启超旧居（新会会馆内）、莆阳会馆（此处为贾家胡同内光绪年间创置的新馆）；5处异地迁建，包括《每周评论》旧址、潮州会馆、南横东街131号、李万春故居、关帝庙（潘祖荫祠）。

菜市口西片危改共涉及两处文物普查登记项目。其中，谢枋得祠异地迁建，莲花寺原址保护。

棉花片危改（六期）工程内，没有文物保护单位和文物普查登记项目。

"在这些区域内，大量没有被定为文物保护单位和文物普查登记项目的会馆、寺庙、名人故居等，随着改造也就灭失了。"一位知情者透露。

"他们说是迁建，但是谁敢相信？粤东新馆迁到哪里去了？"王灿炽对我说，"这些有历史意义的建筑怎能说迁就迁呢？开发商的利益就那么重要？"

王灿炽所说的粤东新馆是1998年在菜市口大街工程中被确定迁建的文物建筑，那里是戊戌变法时期康有为成立保国会的地方。"迁建"工程由一位包工头带着十多位农民工施行，建筑物被拆毁，砖瓦木料被售卖。

同期被"迁建"的还包括观音院过街楼，它是北京旧城内仅存的一处古代过街楼，对它的"迁建"则是用推土机直接铲除。

王永新表示，在此次菜市口地区的危改工程中，涉及到的"有保留价值的古建筑"，无论是原地保护还是异地迁建，开发商都须事先拿出方案。"你不拿出方案，文物部门就不批准。异地迁建的，迁建工作由文物部门监管，要事先明确迁建地点，建筑构件要编号。"

"现在的迁建根本无法按专业标准执行。"一位基层文物工作者向我直言，"每一处砖瓦木料都得编号，原拆原建，开发商受得了吗？所以，一般只要求他们留下一些重要的构件，复建的时候再放回去就行了。"

"可是，这还叫文物迁建吗？说白了，这就是造假！"这位人士说，"即使你按专业规范做了，把李万春的故居迁建了，那里还是李万春的家吗？"

背后的玄机是，"没有人愿意承担文物灭失的责任，于是就想出迁建这个办法。包括我们的专家也是这样，一说迁建，大家肩上的责任一下子就落下来了。"

遭遇战持续两年

2005年7月，大吉片危改启动一期拆迁，一场拆与保的遭遇战旋即展开。

全国政协委员、清华大学美术学院教授李燕上书北京市有关部门，要求立即停止在大吉片的拆迁，"迅速及时地保护拆剩下的可怜的北京老城历史文化遗迹。"

2005年1月，国务院批复《北京城市总体规划（2004—2020年）》（下称《总体规划》），对北京历史文化名城保护提出要求："要充分认识做好北京历史文化名城保护工作的重大意义，正确处理保护与发展的关系。政府应当在历史文化名城保护工作中发挥主导作用。加强旧城整体保护、历史文化街区保护、文物保护单位和优秀近现代建筑的保护。"

在保护机制方面，《总体规划》提出停止大拆大建，鼓励居民成为房屋修缮保护主体的具体策略。

李燕认为，大吉片危改不符合《总体规划》的有关规定和国务院的批复精神，并表示："对居民房产物权的不受重视亟感不安。"

他附上了一份署名"大吉片部分居民"的意见书，上称大吉片有大量的私人房产，"产权人具有占有、使用、收益、处分权，你给的钱再多，补偿再高，我可不可以不卖？市场经济不是反对'强买强卖'吗？"

这份意见书还说："本片居民世代生活在大吉片和宣武区，已经和这里的环境、文化融为一体。一旦迁往远处，经济困难暂时不谈，单是生活上成人上班，孩子就学，老人看病，衣食住行中的交通、购物、就医、取暖一系列困难，必然随之而来，不妥善解决这些问题，就成片地推倒平房，成批地外迁居民，未必是实行北京市新规划的好办法。"

南横东街155号四合院是"袁氏三礼"故居，"袁氏三礼"是对袁复礼、袁同礼、袁敦礼三兄弟的尊称，他们分别是20世纪中国著名的地质学家、现代图书事业先驱、现代体育教育家。

"文革"期间，此处袁氏家产被挤入20多户人家。2005年初，在北京市腾退"标准租"私房政策的推动下，部分房屋被归还给袁氏后人。同年5月16日，袁氏后人联名向北京市政府有关部门提出建议：将此故居"修旧如旧"，恢复北京四合院的风貌；建立"三袁"展室，从不同侧面展示中国近代科学与文化的发展；形成一个奥运客人的家庭接待点。他们表示，如能得到各领导机关的批复，他们愿为此献出精力与财力。

可是，"拆"字被写到了故居的墙上。相持两年之后，2007年8月，袁氏后人放弃了此处房产。

中学生的呼吁

2006年2月20日，北京四中教师刘刚和朱岩、宋壮壮、陈冀然、李唐等10位高二学生，向北京市有关部门提交建议书，表示"对现有规划怀有疑虑"。

在此之前，他们对大吉片的历史文化遗存做了系统调查，并制作了一个名为"守望大吉片"的专题网站。

他们认为："宣南地区在历史演变过程中积淀了诸多独特的文化，不仅对宣武区是珍贵的历史文化遗产，而且在北京市各区县当中也是独具特色，无可类比，其中更有众多在中国、在世界都有影响的瑰宝。"

他们建议，停止拆迁，整修现有院落，区内以平房为主，可以翻建，古会馆可以出租，可以与原来用作会馆的地方省市联系，恢复为该省市的驻京办或招待所。

他们表示，仅保留个别文物保护单位的做法，会是一个非常遗憾的结局，"我们相信也是多数北京人和外地人都不愿看到的，我们不赞成这个方案"。

宣南文史专家黄宗汉认为，将各地会馆交给原属省市修复作为驻京的办事机构的想法很好，但是实际运作起来，首先要解决的是产权归属问题。"绍兴市长就曾经对我说过，要花这么多钱把北京绍兴会馆修复却没有产权，我实在不好交代。"

"对各地的会馆，建国初期国务院决定交由北京市政府统一管理，今天看来，这一政策需要加以调整。"黄宗汉撰文称，"按理说，各地的会馆本来是过去当地的官员、士绅、商人等集资建起来的社会公共财产，今天各地方政府如果再度集资将之修复开放，其产权就理应重归当地所有，这也可以算是一项落实政策的措施。需要请市政府报请国务院修订政策。"

"像中山会馆、安徽会馆、绍兴会馆、湖南会馆，地方政府都想把它们作为驻京办事处。我们说可以，如果你把这些会馆全腾退干净了，修缮好了，我们可以签一个合同由你使用多少年，但产权是我们宣武区政府的。"

王永新解释道，"因为文物建筑的产权不能买卖，这是有法律规定的。"

他同时表示："在保护与改造方面，我们一直存在两难。我们一方面要保护好风貌，已被确定为文物和保护院落的，一定要按有关规定来做；另一方面，像大吉片这样的地方，都是上百年的房子，许多都是危房，每年防汛期间，政府都担惊受怕，万一房子塌了砸死人了怎么办？"

"法律依据何在？"

"这个破坏有点儿是人为的，"北京学研究所研究员王越从小就在大吉片一带生活，他的印象是，"那里的房子，房管所就没有好好修过。"

2007年11月，北京市启动了新中国成立以来全市规模最大的一次旧房修缮工程，40条胡同、1474个院落将在2008年6月30日之前完成综合整治。

菜市口周围的危改区不在这次修缮范围之内，这里仍在沿用大面积推倒重建的房地产开发模式。

"打1996年起，我们这一片就一直在折腾拆迁，开发商换了好几个。"鸣春社的房产人郭观云对我说，"我们这些私房户，谁敢像模像样地修房子啊？你修好了他给你拆了怎么办？"

"你看我们住的这房子寒碜了点，可这一拆，恐怕连这寒碜的地方都没有了。"北大吉巷27号的一位私房主说，"现在的房价涨得多高啊，连四环一带都涨到两万块钱一平方米了，你让我们拿着这点拆迁补偿款往哪里搬？"

国信公司承诺对在规定的搬迁期限内签订补偿协议者给予较大幅度的奖励，但截至2007年10月10日规定的最后期限，仍有相当多居民未与之签订补偿协议。

"从目前大吉片一期、二期危改的进展来看，总共要拆迁8000户，现在已走了3000户。"王永新认为，"老百姓总的来说还是支持这个项目的。"

"现在有点拆不动了，因为北京的房价实在是太高了。"一位接近拆迁办的人告诉我，"许多老百姓住的面积本来就不大，按面积补偿他们根本就买不起房。"

拆迁如蚂蚁啃骨头般推进。高斌居住的南横东街151号四合院，门楼、前院、后院已被拆毁，在仅存的中院里，他开始了孤岛般的生活。

"当年我们家买这处房产的时候，是连院子一起买的，解放后还缴了很长时间的房地产税。可拆迁办说只补偿房子，不补偿院子，这太不合理了！"高斌叹道，"《物权法》施行后，《城市房屋拆迁管理条例》已停止执行，新的条例还没有出来，现在搞拆迁，法律依据何在？"

这些年，郭观云走访了不少地方，呼吁把鸣春社保留下来。一位官员跟他讲："连李万春自己住的房子都不见得保下来，哪还顾得上你的那处？"

"我不是为了自己的家，你给足我钱，我走都行，"郭观云说，"可宣南文化拆没了就太可惜了！"

"咱北京文化的根啊！"

2007年9月，王越到南横街办事，看见拆迁布告已贴在街北的墙上，从胡同东口向西望去，已是一片狼藉。

他投书《瞭望》新闻周刊，称大吉片一带的果子巷、潘家胡同、羊肉胡同、大吉巷等是金朝留下的街巷胡同，"具有千年历史的街巷居然要毁于一旦，这终将成为日后的遗憾"。

这位65岁的北京历史地理学者在果子巷内的贾家胡同出生，那一带是他童年的乐园。

他相信曾在12至13世纪统治了大半个中国的金朝的首都——金中都，它的灵魂还活在宣南一带的街巷里。

"你看，这就是金中都的砖头，这一面有6道凹槽。"王越在家里搬出一块灰砖，掸了掸上面的土，让我查看，"这凹槽是为了让砖能粘得更紧些。"

7年前的一天，王越与一位好友去菜市口用晚餐，走到丞相胡同北口，见骡马市大街正在拆迁。两人相约能不能找到一块金代的砖头，没想到随手一捡，就是眼前的这块。

"也许它曾被砌在了某一堵墙里。"王越心生感慨，"宣南这一带，可是咱北京文化的根啊！"

距今 3000 多年前，周武王灭商，封黄帝之后于蓟。

据历史地理学家侯仁之考证，蓟城的中心位置在今宣武区广安门内外，这是北京建城之始。

秦统一中国后，蓟城是北方的军事要塞；唐初，蓟城改称幽州城。今法源寺，即唐悯忠寺，在幽州城东南隅。

契丹936年占据幽州，938年改国号为"大辽"，升幽州为陪都，号南京，又称燕京。辽南京城的大部分就在宣武区辖内，现存的天宁寺塔是当年南京城内最高的建筑。

1125年，金攻陷辽南京；1151年，金决定迁都南京；1153年，改南京为中都，这是北京建都之始。

金中都以辽南京为基础，向东、南、西三面扩建而成，城内置六十二坊，皇城略居全城中心，前朝后市，街如棋盘。

1215年，蒙古攻陷中都；1267年，忽必烈在中都东北郊大规模营建大都新城；1272年改中都为大都，原金中都称旧城或南城。

在大都南北城之间的今前门外地区，此后形成了若干条保留至今的斜街。

1368年，明攻陷大都，随后南移其北城墙；1420年，又南移其南城墙；1553年，增筑外城，形成凸字形城廓。

外城西城墙南北穿过金中都核心

粉房琉璃街在拆迁中的生活　王军 摄于 2007 年 11 月

地带。1990年在北京西厢道路工程中，北京市文物研究所沿宣武区滨河路两侧，探得金中都宫殿夯土13处，南北分布逾千米，并作局部发掘，确定了应天门、大安门和大安殿等遗址位置。

"现在要拆除的所谓大吉片，正处辽燕京的关厢、金中都城的东城墙左近，集街坊、胡同、城门、城墙和护城河于一体。"王越认为，这一带对辽金民居生活的研究具有重要的历史价值。

大吉片危改区内的潘家胡同，有12处会馆、3处寺庙被《宣南鸿雪图志》存录。这条胡同还是金中都东城墙的见证。潘家胡同，旧称潘家河沿，所沿之河，即金中都的东护城河。

上世纪40年代末，王越在潘家胡同附近骡马市大街以北的梁家园小学念书，校园西侧有一段土城，王越与小伙伴们时常爬上去玩耍。

"传说那是萧太后城，"王越回忆道，"其实它就是金中都的东城墙。"

棉花片危改区，也在金中都东城墙以里、辽南京城的关厢地区；菜市口西片危改区，则在唐幽州城和辽南京城之内。

"你看，这一带既有辽南京即唐幽州的旧街巷，又有金中都向外扩建后形成的新街巷。"王越说，"大吉片这一带，是金中都东扩后形成的，这里的东西向主干道明显比西部密集，所以，在东西向主干道的两侧，还分布着南北向的次干道。"

从战国到北宋初期的中国城市，居住区皆以坊墙包围并设坊门，沿街无商业，买东西需到固定的市场。

北宋中期（约11世纪中期），活跃的城市经济冲破了坊墙的束缚，宵禁被取消，坊墙被拆除，沿街商业出现，终于有了《清明上河图》描绘的繁华。

"街巷开放后，元、明时又在城中心地区建钟楼、鼓楼等报时建筑，成为城市活动中心，并造成特殊的城市街景和轮廓线。"中国工程院院士傅熹年在《中国古代建筑十论》一书中写道，"直至清末，北京居住区的横街——胡同两端通街处仍设有栅栏，以控制居民夜出，但比起全封闭的里坊来，已是文明许多了。"

从唐幽州，到辽南京，再到金中都，北京经历了这一场古代"城市革命"。

王越描述了这个过程："天德三年（1151年），金主海陵王完颜亮下令迁都燕京（今北京西南），派人按北宋汴京（开封）制度增广燕城，遂改名为中都。此时的汴京，由于商业和手工业迅速发展，坊墙被拆除，已形成开放型街市。所以，金中都的街道分为两部分，一部分是辽南京即唐幽州的旧街巷，当时坊墙在逐渐拆除中；另一部分属扩建后形成的新街巷。"

菜市口东西两侧辽金时期的街巷胡同，正是中国古代城市从封闭的市里制，走向开放的街巷制的见证。

在这之后，元大都成为中国历史上唯一一座平地创建的开放式街巷制都城，被马可·波罗（Marco Polo，

1254—1324）称赞为"世人布置之良，诚无逾于此者"。

"历史给予我们很多宝贵的经验与财富，同时历史也赋予我们责任与使命。"王越说，"我们应该让辽金胡同成为留给后世的人文财富。"

"总感觉是在给人家添事"

2001年，菜市口西南侧一处建筑工地，地下挖出密密麻麻百余口古井，其中有许多是陶井。

在现场的北京大学城市与环境学院副教授岳升阳，将这一情况告诉宣武区档案馆，后者来人收走一个完整的陶井圈。

"这样的事情，给文物部门报告10次，他们能来一两次就不错了，总感觉是在给人家添事。"岳升阳感叹，"但我自己又不能发掘，因为私自考古是违法的。"

岳升阳的课题是"利用岩土工程剖面研究北京历史地理"，一有空，他就背上行囊奔赴城内各大工地。

1996年，他在王府井东方广场工程的地坑里，发现古人类活动痕迹，报告文物部门后得到重视，考古发掘随之展开。

"北京城还有许多事情没有搞清楚。"岳升阳说，"比如，北京的城圈位置，从现在往前数，能说清楚的只能到金，再往前的辽、唐，就没有人能讲明白了。"

在菜市口工地看到那百余口古井时，岳升阳颇为激动。经他辨认，这些古井从战国、西汉、东汉，到唐、辽、金、元不同时期的都有，说明这里是古代北京城市人口长期聚居的地方。

工地大坑吃掉了烂缦胡同的北部，这条胡同一线，一直被认为是辽南京和唐幽州的东城墙位置所在。

清人赵吉士（1628—1706）《寄园寄所寄》云："京师二月淘沟，秽气触人，南城烂面胡同（烂缦胡同旧称——引者注）尤甚。深广各二丈，开时不通车马，此地在悯忠寺东。唐碑称寺在燕城东南隅，疑为幽州节度之故濠也。"

"秽气触人的沟，年代肯定早不了，怎能以此推测它是唐代的呢？"读到赵吉士的这段文字，岳升阳生出了疑问。

他在工地的大坑里找到了烂缦胡同的剖面，从赵吉士生活的康熙时期的地层往下看，被扰动的路土根本就没有到达唐代的地层，它显然不是幽州的故濠。那么，唐幽州和辽南京的城墙到底在什么位置？

岳升阳多次建议在北京开展城市考古。"都盖满楼房了，还怎么考古呀？"一位官员表示不解。

"这些年到处都在施工，文物部门只要盯住这些工地，把它当作一个事情，作为城市考古来对待，用不了多少年就可能把问题搞清楚。"岳升阳说，"否则，等这些工地都挖完了，就再也没有机会了。"

"宣南这一带有三多，寺庙多、会

采访本上的城市

老北京

馆多、名人多。"孙兴亚向我介绍,"有的甚至一条胡同就有两处寺庙,像大吉片内的迎新街,北边原叫阎王庙街,南边原叫张相公庙,它们都跟寺庙有关。"

清代的汉官非大臣有赐第或值枢廷者皆居外城,多在宣武门外。"外城的崇文地区是做买卖的地方,那里的会馆以商业为主,一般读书人不愿住那儿,觉得铜臭味儿重,于是纷纷挤到宣武门以南的这片区域。"岳升阳说。

大吉片一带是清代中兴功臣曾国藩经常出没的地方。旧时南横东街的圆通观、千佛庵,和平巷的关侯庙,果子巷的万顺客店等,都是他落脚之地。从道光二十年至咸丰二年,曾国藩在北京任官13年,其中10年居住在宣南。

"宣武区档案馆编《清代宣南人物事略》时,本想做400多人,结果大家拉单子,一下子就拉出千人左右的名单。"孙兴亚感慨道,"宣南的历史文化名人实在是太多了,每条胡同都有一个两个。"

2006年出版的《清代宣南人物事略初编》收录了120位人物,主编王汝丰在《后记》中写道:"清代的宣南,人文荟萃,群星璀璨,应该收入的人物不可胜数。由于组稿、撰稿以及有关史料的挖掘、整理、研究等实际情况,本书规模不得不一再压缩。"

"再往下做就难了,这1000来个人物,谁能做呀?"孙兴亚感叹,"宣南文化底蕴深厚,可现在却没有多少人挖掘!"

最后的士乡

2007年11月19日,北京市规划委员会发布《北京市"十一五"期间历史文化名城保护规划》。紧接着,北京市首批旧城街巷综合整治改造修缮工程启动。

按照北京市政府的要求,街巷综合整治改造修缮工程目的是既改善群众生活条件,又保护古都风貌,建设单位要严格执行《北京旧城房屋修缮与保护技术导则》,修缮出让群众更方便、质量更精细、更节能环保的房子。

在此之前的10月,北京市将投入20亿元修缮四合院的消息传出。

"今后旧城区将不再成片推倒胡同、四合院了。"2007年11月28日,北京市宣武区文化委员会副主任贾文静在接受我采访时说,"菜市口地区的危改项目,是旧城保护政策出台之前,赶上最后一轮得到批准的。"

在2005年4月19日北京市政府对旧城内131片危改项目做出调整的名单中,大吉片、菜市口西片、棉花片均在直接组织实施的项目之内。

"这些项目在《总体规划》修订之前,已经获得批准,如果撤项,就会引发经济赔偿问题,这确实是让政府头疼的事情。"一位知情者透露。

近两年在北京鲜鱼口、大栅栏、东四保护区内启动的建设工程引发社会各界争议,起因于这些项目虽被冠以保护之名,却仍以强制性搬迁,进行房地产开发的方式运作,有悖于2005年1月由国务院批复的《北京城

新修复的明代长椿寺　　王军 摄于 2007 年 11 月

2003 年至 2006 年，北京市宣武区完成了先农坛、报国寺、中山会馆、正乙祠等 6 处文保单位的周边环境整治，拆迁单位 18 个，腾退、搬迁居民 1935 户。全区文保单位的修缮率达到了 52.5%。有着 400 多年历史的长椿寺，随着 447 户居民、7 家单位的搬迁，恢复了故有风貌。

市总体规划》关于以居民为主体进行房屋修缮保护的要求。

2007 年 6 月，包括库哈斯在内的一批中外建筑师在北京展示了他们的"西四新北街概念设计"。一家投资公司承办了这个"国际邀请展"，将西四历史文化保护区东部的沿街地带定位于"世界级创意产业总部及研发中心"和"世界知名品牌商业／休闲街"。

同年 10 月 3 日，北京文化遗产保护中心在《中国文物报》发表文章《西四新北街设计：如果实施，就是违法项目！》，指出这些设计与"历史文化保护区"概念没有丝毫共同点。

如何对待旧城，在过去半个多世纪里学术界多有分歧，而新修订的《总体规划》则用法规性语言对旧城保护提出了要求，它甚至在保护机制上排斥房地产开发的介入。

《北京市"十一五"期间历史文化名城保护规划》提出了房屋修缮的策略：制定传统房屋管理规定，明确修缮审批的程序、主管部门，并建立相应的鼓励及惩罚机制，使传统房屋修缮和管理得到落实。

宣武门外西侧的宣西片，位处菜市口的西北方向，是目前宣南地区仅存的尚未被房地产开发大规模扰动的区域。

2005 年 4 月 19 日，宣西片危改被北京市政府确定为组织论证后实施的项目。据王永新介绍，这一片过去曾有建设高层建筑的计划，后来被叫停了，首都规划建设委员会要求将这一片整个保护起来，要发展只能往地下发展。

"我们找发展商来研究，看能不能做到地下五层，只为有地铁通过，地下空间的利用价值较高，但开发成本极大。"王永新说，"这个方案，首规委一直在请专家论证。"

"在宣南这一带，大吉片和椿树片非常典型，前者是会馆多，后者是伶人故居多，但它们和宣西片一样，都没有被划入历史文化保护区。"一位基层文物工作者向我介绍道，"现在，大吉片正在拆，椿树片已被改建成一个小区，宣西片已是宣南士乡的最后载体了。"

从宣武门往南的大街已被展宽至70米，那里被规划为"国际传媒大道"。"如果我们未来的传媒大道，就是在众多高楼中夹着这么一两个小院，当成文保单位，完全破坏了当初的人文环境，康有为、谭嗣同们还会钟情这里吗？"2006年2月20日，北京四中高二的部分师生对大吉片危改提出这样的疑问。

宣武门外上斜街的拾荒者　王军 摄于 2007 年 11 月

从雅典到北京

一个城市能否成功，取决于它在多大程度上看清了自己。

2004年8月18日，名不见经传的新加坡女子铅球选手张桂容在雅典成为了历史人物。

她并没有赢得任何一块奖牌，论实力她的名字几乎可以在铅球项目中忽略不计，可她却享受到一项特殊的荣誉，在希腊古竞技运动场上空前一掷。

张桂容被安排在奥运会女子铅球预赛的第一个出场，她转身一投，即宣告希腊古竞技运动场2700年来只允许男选手比赛的历史终结了。

这也是奥林匹亚山上的古运动场自公元393年以来，第一次作为竞技场对外开放。

古竞技运动场没有搭建任何临时性设施，来自世界各地的观众席地而坐，见证了人类千年历史的迈进。

虽然以1100万的人口和欠发达的经济实力来论，今天的希腊只是一个小国，虽然这个小国为举办盛大的奥运会一度步履维艰，但它只是掸了掸历史的尘埃，就光彩照人。

第28届奥林匹克运动会是独一无二的，因为在它的背后，是独一无二的希腊文化。

"雅典娜在我心中"

雅典卫城上的帕提农神庙，俯视着"百年奥运回归故乡"的传奇。人类的风云变幻，不过是在它那厚重的柱石上刻下几缕风霜。

始建于公元前447年的这个神庙，是人类文化的朝圣地。从1983年开始，希腊政府对帕提农神庙进行了马拉松式的修复，迄今20多年仍未间断。奥运会开幕了，雅典的各项工程停了下来，只有这里还在继续。

早在2500多年前，雅典古城，这个人类文明的结晶就诞生了。公元二世纪，罗马皇帝哈德良（Hadrian，

76—138）征服了这座城市，却没有毁坏它，而是另辟新城，并建了一座拱门作为新、旧雅典的界碑，朝古城方向刻上"这里是雅典，即提修斯古城"，朝新城方向刻上"这里是哈德良城，而非提修斯城"。

如今，哈德良拱门依然矗立。

经历沧桑，雅典现已不存在一个完整的中世纪古城，也无法像伊斯坦布尔、罗马那样，将整个古城申报为世界文化遗产。可对那些幸存下来的古迹，雅典人却是处处珍惜。

这座城市在文化保护方面的努力，只需登上卫城便一目了然。

整个城市以卫城为中心缓缓展开，天际线舒朗，建筑与广场相互配合协调，城市色彩统一，在卫城上就能望见远处的爱琴海。

雅典人没有切断历史搞规划，没有将古迹的保护与城市的发展对立起来。

虽然有人批评雅典的现代建筑简陋，在上世纪中叶克隆出一大批千篇一律的"水泥盒子"，但只要走进这个城市，仍能感受到和谐的氛围和人性的尺度，不得不感叹雅典的城市规划是由非常理性而有素养的人做的。

这个城市没有丢掉灵魂。在卫城周围，你看不到与它比高的大楼，雅典有限的几幢高层建筑，被限制在远距卫城的山丘背后建设，整个城市的建筑高度受到严格控制，保持了开阔的视野。

于是，只要行走在雅典的街上，你就会看到卫城如慈父般召唤着你，并自然想起一位希腊诗人的礼赞："雅典娜在我心中。"

为了老北京的留存

同样对北京做出这般礼赞的是作家老舍。

"我真爱北平。这个爱几乎是要说而说不出的。我爱我的母亲。怎样爱？我说不出。在我想做一件事讨她老人家喜欢的时候，我独自微微地笑着；在我想到她的健康而不放心的时候，我欲落泪。言语是不够表现我的心情的，只有独自微笑或落泪才足以把内心揭露在外面一些来……"

1936年，在山东大学任教的老

舍，写了一篇文章《想北平》，"论说巴黎的布置已比伦敦罗马匀调的多了，可是比上北平还差点事儿。北平在人为之中显出自然，几乎是什么地方既不挤得慌，又不太僻静：最小的胡同里的房子也有院子与树；最空旷的地方也离买卖街与住宅区不远。这种分配法可以算——在我的经验中——天下第一了。

"北平的好处不在处处设备得完全，而在它处处有空儿，可以使人自由地喘气；不在有好些美丽的建筑，而在建筑的四周都有空闲的地方，使它们成为美景。每一个城楼，每一个牌楼，都可以从老远就看见。况且在街上还可以看见北山与西山呢！"

然而这番美景今已逊色。自从1950年代北京开始在古城上面建新城之后，城楼、城墙被毁，高楼大厦在故宫周围比高，成片成片的胡同、四合院被夷为平地。

就在雅典奥运会开幕之前，拆与保的力量又在北京古城之内展开新一轮角逐。

北京阜成门内以北地区航拍照片，可见妙应寺白塔、历代帝王庙、阜成门城楼、城墙等，摄于1945年10月13日 （来源：美国国家档案馆）

北京玉泉山航拍照片，摄于 1945 年 10 月 13 日 （来源：美国国家档案馆）

2004 年 7 月 4 日，包括中国考古学会理事长徐苹芳、全国政协委员梁从诚在内的19位文化界人士致函世界遗产大会，呼吁"关注世界文化遗产北京紫禁城周边环境的保护，停止对北京古城的拆除、破坏"。

信中说："持续多年的拆除，使得北京成片的胡同、四合院已经越来越少。景山以北至什刹海、钟鼓楼地区是老北京最后的净土之一，如果不采取正确的保护措施，仍然沿用大拆大建、修宽马路的做法，那么，老北京最后的风貌也即将消失！""对北京古城的保护和抢救已经到了最后关头。对北京古城的拆毁不仅直接危及世界遗产紫禁城的保护，也将是人类文化的重大损失。"

紧接着，数位院士、著名建筑师和文物保护专家又递交意见书："经过这些年'剃光头'式的改造，北京旧城已留存不多了，如果还要继续，那么今天我们见到的可能已是最后的古都了；而北京市的中心区目前已不堪重负，对旧城的拆除改造势必继续增加中心区的建筑量，不但不能疏解反而是继续集中这一地区的城市功能，引发的问题是全局性的，又是与《空间发展战略研究》所确定的原则相违背的，其结果是把老北京毁了，把新北京也毁了。"

这些学者提到的《空间发展战略研究》，是2003年北京市组织国内3家学术机构完成的，主旨是实现新旧城市的分开发展，改变城市功能过度集中于以古城为核心的地区，在北京市域东部划定一个新城发展带以形成新北京的面貌，并对古城进行整体保护。

这项研究成果很快得到国务院批准，北京市随后启动了城市总体规划的修编，人们看到了新老北京共存的曙光，可推土机的惯性一时仍难以遏制。

美在自美其美

追述人类文化遗产保护的思潮，仍要从雅典说起。

1933 年 8 月，各国建筑师聚会雅典，通过国际现代建筑协会《雅典宪章》，提出保护有价值的历史建筑和地段。

《雅典宪章》因其功能主义的城市规划主张，而被今天的学术界诟病，但它却包含了人类在历史遗产保护方面

颐和园航拍照片，摄于 1945 年 10 月 13 日 （来源：美国国家档案馆）

达成的第一个共识。时值欧洲工业大发展时期，人们热衷于经济建设，对古建筑和历史环境的保护缺乏认识，许多优秀古典建筑和街区被无情地摧毁。

1964年5月，国际文物工作者理事会通过《威尼斯宪章》，扩大了文物建筑保护的范围，首次提出历史街区的概念。

1972年11月，联合国教科文组织通过《保护世界文化和自然遗产公约》。

1987年10月，国际文物建筑和历史地段理事会通过《华盛顿宪章》，重点论述历史街区和历史环境的保护。

目前，世界上几乎所有国家都颁布了文物古迹的保护法规，设立了保护机构。保护古建筑和古城已超出建筑与文化的范畴，成为人类共同关注的话题。

1990年代末期以来，历史地段与历史街区的概念被引入中国。出人意料的是，这个"成果"刚被引进就引发了争论。

2002年，中国考古学会理事长徐苹芳撰文指出，中国古代城市与欧洲的古代城市有着本质的不同。欧洲古代城市的街道是自由发展出来的不规则形态，这便很自然地形成了不同历史时期的街区。中国古代城市从公元三世纪开始，其建设就严格地控制在统治者手中，不但规划了城市的宫苑区，也规划了居住在城中的臣民住区（里坊），对地方城市也同样规划了地方行政长官的衙署（子城）和居民区。

他认为，在世界城市规划史上有两个不同的城市规划类型，一个是欧洲（西方）的模式，另一个则是以中国为代表的亚洲（东方）模式，"历史街区的保护概念，完全是照搬欧洲古城保护的方式，是符合欧洲城市发展的历史的，但却完全不适合整体城市规划的中国古代城市的保护方式，致使我国历史文化名城的保护把最富有中国特色的文化传统弃之不顾，只见树木，不见森林，拣了芝麻，丢了西瓜，造成了不可挽回的损失"。

这一切，又很难归罪于《雅典宪章》，虽然这个宪章响亮提出了历史地段的概念，并在后来被深化为历史街区的保护。

一个城市能否成功，取决于它在多大程度上看清了自己。

1998年，雅典实施了一项宏大计划，建设了一条4公里长、连接六大考古遗址的人行步道，将泛雅典娜运动场、奥林匹斯宙斯神庙遗址、哈德良拱门、酒神剧场、卫城博物馆新馆等历史街区联系起来，让步行者能够"从城市的童年不间断地走到城市的今天"。

第28届奥运会期间，希腊政府解除禁令，批准古城内的居民将自己的住宅提供给游客居住，这既缓解了城市的住宿压力，又让世界分享了雅典文化。

在奥林匹克的洗礼下，雅典变得更加美丽。雅典之美，美在自美其美。

老南京

最后的纠葛

朱偰之死

最 后 的 纠 葛

"也许95%的老城区不是你们拆的，但是历史会记住最后一个拆它的人。"

2006年8月，25岁的姚远以"南京市民"的身份寄出300封恳请保留南京老城的呼吁信后，16位知名人士站在了他身边，其中包括95岁的侯仁之。

在我收到的《关于保留南京历史旧城区的紧急呼吁》（下称《紧急呼吁》）上，联合署名者，除了中国科学院院士、历史地理学家侯仁之，还有两院院士吴良镛、中国工程院院士傅熹年，以及陈志华、宿白、郑孝燮、徐苹芳、舒乙、罗哲文、谢辰生、叶廷芳、李燕、蒋赞初、梁白泉、潘谷西、叶兆言，共16位学术界与文化界人士。

"明清南京老城的传统民居原有十多个平方公里，经历持续的拆除，目前仅在城南尚存约一平方公里，这已是老南京最后的一点种子了。"在北京大学攻读政治学博士学位的姚远对我说。

当地一些官员约请姚远沟通情

1 颜料坊、牛市 2 安品街 3 门东 4 钓鱼台 5 船板巷 6 南捕厅

南京城南地区改造工程位置 （底图为"南京历代都城相互关系示意图"，引自蒋赞初：《南京史话》上册，1995年）

颜料坊一带老屋的境况　　王军 摄于 2006 年 8 月 21 日

2006 年 7 月南京市房地产局发布拆迁公告，将南京市秦淮区、白下区的门东、颜料坊、安品街、钓鱼台、船板巷等5处秦淮河沿岸的历史街区，列入了基层区政府推动的'旧城改造'的范围，据了解，目前这一地区的民居正在进行拆迁，即将遭受拆除的厄运。"

"近年来，南京老城先后已有邓府巷、皇册库、下浮桥、糯米巷、红土桥等多处历史街区被拆除，至2003年，据地方政府统计90%的南京老城已被改造。这次拆除的总面积达数十万平方米的5片历史街区，涉及40多条历史街巷、10 多处文物保护单位、近千座历史院落。"

"一个'拆'字，拆掉的将是秦淮河两岸珍贵的历史街区，是散发着丰富的历史、文学、民俗、建筑等丰厚文化气息的历史遗产。而取而代之的，只是基层区政府为了'投资40亿打造新城南'，在'中山南路G3、G4'、'门东A'等地块之上，增添几处每平方米近万元的房地产项目，或是'打

况。"我们见了一次面，饭是一口未吃，这种饭是不能吃的。"说这话时，姚远，这位 1999 年南京的高考状元，眼中噙着泪水，"我对他们说，也许95% 的老城区不是你们拆的，但是历史会记住最后一个拆它的人。"

"拆"与"不拆了"。在"南门老街"一期工程拆迁现场，"拆"字两侧的字不知何人所加　　王军 摄于 2006 年 8 月 22 日

1 颜料坊 2 安品街 3 门东 4 钓鱼台 5 船板巷 6 甜蒲厅

呼吁书

激起这场波澜的是当地正在大规模进行的城南旧城改造工程。

《紧急呼吁》于2006 年 8 月中旬拟定，之后被分别寄往了建设部、国家文物局和江苏省有关部门。

《紧急呼吁》称："据媒体报道，

造'拆旧建新的假古董'南门老街'。"

南京是国务院1982年公布的第一批历史文化名城，现存的古城多是明太祖朱元璋打下的底子。600多年来，南京先后是明代的首都、留都，清代的两江总督驻地，以及民国的首都。

昔日的南京既似北京，拥有雄伟的城墙、壮丽的宫殿；又似苏杭，以粉墙黛瓦、小桥流水勾勒出雅致的江南风韵。

历经太平天国运动和抗日战争，南京历史上诸多宫殿、坛庙皆已消失。

在南京2500多年的建城史中，城市有过多次巨变。公元589年隋灭陈后，隋文帝下令将六朝城阙宫殿拆毁，并荡平耘耕。

目前南京老城的传统民居集中于城南，早在1000年前的南唐，这里就形成了今天的街市轮廓，更在宋、元、明、清发展成为南京人口最密集、经济最发达、文化最繁荣的地区，有的地名从六朝、南唐、宋元沿用至今。

乌衣巷之名更可追至三国东吴。唐代诗人刘禹锡写有《乌衣巷》一诗："朱雀桥边野草花，乌衣巷口夕阳斜。旧时王谢堂前燕，飞入寻常百姓家。"

城南的街坊多形成于明初，从地名便可知来历，如与工匠作坊有关的铜作坊、弓箭坊、糖坊廊，与丝织业有关的绒庄街、颜料坊、踹布坊，与名人故居或府署有关的南捕厅、朱状元巷、皇册库，与私家花园有关的瞻园、胡家花园、小西湖。

南京工业大学建筑与城市规划学院教授汪永平发表于1991年的调查报告显示，大量明清街坊、建筑乃至传统的邻里和习俗当时仍保存完整，城南民居多为清代中期至晚期建筑，保存较好的又多是清代中期的建筑。

这些多进穿堂式的清代中晚期住宅，厅堂规整，外观朴实，高大的马头山墙廓出街巷之美，数以百计的古井、古树、古桥散落其间。

成片成片的老街坊在1990年代以来的大规模城市改造中迅速消失，仅在中华门以内的秦淮河两岸，也即门东、门西地区有少量遗存。

旧时秦淮金粉荟萃，桨声灯影，为文人墨客咏叹。唐代诗人杜牧在此留下千古绝唱："烟笼寒水月笼沙，夜泊秦淮近酒家。商女不知亡国恨，隔江犹唱后庭花。"

秦淮河是老南京的发祥地。一场围绕古城最后命运的角逐就在这里展开。

告　别

《紧急呼吁》发出之后，2006年8月17日，叶兆言、蒋赞初、梁白泉出现在城南颜料坊、牛市拆迁现场。

此处正是《紧急呼吁》所指的"中山南路G3、G4"地块，三位的身份分别是江苏省作家协会专业作家、南京大学历史系教授、南京博物院前院长。

南京市秦淮区政府网站的招商信息显示，中山南路G3、G4地块的建筑高度可达80米，合作方式为土地出让，"目前正在办理地块挂牌前期手续。用地性质为大型房地产开发，配套建设大型综合商场、公寓、写字楼等，是商住办公的理想场所。投资总额：120000万元"。

"叶兆言打电话给我，说我们去告别一下吧！我就去了。"2006年8月25日，梁白泉在接受我采访时说，"我到现场做了调查，从全国来看，那里是独一无二的，它是最为典型的明清时期以丝织业为主的手工业、商业及其民居的聚集地。明初朱元璋定都南京，从全国征来十多万工匠建造都城，他们集中居住在城南，那天我们在现场仍能看到明清以来的手工业、商业民居建筑及其街巷结构，从地名上也能反映。"

颜料坊是明清时期专供皇宫的云锦机户的汇集地。清代江宁织造负责织造御用缎匹，织造曹家后人曹雪芹在《红楼梦》中描写的贾宝玉身着"二色金百蝶穿花大红箭袖"，王熙凤身着"缕金百蝶穿花大红云缎窄肩袄"，以及贾府所用的"大红金线蟒引枕"、"金线闪坐褥"等，皆与当年南京的丝织业有关。

"明代的门东、门西遍布机户，清代门东科举发展，将丝织业挤出，形成了门东为科举服务，门西主要是丝织业的格局。"著有《南京史话》的蒋赞初告诉我，"清乾嘉时期南京有3万架织机、5万名技术工人，城市人口的三分之一靠丝织业为生，这段历史是不能被抹掉的。"

叶兆言是教育家叶圣陶之孙，他的小说《夜泊秦淮》被誉为勾勒南京神韵的当代经典。

谈及8月17日的"告别之旅"，叶兆言的感受是："老百姓的生活必须改善，属于文物的一定要保护，二者冲突时要协调，尊重文物也要考虑百姓生活。"

他强调："知识分子应该表明这样的态度，如果是文物，就不能拆。那天看到一个房子，是文物保护单位，牌子被摘了下来。它如果是文物，文物部门就要出现，避免失职。"

云锦老屋

被摘掉文保单位牌子的颜料坊49号清代民居，1984年被公布为秦淮区文物保护单位，2006年6月10日被公布为第三批南京市文物保护单位，6月20日被南京市房产管理局公布为拆迁范围。

2006年8月21日上午，我在现场采访时看到，此处院落外墙上被写上红色"拆"字，门厅墙体受损、顶、窗已无，一片狼藉。

蒋赞初愤言道："这个房子的斜对面就是秦淮区政府拆迁指挥部，总不能视而不见吧！"

"我打电话给区文物局，反映颜料坊49号被拆了，不知道他们管了没有？"附近的居民吉承叶对我说。

58岁的吉承叶居住在黑簪巷6号，这是一处占地约1000平方米的大宅院。

8月18日，吉承叶在报纸上读到

黑簪巷云章公所旧址　　王军 摄于 2006 年 8 月 21 日

黑簪巷6号吉氏云锦老屋　　王军 摄于 2006 年 8 月 21 日

中外市长将身着云锦服装出席"中国·南京世界历史文化名城博览会"的消息，心中滋味复杂。

　　吉承叶居住的老宅——当年南京著名的云锦老字号"吉公兴"所在地，

红色的"拆"字已被写在了墙上。

　　南京云锦2006年6月被公布为首批国家级非物质文化遗产，并已向联合国教科文组织申报世界非物质文化遗产。

　　拆迁工作进展很快。颜料坊、牛市一带被拆掉的房子随处可见，砖瓦木构堆放在街头巷尾，标语四处悬挂："破除观望心态，从速搬迁受益"，"珍惜剩余奖励期限，从速搬迁，免受损失"，"一把尺子量到底，诚恳接受广大被拆迁居民监督"。

　　"这个宅子是我的太祖父在太平天国时期买下的。"吉承叶对我说，"买下来后，就在这里做云锦，房子的厅堂很高，可以摆云锦织机，织出的云锦经广州出口，也交江宁织造。"

　　他带着我步入高大的堂屋，指了指挂在墙上的一件落满灰尘的木构件，"这就是云锦织机的老经轴。"

　　他又搬出一件铁器，"我伯父当年想用这个机器提高产量，可没能成功，看来，云锦就得手工制作啊。"

　　此处云锦世家的老宅，未被列入任何一级文物保护单位。20多年前，当地居委会曾向上申报过一次文物，此处未在其列。"以后再也没人来查过。我们不愿意走，希望留下这个房子，可拆迁办的人说，什么叫文物？对历史没有推动力的就不能叫文物！"吉承叶说。

　　他无奈地表示："这个房子就是挂上了文物保护单位的牌子又能怎样呢？被挂了牌子的拆掉的多着呢！"

　　颜料坊附近的市级文物保护单位

百猫坊，10年前在房地产开发中被拆。它是明朝开国元勋虢国公俞通海府前的牌坊。相传朱元璋为了破俞府的王气，以"猫"吃"鱼（俞）"的寓意，正对俞府建了这座刻有100只猫的汉白玉牌坊。

"说是要重建，可至今未建，料就给堆到一家单位的空场。"蒋赞初叹道。

被划入拆迁范围的黑簪巷在南京云锦业的历史上有着显要地位，巷内的"云章公所"是清代南京云锦业的同业公会所在地，有碑刻为证。

"云章公所"门楼上刻有"古帝轩辕宫"字样。姚远对此做出考证：《史记·五帝本纪》载："黄帝居轩辕之丘，而娶于西陵之女，是为螺祖。"螺祖发明了种桑养蚕和抽丝，织丝为绸，缝绸做衣，后人称她为"先蚕娘娘"，为丝织业者宗奉。

吉承叶的伯父吉干臣是解放初期南京四大云锦艺人之一，上世纪80年代初在一次骨折后病卧半年终老。

吉干臣1958年出现在《人民画报》上，1959年参加了国庆观礼，这是吉氏家族荣耀之事。

安品街

在白下区安品街负责63户居民拆迁的赵东林，参加了1999年的国庆观礼，他是南京市优秀共产党员、房管局退休干部。

2006年8月21日下午，在一户被拆迁居民家中，我巧遇赵东林，被他带到拆迁办公室。

他面色凝重，点燃了一根烟。我向他出示了记者证。

"南京90%到95%的老百姓都是通过拆迁改善居住条件的。"赵东林开门见山，"我本人就是城市拆迁的受益者，过去我们一家人住在18平方米的老房子里，通过拆迁，搬进了60多平方米的成套住宅。"

接着他语锋一转，"这里的老百姓盼拆迁，但拆迁真正来了，他们又想把住房、小孩上学、就业、看病等一揽子问题都解决了，这怎么可能呢？"

安品街的拆迁始于2006年6月，在赵东林负责的片区，有的被拆迁人以每平方米一万元要价，理由是周围的商品房已涨到这样的水平，而目前的拆迁补偿标准是每平方米五千元出头。

赵东林解释道："我们是不会让

安品街一处民居外墙上的拴马石　　王军 摄于2006年8月21日

安品街附近一处民居内部的屋顶做法　　王军 摄于 2006 年 8 月 21 日

安品街附近一处民居的门环　　王军 摄于 2006 年 8 月 21 日

实说,"以后的工作就难做了,因为有好几户不拆迁还能凑合着住下,一拆迁恐怕就凑合不了了。"

他介绍了一户下岗职工家庭的情况:居住面积小、人口多,自搭了房屋,还搞了二层楼阁,勉强分着住了下来。拆迁如给他们两套各37平方米的经济适用房,一家人不用掏钱还略有盈余,可家里人多,分不开住;如给他们两套各55平方米的经济适用房,能够分开住了,但需自掏9万元,他们又承担不起。

由于城区的房价高,按面积拿到拆迁补偿款的居民多只能到郊区购房,他们多是低收入者,居住面积小,又需依靠城市谋生。

"现在的拆迁跟过去不同了,"赵冬林感叹,"过去我们搞拆迁,把居民们召来开个会,看场电影,一散会,3天就结束工作。那时候是福利分房,

居民没有房子住的。拆迁政策分三个层次,被拆迁人拿到拆迁补偿款后,可按标准分别购买经济适用房、中低价商品房和商品房。拆迁补偿款有最低保障价,不足的将补足,用这个钱可购得面积45平方米的成套经济适用房,条件也可大大改善。"

"我负责的这一片,43%的居民已经迁走。"一番长谈之后,赵东林实话

按户口分，现在则是市场化了。"

安品街是南京市规划部门划定的历史文化保护区，旧时宅院、街巷清晰可见。

"为什么叫安品街？就是按品级在这里居住，过去多是达官贵人的房子。"说着这话，赵东林带着我转到一处老宅的后院，那里挤满了破旧小屋，"你看，现在都快成贫民窟了！"

安品街一带的三山街、下浮桥、仓巷等地名，多次出现于《儒林外史》、《桃花扇》、《板桥杂记》等明清小说、戏曲和笔记之中。

清代文学家吴敬梓(1701—1754)后半生住在南京城南，他的小说《儒林外史》是与《红楼梦》同时期的伟大著作，其中提及城南街巷数十条，尚有迹可循。

"安品街是南京现存比较完整的清代民居片区。"江苏省社会科学院历史学研究员季士家向我做出认定。

据赵东林介绍，在安品街实施的是旧城改造项目，拆迁完成后，这里将建设商品住宅楼。

南京市规划局2004年11月23日发放的建设用地规划许可证显示，这个项目的名称为"安品街老城改造项目"，总用地面积35317平方米，包括二类居住用地和道路广场用地。

2003年南京市规划局牵头完成的老城保护与更新规划，对历史文化保护区内传统街巷的保护提出了具体要求："根据历史文化保护区的控制性详细规划要求，整体保护街巷格局、尺度、绿化以及街巷两侧建筑界面。"

这些规划要求将如何在安品街即将崛起的楼群中体现，尚是未知。

区政府的回答

《紧急呼吁》提到的正在拆迁的5处历史街区，除了安品街，其余4处皆在秦淮区内，它们是门东、颜料坊、钓鱼台、船板巷。其中，门东、钓鱼台均是南京市规划部门划定的历史文化保护区，船板巷、颜料坊、牛市的沿河部分也位于保护区内。

2006年8月22日，我在现场看到，门东、钓鱼台、船板巷的拆迁正在进行。8月28日上午，秦淮区政府有关负责人就上述工程事宜回答了我的提

南捕厅大板巷的空竹匠人　　王军 摄于2006年8月21日

问，经核定的谈话记录摘要如下：

王军：门东有ABCD四个地块，C地块现在做"南门老街"一期工程，请介绍一下情况。

有关负责人：具体到"南门老街"这个项目上，我们希望把这个地方恢复到明清时代的风格。这次我们按照专家的方案，采取填充式的改造方式，把没有价值的房子拆掉，把有保护价值的老房子，包括明清的、民国的分成各类等级，需要修缮的修缮，需要复建的复建，使这里成为一个历史文化的街区。

王军：门东其他的地块会怎么做呢？

有关负责人："南门老街"是历史文化保护区的探索，如果这种探索能够成功，专家及社会各界认可了，我们可以再做A地块及门东、门西其他地块。无论如何，我们不会对老房子做破坏式的改造。

王军：G3、G4的方案能介绍一下吗？和"南门老街"的做法一样吗？

有关负责人：G3、G4地块是通过土地储备的方式来做，这种方式并不会对保护构成直接的影响，做法是把没有价值的房子拆掉，把值得保留的建筑留下来。G3、G4是一般控制区，我们会有一个经过专家论证的方案，在得到上下认可后再挂牌实施建设。方案正在制订中，专家论证会还没有开，还不方便介绍。

王军：船板巷现在已经拆迁，将来会建成什么样子？

有关负责人：它的方案也在论证之中。我们没想到拆迁会这么顺利，方案相对而言比较滞后。船板巷我们会更加慎重。有一条是可以肯定的，就是有价值的老房子和建筑构件是保留下来的，现在拆的都是没有保留价值的房子，具体规划方案由专家来做。

王军：钓鱼台呢？它也是保护区，也在拆迁。

有关负责人：现在的拆迁是属于内秦淮河环境改造。我们这次整治，河道两侧有价值留下的老房子不多，我们留下这几幢老房子后，同时拆掉影响历史文化保护的棚户房，再把好的建筑留下、出新、改造，按传统的样式来做，沿河做传统式的河厅、河房，再沿河建绿地、景观。

"总体上完成老城改造任务"

在秦淮区有关负责人接受我采访的次日，南京地方媒体披露了秦淮区"2006—2010年第十一个五年规划纲要"，称"5年内老城南将发生巨大的变化"。

报道称，"寸土寸金的门东A地块，将规划建设明清特色生活街区和高档次星级酒店；15万平方米中山南路G3、G4地块将以高档商务楼和高品质住宅为主；加上集庆路1号5万平方米、下码头地区9万平方米、船板巷地区5万平方米的开发总量，届时秦淮区将被打造成南京人现代居住新城区。"

"规划提出旧城改造上，将完成门东剩余地块、门西地区和中华门外地区的开发，实施中山南路两侧地块、扇骨营地块、菱角市、养虎巷、路子铺地块等剩余危旧房片区改造，改善2万户群众居住环境。"

秦淮区政府网站具体介绍了一些项目的情况。

网站公布的《秦淮区2007年城市建设计划编制说明》显示，"2007年秦淮区城建项目计划"中的"片区改造"项目包括"继续推进门东、门西地区改造"，具体做法是，"实施门东、门西剩余地块旧城改造、保护性开发"，资金来源为"土地储备、市场运作"，工程理由是"加快旧城改造步伐，恢复历史景点"。

网站公布了秦淮区2006年度重点项目的情况，其中包括——

"南门老街"项目的年度目标是"完成一期工程"，项目内容为"门东C、D地块需改造面积约19万平方米，居民近4700户，拟分三期进行改造，一期建设长600米历史文化步行街区；二期建设与商业街配套的南门广场中心区；三期打造南门综合商住区"；

门东A地块危旧房改造项目的年度目标是"启动拆迁，开工建设"，项目内容为"占地6.5万平方米，建设约4.5万平方米住宅及商业设施"；

中山南路G3、G4地块开发项目的年度目标是"完成土地挂牌交易，启动拆迁"，项目内容为"占地面积约6.7万平方米，规划建筑面积14万平方米，需拆除面积7万平方米，进行

为房地产开发（原文如此——引者注），配套建设综合商场、公寓、写字楼等"；

船板巷地块开发项目的年度目标是"启动拆迁，开工建设"，项目内容为"占地2.9万平方米，规划建筑面积4万平方米，需拆迁约500户"。

以上项目均列出了承担推进任务的区政府官员和责任单位。

网站还公布了秦淮区政府负责人2006年5月25日"在区政府第十一次全体（扩大）会议上的讲话"，其中有这样的表述："要采取多种办法，加快推进老城改造，力争通过3—5年的时间，总体上完成老城改造任务"，"秦淮的希望在哪里？老城改造和机场开发是秦淮发展最大的希望。房地产业是城区经济发展的主题，经济发达城区的发展之路已经给出了实践证明"。

商务部网站上由秦淮区商务主管部门负责内容组织和审核的"南京市秦淮区商务之窗"显示，尚未动迁的门西地区已推出招商地块，合作方式

摆放在船板巷一处民居内的明代城墙砖
王军 摄于 2006 年 8 月 22 日

是"土地出让"。

这一地区也在南京市规划部门划定的历史文化保护区范围之内。

拆迁式"保护"

2006年8月下旬我赴南京调查之际，颜料坊北侧，白下区内又一片历史文化保护区——南捕厅开始拆迁，项目名称为"南捕厅历史街区文物保护工程"，用地单位是"南京城建历史文化街区开发有限公司"。

这些保护区内的工程，均以大规模拆迁方式运作，当地居民皆需迁走；涉及经营性用地，则以土地整

小荷花巷内李刻敏居住的老宅
王军 摄于 2006 年 8 月 22 日

理、储备，招标、拍卖或挂牌的方式出让。

在这样的程序下，"整体保护街巷格局、尺度、绿化以及街巷两侧建筑界面"的保护规划面对挑战。

2002年施行的《江苏省历史文化名城名镇保护条例》规定，"历史文化名城、名镇和历史文化保护区范围内的建设项目，设计单位必须按照城市规划行政主管部门根据保护规划提出的规划设计要求进行设计"，"旧城改造和新区建设不得影响历史文化名城、名镇和历史文化保护区的传统风貌和格局，不得破坏历史街区的完整"。

2005年12月22日，《国务院关于加强文化遗产保护的通知》将"加强历史文化名城（街区、村镇）保护"列入"着力解决物质文化遗产保护面临的突出问题"。

《通知》要求"已确定为历史文化名城（街区、村镇）的，地方人民政府要认真制定保护规划，并严格执行"，并以强硬的态度表示，"国务院有关部门要对历史文化名城（街区、村镇）的保护状况和规划实施情况进行跟踪监测，及时解决有关问题；历史文化名城（街区、村镇）的布局、环境、历史风貌等遭到严重破坏的，应当依法取消其称号，并追究有关人员的责任。"

16位知名人士的《紧急呼吁》发出之后，9月14日，新华社发布消息：建设部决定正式启动城市规划督察试点，包括南京在内的第一批6个试点

采访本上的城市 老南京

城市将首先迎来建设部派出的规划督察员。

重点督察的内容包括：城市规划的编制和调整是否符合法定权限和程序；重点建设项目的规划许可是否符合法定程序；国家历史文化名城保护规划和国家重点风景名胜区总体规划的编制和执行情况；以及群众举报和投诉城乡规划等重大问题的处理情况等。

牛市64号民居　王军 摄于2006年8月21日

三户人家

周长约33公里的南京城墙至今仍有三分之二留存，是世界上现存最长的古代都城城墙。

城墙俯视着周围街区的变化。50岁的下岗工人李刻敏就住在城墙边上的小荷花巷内。

这处青砖黑瓦的四进院落，80年前为李刻敏的祖父购得，第三进堂屋出廊的做法显示着不同寻常的身世。

一年前，老宅的第四进院落在城墙内侧的绿化工程中被拆，瓦砾之侧徒余石井一口。

李刻敏宅内的古井　王军 摄于2006年8月22日

李刻敏掀开井盖，指着井口上一道道深深的凹痕对我说："你看，这是取水的绳子勒的，得多少个年头啊？"

如今赶上了"南门老街"一期工程的拆迁，以卖报为生的李刻敏陷入了困境。

老宅面积虽大，无奈家族成员众多，拆迁款一分，摊到他头上就没多少了。他怕迁到郊区后失去了营生，孩子在读五年级，在城里毕竟上学方便。

与李宅相隔不远的三条营92号是一处深宅大院，高大的马头山墙裹着二层跑马楼，精致的木格栏杆和雕花门扇虽已陈旧，却难掩昔日光彩。

88岁的张开珊是宅主人李氏的上门女婿，他领着我走到门口，拍了拍山墙上斑驳的青砖，"这个砖，薄、沉，现在还烧得出来吗？"

相传李氏先祖在明代购得此宅，开染丝坊为生，清代专供江宁织造，家族在此已度过数百个春秋。

1958年赶上了"经租",四分之三的房子被挤入租客,年久失修,私搭乱建,成了一个大杂院。

"你看,楼梯都被他们踩歪了。"张开珊叹道。

40岁的李晨是李氏后人,这些年他一直在为收回房产而奔走。如今,"拆"字却被写在了墙上。

"你看,这些能够证明我们家拥有这些房产。"李晨拿出一摞上世纪50年代印有"三条营92"字样的"城市房地产税缴纳书"的复印件给我看,"我们不愿失去老宅,也不愿被迁走。我是搞装修的,别看这房子破了,我肯定能把它修好。"

23岁的小蒋居住在牛市64号的天井老宅内,部分房产为其家族成员所有,二层跑马楼围着一个清清爽爽的院子。

"南京市秦淮区文物保护单位牛市清代住宅"的牌子悬挂在老宅门口,外墙底部的石条高及人肩,红色的"拆"字被刷在上面。

此处民居在2006年6月10日被公布为第三批南京市文物保护单位。

"区级文保单位的牌子已被挂了20多年,房子漏雨了,也没见文物局的人来关心过。"小蒋抱怨道,"现在拆迁了,他们倒是出现了,要让我们搬走由他们来保护,哪有这种道理?"

"南门老街"一期工程拆迁现场已现出三条营92号外侧的山墙　　王军 摄于2006年8月22日

牛市 64 号院内的跑马楼　　王军 摄于 2006 年 8 月 21 日

送我出门，小蒋扭头一看吃了一惊，"门牌被摘了，怎么搞的？"

"做君子易做小人难"

对在墙上到处写"拆"字，赵辰很有意见，这位南京大学建筑研究所的教授负责"南门老街"一期工程的规划设计。

"这个房子拆不拆，我还没有做方案呢，怎么'拆'字就写上去了？我很不赞成。"2006 年 8 月 24 日，赵辰在接受我采访时说，"但从他们（拆迁部门）的工作角度来说，要把人迁走就要去写'拆'字，拆迁是一个政策，不拆房子也是一个政策，这产生的误解大了，可又不是我的权力。"

赵辰曾在瑞士联邦高等工业大学留学并任教多年，近年来他主持修复的浙江庆元后坑木拱廊桥和昆明金兰茶苑，相继获联合国文化遗产保护奖。

谈及"南门老街"的拆迁，他快人快语："君子远庖厨啊，你要看我炸牛排，可能我要从杀牛开始，你现在看我杀牛，很残忍的，怎么办？"

"做君子易做小人难，因为君子动口不动手，可是我们学建筑的必须解决问题，为此做小人也行！"赵辰说他要解决的问题是实现这一地区的"保护、更新、发展"，"保护是前提，但没有发展，保护也是空话"。

在他看来，城市是由各种力量组成的，规划师做的是融合、化解、妥协的工作，"这是要各方都牺牲利益

三条营的民居外墙细部。贝聿铭设计香山饭店的菱形窗即取法于此种江南民居做法　　王军 摄于 2006 年 8 月 22 日

的，可能每一方都不乐意"。

他承认介入这个项目是有风险的，"我可以选择不做，可我为什么介入？这是要跟学生讲清楚的。因为我觉得自己有责任，我热爱这个城市，我是搞中国建筑理论研究的，这个地方与其让它更糟糕下去，还不如我挺身而出"。

这时他打开一张规划图，"你看，这是以前的规划，太可怕了，一条条大道通进去，结构都破坏了，这是机械决定论，这次我要把它推翻，这是一个学术问题"。

赵辰认为，"人们认识一个城市，是因为它的街巷，街巷的保留比房子更重要。所以，以前的街巷不能改变，要保护传统的街巷尺度和肌理，这不是几幢房子的问题"。

他希望尽可能限制现代交通的进入，如果一定要开路，也必须在原有道路的骨架上开，不是向两边扩，至少要留下一边，"这样结构性的东西基本保留，人们还能辨认"。

他作了这样的说明："我们保下来的东西多，拆下的空我可以填，好的房子我分等级，不受保护的建筑，我们再做回老肌理的样子。传统尺度的街巷空间，再加上院落式的住宅，就构成了传统空间感的城市肌理。"

对将当地居民全部迁出的运作方式，赵辰颇为感慨："我们做了半天，也只是做了一个形态，一个壳子。我们做的是物质计划，没有能力做社会计划。我提出，一部分人应该回来，但这已不是我能管的事情。包括拆迁中有的居民可能得到了好的房子，却失去了生存的条件，这些是应该有社会学的介入的，而我们受学科限制，还渗透不到这个层面。"

他刚在扬州参加了一个关于老城区保护的讨论，"我打了个比方，说我设计了一个老字号的店铺，结果他来卖鞋子，这怎么办？我们搞建筑，应该形式服从功能，可现在反过来了，是功能服从形式，或者是改变功能服从形式"。

对居民自我修缮房屋的方式，赵辰表示赞同，认为建筑师应该与这样的方式合作。可面对目前的操作平台，这样的想法如同隔山打牛。

8月18日，未盖公章、落款写着"秦淮区司法局"字样的"致尚未签约户的一封信"，被贴在了"南门老街"一期工程的拆迁现场："依据《城市房屋拆迁管理条例》的相关规定，近期相关部门将依法对极个别的漫天要价、无理取闹的拆迁户采取强制搬迁措施，以确保拆迁工作的顺利进行。希望最后尚未签约户一定要认清形势，顾全大局，正确选择，积极配合，以实际行动支持城市建设。"

区政府的态度

就居民拆迁及自我修缮房屋等事宜，秦淮区政府有关负责人2006年8月28日上午回答了我的提问，经核定的谈话记录摘要如下：

王军：请介绍一下区政府关于城南地区改造的想法。

有关负责人：老街区的问题是，你不去改造它，它每天都在遭遇破坏性的蚕食。我们非常担心哪一天门东、门西失一把火怎么办，因为那里没有消防设施。在这样的情况下，那里的文物保护单位也处于风雨飘摇的境地，现在不去做是很危险的。很多房子，木结构走廊、过道上面放几个灶具，灶具一用起来，多危险！哪一个火源出了问题，都很要命。我们就处于这样的文物保护阶段。

每周都收到群众来信，都呼吁政府改造这些地方。一位老太太说她一是想拆迁，盼了几十年，二是怕拆迁，因为人均几平方米，怕拆迁后买不起房。我解释说，我们有经济适用房作保障，将来都可以住到成套房中去。

不管外界如何评价，我们都会在保护历史文化的基础上，尽快改善百姓的基本生存条件。相信如果专家们实际居住在这个区域，他们的想法会更加现实。

我们不指望通过土地赚钱，事实上我们搞这些工程是贴钱的。市政府支持，"南门老街"一期工程，政府就要贴进去3000万，也就是政府投入拆的费用减去招拍挂的收益将至少是3000万元，这是我们结合周边情况详细测算的结果。G3、G4也是这样的情况。

政府为什么赔钱？一是拆迁成本高，二是作为老街区的改造受高度、容积率限制。所以，这不是政府要搞土地财政的问题，也不是官商勾结问题。像这样的项目，你想请人来人家也不会来，怎么可能官商勾结呢？我们只能要求国有的开发公司自己做，因为作为一级政府，是不能考虑在一个项目上完成资金回报的，要回报也是整个城市的回报，南京要建设成为历史文化名城，这个城市的品质上升了，整个城市就有了回报。

王军：为什么住户都要迁走呢？比如牛市64号，是文物保护单位，也不是大杂院，既然这个房子不拆，为什么住户不能留下来呢？

有关负责人：长期以来，我们一直鼓励列入文保单位的古建筑产权所有人修缮古建筑，但实际操作非常困难，至今几乎没有产权所有人很好地维护古建筑的案例发生。牛市64号产权关系比较复杂，486平方米的房屋，实际居住了8户产权户，还有另外的产权人在外面，各产权人之间各有各的想法，利益诉求差异太大，难以统一。如果产权人意见能高度统一，制定的文物保护方案得到专家认可，产权人也可以自己修。但目前这个阶段，操作起来有难度，主要是产权人思想难以统一。

王军：有专家认为可以让居民自我修缮房屋，而不必用房地产开发的方式，你如何评价这种意见？

有关负责人：居民自我修缮有这个可能，但在我们区不好操作，因为情况比较复杂，往往老房子的原有产权人和现在的租赁户是不同的群体，不太好操作。这些片区大部分是解放后的建筑，这些建筑大都超过人口的承载能力，改造起来相对

高楼大厦和仿古建筑在中华门内的老城区相继建起　　王军 摄于 2006 年 8 月 22 日

要困难一些。南京的房价与北京的房价不同，这些老房子由社会力量购买，我们不知道他们是否买得起，可能他们付出的代价会超出市场预期价。没有被列入文保单位的，是可以自由买卖的，我目前也没有听说，有人买这里的老房子。现在老房子周围都是破的棚户区，也体现不出价值来，如果不成片地做，而从房屋的个体来做，就很难。

口号两种

尽管秦淮区政府有关负责人做出保留文物保护单位和其他有保护价值的建筑及其构件的承诺，这仍不能得到梁白泉与蒋赞初的认可。

梁与蒋均年近八旬，他们是南京文化遗产保护界的元老级人物。

"被拆掉的地方，一是盖高楼大厦，二是做假古董，不外乎这两者。"梁白泉向我表明了立场，"你把人都迁走了，原来的社会生态都没了，弄出来的东西能有历史文化价值吗？能名垂青史吗？"

他强调："传统民居区是不断生长的，不可能纯粹是明清的，它的生长也是历史的一部分，解放后的房子都拆掉对吗？老街区的结构、外形必须保护，内部设施可以更新，可以现代化，应该多学科论证，不能由哪一个人说了算。"

蒋赞初赞同梁白泉的观点，他说："现在的问题主要是开发商运作，

这在文保区里是搞不好的。开发商运作实为开发商主导，开发商是需要面积来回报的，在这样的机制下，规划让步，文物让步，大家都顶不住，受损害的是有形的和无形的文化遗产，因为它是最软的。"

蒋赞初表示："在改善居民生活条件这个问题上，我们跟区政府是一致的，但是口号不同，他们是'40亿打造新城南'，我们是'保护老城南'。我们提出要以老房子原来的格局为基础进行修整，不改变原来的格局，这才是风貌，这跟建设中高档住宅楼是一回事吗？"

"我们认为既要有实物，还要有民俗风情，可把人都迁走了还有什么民俗风情可言？我认为，我们的想法和国务院批复的南京城市总体规划要求保护古都风貌的精神是一致的。"

1983年国务院批复的《南京城市总体规划》提出南京的城市应该"融古都风貌与现代文明于一体"。关于南京的古都风貌，学术界一般概括为"山、水、城、林"四个方面。

"其中对'城'的具体解释为明代的城垣。"蒋赞初对我说，"南京市政府在保护'山、水、城、林'这几方面确实也做了很多卓有成效的工作，特别是对明城垣、明孝陵和中山陵等的保护力度较大。但我们认为古都风貌中的'城'应该既包括城垣，还应该包括城垣内的历代建筑遗存。就南京的老城南来说，即是明代形成的街巷格局与明清以至民国时期的公私建筑物。因此，保持老城南的明清街巷

南京明故宫遗址　王军 摄于 2004 年 5 月 5 日

　　明南京宫殿为朱元璋建造，平面呈长方形，坐北朝南，南北长 2.5 公里，东西宽近 2 公里，开创了明清两代宫城的模式。朱棣登基后，仿此形制在北京兴建新的宫城（今北京故宫），进深增加 200 多米，"规制悉如南京，壮丽过之"。朱棣迁都北京后，南京宫殿渐有损坏。清顺治二年（1645 年），明故宫被改为八旗兵驻防城，又遭损坏。咸丰年间，因太平军建造天朝宫殿及城墙，在此拆取砖石，再次遭灾，自此明故宫变成了一片废墟。

格局与建筑物的原状，应该是表现南京古都风貌的重点所在。"

拆房子与修房子

　　16 位知名人士的《紧急呼吁》提出："很多秦淮老宅既承载着历史文化，也是房产所有人的不可剥夺的合法财产。应当根据《宪法》和其他法律法规，充分保障房产所有人的房屋所有权、土地产权和居住权等合法权利"，"通过渐进的'修'的方式，在旧城区修复历史建筑，恢复社区活力，从而使旧城区重获生机，而绝非是通过大规模的'拆'的方式，用房地产项目取而代之。"

　　《紧急呼吁》发出之后，2006 年 8 月 22 日，全国人大常委会第五次审议物权法草案。

　　物权法草案与 2004 年宪法修正案关于"公民的合法的私有财产不受侵犯"的规定对应，确立了私有财产与公有财产的平等地位。

　　2006 年 6 月，国土资源部将《地籍管理"十一五"发展规划纲要》下发地方，提出到2010年的主要目标包括："积极参与推动不动产统一登记立法和土地权利立法，促进形成符合社会主义市场经济要求、与国际惯例接轨的土地统一登记制度和土地权利体系"，"初步建成'权责明确、归属清晰、保护严格、依法流转'的现代土地产权制度"。

与国内其他历史文化名城的情况相似，南京老城区房屋的衰败过程也是房屋产权关系混乱的过程。

秦淮区政府有关负责人介绍道："很少有老房子还是原主人、原居民居住的情况，1958年私房公改之后，房管部门分配了很多人进去住，80年代落实私房政策，90%的产权人没有住进去，为什么没住进去？因为过去被分配住进去的人走不了。这次我们希望住进去的人都搬走，补的是两份钱，按照房屋的评估价，房客补90%，所有人补100%。现在的大院子，几十户挤住的情况很多，每户住的面积都很小，住户都不想住在这里了，他们怎么会维修？"

白下区安品街的一户人家则表现出另一种可能。

随着私房政策的落实，这户人家收回了大部分房产，并向政府部门申请自我修缮住房，可未获批准。

"我们完全有信心修好自己的房子，这比让我们去买房子便宜多了。"不愿透露姓名的这户人家对我说，"可他们说这个地方的产权、户口都冻结了，土地已经给了开发商，我们没有权来修了。"

如今赶上了拆迁，这家人不知道还能在自己的老宅内坚持多久。

他们拿出了自己持有的《国有土地使用证》和《房屋所有权证》："这可是国家发给我们的啊！"

物权的缺席

建设部《2005年城镇房屋概况统计公报》显示，全国城镇住宅私有率为81.62%。

国家统计局2002年《首次中国城市居民家庭财产调查总报告》显示，房产已成为普通居民家庭价值量最大的财产。

以财产权为基础的物业税（不动产税）的开征已在酝酿之中。

这一情形对现行的城市规划和土地供应程序提出挑战。

从目前的情况来看，城市规划并未以房屋的财产权为基础，具体到保护区，也只是以建筑物的形态为存废标准，以这种方式成片规划并供应土地，加上行政强制力介入拆迁，房屋的财产权失去了稳定。

"拆迁与否本应是产权公平交易的民事关系，现在却变成了政府主导的行政关系。"姚远表示不解。

在财产权缺乏稳定的情况下，民间自发的房屋修缮与交易行为很难发生，因历史原因未能彻底修复的房屋产权关系使问题更加突出，由此导致房屋质量的衰败成为拆除的理由。

"当前中国城市的一大问题是政

府的公共服务投入缺乏一个合理的回收途径。"世界银行城市规划专家方可认为，"由于尚未开征以市值计算的不动产税，政府的公共服务投入尽管带动了周边物业的升值，却不能通过物业的保有环节回收。土地开发成为了回收的途径，这样城市就会永远处于动荡之中。"

秦淮区前几年投资修缮了一段城墙并辟之为公园，周边房价骤然上升。"每平方米涨了800元，居民一转手就赚了大钱。"秦淮区政府的一位官员对我说，"后来地铁站又设在附近，房价又涨了800元，先前卖掉房子的人后悔死了。"

这样的故事在中国城市并不鲜见，政府的公共服务投入直接补贴给了房屋所有者或开发商，公共财政收入又不得不过度依靠房地产开发。

南京市地税局公布的数字显示，2005年南京市房地产业税收增长虽然减缓，但依然是地方税收的第一大产业。全年房地产行业入库地方税收38.61亿元，约占全市入库地方税收的四分之一。

秦淮区政府网站公布的区领导讲话有这样的表述："2004年，全区房地产业实现税收1.8亿元，占全区财政收入的21.9%，有力地促进了全区经济的发展。"

而在以不动产税为主要收入的西方城市，由于公共服务投入能够得到正常回报，公共财政得以持续运行，政府的角色自然归位于公共产品的供应。

在这样的机制下，城市规划以不动产的保值、增值为方向，居民参与成为规划编制的法定程序，老城区的复兴多能通过规划引导、政府良性介入和居民自助的方式实现。

汪永平之憾

"应该相信群众是真正的英雄，政府不要包办一切，更不能超越权限。"2006年8月24日，汪永平在接受我采访时强调，"我谈的已不是保护问题，而是社会问题。"

汪永平是南京工业大学建筑与城市规划学院教授，兼任美国南加州建筑学院客座教授。他向我表示："我不接受现行的房地产开发方式，它是剃光头式的，使得我们的城市始终不稳定。"

汪永平1991年在《南京城南民居的调查与保护》中提出："大片的民居改造不应采用由国家或单位全部包下来的做法，也不应由城镇开发公司插手进行商业性的开发。随着房改的进行，由房管的主管部门与私人共同承担住宅的改建与维修，政府部门投资完成基础设施和道路绿化，逐步摸出条旧城改造的新路。"

这样的声音被随后到来的房地产开发热潮湮没。当时南京市政府为筹集道路建设资金，出台"以地补路"政策，高楼大厦与道路的拓宽齐头并进，城南老区被迅速肢解。

"我的印象是，80年代的规划是内桥以南的老城区不动，还形成过文件。"蒋赞初回忆道，"可现在呢？都快给拆没了。"

汪永平向我描述了这个过程："从内桥往南，一块块拆，往中华门推进，现在已是兵临城下了。在整个南京老城区，为了拓宽道路，砍树砍了差不多十年，伐掉了几千棵法国梧桐，它们都有七八十年历史了，树跟城市一样，都是有生命的啊。"

内桥是南唐宫殿（大内）前的御桥，也是老城中轴线的起点。南唐后主李煜曾在《虞美人》一词中追忆内桥一带的风景："雕栏玉砌应犹在，只是朱颜改。问君能有几多愁，恰似一江春水向东流。"

《南京城市总体规划（1991—2010年）》提出"城市建设的重点应有计划地逐步向外围城镇转移"，但大规模的城市建设还是在老城区内发生，城市功能不断向老城聚焦，保护与发展被扭成死结。

"1991年，明清老城还有约10平方公里。这次拆的几处，加起来不超过50公顷。老城区只剩下约1平方公里了，集中在门西，这个范围还包括了城墙、内秦淮河、道路等，其中真正的民居只有40公顷了。"汪永平说。

上世纪90年代初完成的夫子庙改造工程被汪永平称为"伪文化"："有人说它是假古董，但我说它是伪文

一个女孩在颜料坊的老宅残构中荡秋千　王军 摄于 2006 年 8 月 21 日

化，它是将绝大多数老房子拆掉，再建成仿古建筑，就像电视里新编的宫廷戏，能通过它学习历史吗？"

"因为它假，不合游人口味了，现在的商业效益不行了。"汪永平说，"难道我们还要普及这样的东西吗？"

汪永平仍然坚持自己在15年前的观点："那个地方卫生条件差了，你把下水道修好就是了，老百姓自己修房子是有积极性的。应该落实私房政策，制定修缮标准，多做引导性的工作。"

他认为，"老百姓自己来做，城市的肌理和社会结构都不会改变。说到底，我们要保护的是一种文化，历史是不能创造的，也是不能再现的。"

在门西地区的荷花塘街道，一位居委会主任自己动手修缮并改造了老宅，用上了原有的建筑材料，每平方米投入500元，生活质量发生了质变，这给汪永平极大的信心。

他提出了一个门西地区的保护与更新方案。一位官员对他说："要是这样做，老房子都不能动了，这怎么办？"

汪永平的回答是："就剩下这么一点地方了，油水就这么大了。"

朱偰之死

"应修复者修复，应保管者保管，应登记者登记，应发掘者发掘，使先民文物得以保存而不坠，则固民族文化之大幸。"

1935年6月28日，朱偰收听无线电广播，听到日寇近逼北平，故都危急的消息，"仿佛听到慈母病危的消息一般，引领北望，忧心如焚"。

次日，他赋诗四首：

（一）　昨夜风声里，
　　　　警传故国危。
　　　　关山隔万里，
　　　　摇落我心知。

（二）　塞北悲风起，
　　　　江南音信迟。
　　　　徘徊河上望，
　　　　日暮欲何之。

（三）　大汉天声绝，
　　　　黔黎泪暗滋。
　　　　江河流万古，
　　　　犹作汉唐思。

（四）　又是偏安日，
　　　　江东避地时。
　　　　乌衣人寂寞，
　　　　王谢已难期。

那时，他身为中央大学经济系主任，在南京任教。华北局势让他无法安宁。

他匆匆赶往北平，对故都文物进行实地测量摄影，历时两月，摄影500余幅。

从1936年起，他陆续出版《元大都宫殿图考》、《明清两代宫苑建置沿革图考》、《北京宫阙图说》等书，收入商务印书馆《故都纪念集》。

他在前言里写道："士不能执干戈而捍卫疆土，又不能奔走而谋恢复故国，亦当尽其一技之长，以谋保存故都文献于万一，使大汉之天声，长共此文物而长存。"

朱偰1907年出生，是历史学家朱

朱偰像，摄于1950年代　朱元曙 提供

想"。1957年，他因此被划为"右派"；1968年7月15日，他在"文革"中被迫害致死。

去世之前，朱偰留下绝笔："我没有罪，你们这样迫害我，将来历史会证明你们是错误的。"

2006年8月23日，我在南京拜访了朱偰之子朱元曙先生，听他讲述了他父亲的故事。兹将朱元曙先生的口述整理如下：

金陵古迹调查

我祖父朱希祖1905年官费留学日本，那时章太炎在东京办国学讲习会，祖父拜章太炎为师，他在特别班，跟鲁迅、钱玄同、许寿裳、钱家治等，共8人一个班，他们都是浙江人。

祖父回国后在浙江的中学教书，辛亥革命后，祖父在钱念劬（钱玄同的长兄）、沈尹默的推荐下，进入北京大学。陈西滢跟鲁迅论战，说某籍某系，指的就是浙江籍、国文系。"五四"前，祖父任北京大学国文门主任，1920年任历史系主任，我父亲就在这种环境下成长。

后来，我父亲到德国学习经济学，其实他真正感兴趣的是文学，但他认为文学靠的是天才，自己不是天才，就以文学作为爱好，写过诗，也写过小说。他1932年从德国柏林大学回来，学的是财政经济，回来想在北大任职，因为学派间有矛盾，北大不要他。我祖父属章门弟子，而在30年

希祖的长子。他幼秉家学，精研文史。1923年考入北京大学预科，1925年入本科学政治，1929年留学德国柏林大学，1932年获经济学哲学博士学位。

归国后正值国民政府在南京大兴土木建造新首都，大量文物古迹遭到破坏。为督促政府保护古物，朱偰用了3年时间，在实地调查的基础上，完成《金陵古迹名胜影集》、《金陵古迹图考》和《建康兰陵六朝陵墓图考》三部著作。

新中国成立后，朱偰历任南京大学经济系教授、系主任，江苏省文化局副局长，省文物管理委员会副主任，省图书馆委员会副主任。

1956年，南京市约集各界人士勘查拆太平门西一段城墙，朱偰赴现场直斥为要城砖而拆城是"败家子思

六朝故垒　朱偰 摄于1930年代中前期

　　此段城墙位于南京鸡鸣寺之后，是明洪武十九年（1386）十二月因"新筑后湖（今玄武湖）城"后，被废弃的一段城墙。自清代及近代以来，学界误将该段城墙视为六朝台城北垣的故址，是当时在南京文化人寻古探幽之重要胜迹之一，也是登临"台城"赏玩南京城全貌的必经之道。——杨国庆注

台城柳　朱偰 摄于1930年代中前期

　　台城，原为三国东吴的苑城，东晋时修筑为宫城，至南朝结束，一直是中央政府和宫殿所在地。侯景之乱，崇信佛教的梁武帝被叛军软禁饿死于此。公元589年，隋文帝杨坚一统中原之后，为了摧毁金陵"王气"，下令将南京部分城邑宫室平毁，改作耕地。晚唐诗人韦庄著《台城》一诗凭吊："江雨霏霏江草齐，六朝如梦鸟空啼。无情最是台城柳，依旧烟笼十里堤。"因近代学界误将明初一段废弃城墙视为"台城"，致使当时的文化人将肯家大塘（现已无存）河边的柳树与"台城"联系起来，生发出许多故事。——杨国庆注

代前后，北大占上风的是以胡适、傅斯年为代表的欧美派，章派和他们之间有矛盾。

北大不要他，他就南下到中央大学，被聘为经济系教授，因为从小熏陶之故，他被南京的文化底蕴所吸引。他是新派人物，手中有一台德国的蔡司相机，这台相机"文革"时不知所踪，可能被抄了吧。他爱好摄影，开始就是自己玩玩，到处走走，拍拍照片。

30年代国民政府建新首都，那个开发规模不亚于现在，大批文物古迹遭到破坏，他很着急，就有专题地拍摄古迹，一个系列一个系列地拍，六朝、宋元、明清……这样拍下来，编成三本书，一是照片集《金陵古迹名胜影集》，有300多幅照片，他又写了《金陵古迹图考》《建康兰陵六朝陵墓图考》，共三本，这三本书都在今年8月由中华书局重新出版了。父亲根据当时地貌拍摄，并作考证。今天有人说，到目前为止，这些著作仍是六朝考古的权威著作，它们是开山之作。

父亲为文物保护倾注了心血，他提请政府注意在城市开发中保护古物，说如果把南京建成欧美式城市，南京的文物将湮没殆尽，假如不按专家的意见行事，他的那几本书就将成为历史的印记。可惜，不幸而言中，现在很多古迹只能在他的书中看到了。

1949年12月18日和1950年2月3日，南京搞了两次文物调查，曾昭燏、刘敦桢、胡小石和我父亲都参加了。曾昭燏在《南京市文物保管委员会第一、二次野外调查报告》中写道："关

于六朝陵墓调查，远在1934年至1935年已经由朱希祖、朱偰父子开始搜寻访问，当时的中央古物保管委员会印有《六朝陵墓调查报告》（朱希祖著），朱偰还著有《建康兰陵六朝陵墓图考》《金陵古迹图考》和《金陵古迹名胜影集》三书……这些都是我们调查时最好的参考资料。"

在国民政府时期，南京城内动静最大的工程是中山路的开通。中山路涉及城北、城中、城东，穿过明故宫，后又建故宫机场，对故宫南边的皇城造成破坏。民国早期，拆皇城售城砖，卖给当地一部分，卖给南通的张謇30万块城砖盖工厂，金陵大学的楼用的也是皇城的砖，石刻被外国人买走。国民政府定都南京后，成立中央古物保管委员会，又想办法把这些石刻收回来，我祖父那时是保护委员会成员之一。

父亲写的那三本书都是在1936年出版的，那时首都已建得差不多了，冯玉祥说南京"只见马路不见人道"，指的是大规模拆迁给百姓带来了巨大的痛苦。

"右派"罪状

当年我父亲作为一位学者，只能呼吁，但当他一旦掌权，他的呼吁就不是一般性的了。

解放后，太平门是南京最早被拆除的城门之一，太平门是国民党的国防部、中央陆军军官学校所在地，解

放后是刘伯承的南京军事学院所在地，当时为了这个军事学院的建设，开始拆太平门，这大概是1955年下半年到1956年上半年的事情。我看见父亲在日记里写道：就此事到南京市政府提出抗议。

父亲当时任江苏省文化局副局长，他1955年初就任此职，解放前他是中央大学经济系主任，解放后，中央大学改名为南京大学，他还是系主任。当时解放军打到南京来，父亲跑到上海去，要走也就走了，他在日记中写道，自己对国民政府太失望了，于是又回到南京。刘伯承、陈毅两位将军派人请他去见个面，叶兆言写文章说当时父亲正在上课，军委会来人了，说两位将军请他去。刘伯承说在延安时就看过他的书，如今是书人俱在，如愿以偿。那天的见面，加上柯庆施，一共是3人请他吃饭。席间，将军们询问文物保护的事情，父亲却问飞夺泸定桥的到底是17个人还是18个人？两位将军还请父亲带他们到外面转了一圈，父亲很高兴地当了一次导游。

院系调整后，父亲从南京大学经济系调到复旦大学，聘书发来了，继续当系主任。省里的领导找父亲谈话，说不要去了，为南京的文物保护做做工作吧。在省里的挽留下，父亲留下来了，在江苏省参事室任参事，这是闲职。父亲在日记里写道：几日无事，某日与几位朋友到燕子矶一游。

1955年初，父亲出任省文化局副局长，主管文物保护和图书管理工作。他在任上，为江苏省文物保护做了很多工作。他30年代拍照片呼吁国民政府保护文物，没有下文，可现在不同了，他在局长任上可以做很多事情。他拨款保护田野中的石刻，还编了一本关于古塔的书，他做的最重要的事情就是对古城墙的保护。

1955年1月，南京拆中华门的东门、西门，然后拆太平门，再后拆草场门，都是以工代赈，一块城砖折合多少工钱。父亲到太平门拆除现场考察，说拆城墙、城门是败家子行为。后来他在"文革"中为此写检查，称当时自己没有站在城市建设高度思考这个问题，这是他的错误。

关于拆中华门、草场门的事情，江苏省前任作协主席艾煊写有《帽子与城墙》一文，收在王干先生编的《城市批评》一书中，说反右时，批评拆城墙就被视为反党，是右派行为，父亲当时表示，如果这样认为，他保留意见。农工民主党当时在批判大会上列出他作为右派的几大罪状，一是批评拆城墙是攻击南京市政府，二是中央宣传会议上毛主席要求大鸣大放，父亲参加会议回来传达说，这是要求大家给共产党提意见，这也成了他的一大罪状。

"鸣放"时，父亲说了什么话我不知道，我是1953年出生的，反右时才4岁，我姐姐知道得多一些。父亲被打成右派后，降职降薪，到江苏省人民出版社当编辑，经常到黑墨营农场劳动，我记得我母亲带我去看父亲，父亲身体浮肿得厉害，成天在那里垒猪圈，干杂活。

1961年父亲摘帽，他在日记里说，自己又回到人民的怀抱，特别激动。他被分到南京图书馆工作，任江苏省图书馆委员会副主任、江苏省文物保管委员会副主任，一直干到"文革"。

哭父亲

"文革"中我们家第一次被抄家是在1966年8月26日，第二次是8月30日，第三次是9月24日。祖父有很多藏书，父亲捐给了南京图书馆，但书未全部及时运走，"文革"就发生了。

红卫兵来抄家就是要烧啊。第一次抄家是南京图书馆和南京工学院的人共同来抄的，当时就烧了不少书，烧了半天，后来南京图书馆的领导到场才阻止了烧书。南京工学院的红卫兵8月30日夜里又来秘密抄家，天一亮就撤退了，没有烧书。9月24日我们又被抄家，书又被烧了不少。

1973年我到上海看望刘海粟先生，他说怎么这么巧，同一天下午，1966年8月26日下午，你家烧书我家烧画，他是烧了一夜，一直烧到天亮，后来有一位老工人路过刘海粟家，说这些画都是国宝，怎么能烧？这位老工人打电话到上海画院要他们来人取走，这才没被烧光。

海粟先生比我父亲大，30年代初他到欧洲办巡展，在柏林有一批留学生帮他张罗，其中有我父亲、徐凡澄

和蒋复聪等。那次，海粟先生与我父亲结下了友谊，一直有来往，1957年两人都被打成右派，但都被保留了政协委员，开会他们在一起。

1973年我去看海粟先生，他的房子有三层，一二层都被人占了，他住阁楼，他见到我特别激动，一看到我就哭了，问"你父亲怎样了？"我说死了。他说他估计是这样啊，"你父亲逃不过这一劫啊！"他猜到了！！我父亲死了这么多年，我一直不敢哭，那天在海粟先生家，我哭了一场。他说，"你别哭了，傅雷夫妇都上吊了，跟你父亲一样！"

当时我20岁，在工厂当工人。那次去看海粟先生，是1973年12月31日，那天下了一夜的雨。我是趁放假去上海看外婆，我母亲交代说，你去看看海粟先生吧。我父亲的学生带我去看他，在这之前我没见过海粟先生，听父亲的学生介绍说这是朱偰的儿子，海粟先生就哭了。

"文革"中第四次抄家是1966年12月底，快要过元旦了，红卫兵把我们全家赶了出去，把房子据为红卫兵司令部。我们家是清溪村1号，清溪村3号房主叫毛龙章，曾任国民党皖南行署负责人，解放后是人大代表。毛先生跟我父亲私交好，说腾两间房子给你们住吧，我们就住下了。后来，红卫兵打派仗，占我们家的那派被打跑了，我们又搬回去住了。

父亲1968年过世，之后，1970年我们又被从1号赶了出来，到后宰门西村138号住了一年零八个月。我们

在1972年邓小平复出落实知识分子政策后又搬回原住处，当时房子被挤入5户人家，1978年我父亲彻底平反后，房子才全还给我们。

清溪村1号是我们家私房，1948年盖的，是父亲请人设计的。当时那里是农田，靠近国民党财政部盐务总局，当时就几户人家在那里。1号是我家；2号是财政部的一位司长家；3号是毛龙章家；4号是崔家，此人是国民党兵马司司长，总爱说自己是匹夫，管马的；5号是邹家，是财政部官员。那里就这5家。现在我还住在那里。我家是西式洋房，是不完全的二层楼房，现在产权证还是我家的，只是房子比较破旧了。

父亲之死

"文革"时批斗我父亲，游街，父亲身上经常青一块紫一块。尽管如此，父亲被批斗后，回家路上还买东西带给我们吃，他特别喜欢我们几个孩子。父亲共有10个儿女，我是最小的。他先是有一位德国夫人，我母亲是抗战前跟我父亲结的婚。父亲跟德国夫人生的一位女儿在南京搞体育，在50年代末60年代初，是全国田径400米、800米纪录保持者，1956年破了800米纪录，一直保持到60年代初。破纪录那天，父亲在日记里写道，朱家有艰苦奋斗的传统，希望儿女们保持。

父亲与德国夫人有5个孩子。祖父的年谱说，我父亲是长子，由于祖父从小过继给他的伯父，我父亲就在名义上兼祧我祖父的伯父一房，所以我的父亲根据当地习俗可娶二房。我的德国母亲解放后在南京大学当口语教师，"文革"后回德国，故在德国，故去时我们还一起送了花圈。那是在80年代末，两德还没有统一。

"文革"批斗我父亲时，一是说他是反动学术权威，二是怀疑他是国民党特务，理由是他为什么不去台湾？留下来不就是特务吗？于是，对我父亲进行隔离审查，很惨。南京图书馆的人说，那时给我父亲穿上旱冰鞋，他都60岁出头了，跌倒了，那些人就去打他，推他，让他再滑……后来，熬不住了，父亲上吊，绳断，跌断肋骨，肋骨刺到肺里死去。

公安局把这个案子当作疑案：到底是他掉下来，使肋骨刺到肺里去的呢？还是那些人又推打他，使肋骨刺到肺里去的呢？

父亲是7月15日凌晨过世的。那天上午图书馆来人叫我母亲去，母亲说要带些东西给父亲，图书馆的人说不用带了。两小时后母亲归来，面色酱紫，她把我和二哥、二姐（这里的二哥、二姐，是朱元曙按同父同母的哥哥姐姐排的——笔者注）叫到一旁，说你们的父亲去世了。就这一句，如五雷轰顶。那时我不到15岁。

之后，母亲、德国母亲和元旸、元昉两位哥哥到火葬场去，让我待在家里。母亲和两位哥哥到火葬场，给父亲洗身、换装，火葬场的人问要不要骨灰，两位哥哥说要，元旸哥哥就把父

亲的骨灰悄悄埋在灵谷寺的一棵松树下面。1978年12月父亲被彻底平反，元旸把父亲的骨灰取出来，葬在花神庙公墓，2003年因为拆迁，又移葬在功德园公墓。

"文革"批我父亲时，他保城墙又是罪名之一，这在他的交代材料中有反映。当年南京市组织拆城墙的是徐步副市长，后来他当了南京市市长，又到西安市当市长，1966年被斗死了。徐步的孙子1991年高中毕业，在我的班上当学生，我特别照顾他，我家访，说要为老人争光。徐步的儿子跟我现在还有联系，关系处得不错。

《故都纪念集》

我家老房子在北京，祖父1913年4月到1932年离开北京大学到中山大学当教授之前，在那里住。北京的老房子在德胜门内草厂大坑21号，在现在的四环胡同。2005年我到北京去看，房子还在。这个房子解放后经历了私房改造，但我叔叔一家还住在里面。"文革"中全家也被赶出，后来落实了政策。

1913年，也就是民国二年，教育部成立全国读音统一会，每省派两位代表，代表需精通两门以上外语，浙江派出两位代表，我祖父是其一。1958年之前用的注音字母方案，是由我祖父起草的，共同参与此事者有鲁迅、许寿裳等6人。我有文章讲这个事情，登在2005年《鲁迅研究》四月号。那个注音字母方案是根据章太炎的方案编出来的，因为这个，祖父受聘北京大学教授，不再回浙江。进北大后，祖父又推荐一批人，如周作人、钱玄同等章派弟子进入北大。1944年祖父逝世于重庆，享年65岁，他因心脏病故去。

我父亲享年61岁，他一生不走运。他在德国的老师是恩格斯的学生，父亲学到的东西，国民党不感兴趣，共产党也不感兴趣，认为那是修正主义。父亲有一本书叫《康昌考察记》，解放前出版的，讲四川经济发展要注意什么问题，要发展林业、甘蔗种植业、制糖业，这些在今天还有现实意义。

父亲在中央大学当教授时，还任职于国民政府，那是在抗战时期的40年代初期。父亲先是任财政部秘书，

北京什刹海。远处为钟楼和鼓楼　　朱偰 摄于1935年

后任财政部烟草专卖司司长、关务署副署长，兼中央大学经济系教授、系主任。1948年他辞去国民政府所有职务，认为这个政府没有希望了，就专任教授。我祖父反对他到政府任职，说教授应该有言论自由，到政府任职就没有这个自由了。祖父要他慎重。但我父亲认为自己学经济就是要经世致用。

父亲是北大政治系本科毕业，马寅初是他的老师，父亲1978年平反时，马寅初送了花圈，南京大学的匡亚明校长也送了花圈，刘海粟送了挽联。陈平原编的《北大往事》还收了我父亲关于北大复校运动的文章。傅斯年、顾颉刚、范文澜都是我祖父班上的学生。我父亲生于浙江，1913年到北京，他还出了三本关于北京的书——《故都纪念集》三册，1936年起陆续出版，原计划要出五册，两册未出成，包括一册图录。他曾写信给胡适，希望能在美国出版，结果未能成功，书稿底片不知所终。现在我家里还有一些我父亲拍摄的底片。

父亲是1935年专程到北京去拍那些照片的，他是暑假去的，马衡那时是故宫博物院院长，他同意我父亲拍故宫以及北京的坛庙。父亲怕日本人来了毁掉北京的古迹，他听说北京危急，就拿着相机去了。

父亲逝世之后

父亲对我们很严格，经常教我们读古诗文。一到放暑假，他就从图书馆带一批书让孩子们看。那些书的知识面广，有儒勒·凡尔纳（Jules Verne,

1828—1905）的《八十天环游地球》、《海底两万里》。父亲对我说，你看，儒勒·凡尔纳写这本书时，世界上还没有潜水艇，但他想象的潜水艇，从外形到内部设计，跟现在最先进的是一样的！

父亲还给我们看一本书《格兰特船长和他的儿女》，说你们看看土著人是怎样跟现代人交往的。他教哥哥姐姐们唐诗，读白居易的《新乐府》："海漫漫，风浩浩，眼穿不见蓬莱岛……"一家人在院子里聊天、乘凉，每天晚上父亲都要说几句古诗。

父亲去世后我为什么不敢哭？那天母亲告诉我们父亲死了，我一下子就哭了，二姐一下子捂住了我的嘴，怕被别人听到。那时二姐上高二，我小学六年级刚毕业。二姐捂住我的嘴不让我哭，她自己却跑到厕所里关着门哭了。

1968年10月开学，我上初中，1970年进工厂。66、67、68三届学生下乡，之后的三届留城，我就留在了南京，到南京土壤仪器厂当工人。我母亲说你天天这样混不是个事，就带我去找两个老师，一是南京博物院研究员王敦化先生，他是搞书画瓷器鉴定的，是父亲的朋友。王先生问我喜欢什么，他让我买一套范文澜的《中国通史》，说你看不懂就来问，我就买了一套，一周去一次王先生家。读完《中国通史》后，他又让我读原著，从《史记》读起，我看不懂，当时我也就是小学文凭。王先生就一篇篇讲，我慢慢就懂了。1972年跟他学，一直到1977

年恢复高考，我已读了《中国通史》，还有《史记》《汉书》《后汉书》《三国志》《晋书》，这五部都读完了。王先生就让我去参加高考，我有些害怕。他说，你跟我学了这么多年，没有问题。我果然考上了。

1993年我在报纸上看到王敦化先生去世了，就带着妻子去磕头，王先生还是我们俩的介绍人，我妻子的父亲是考古学家，是我祖父的学生、父亲的朋友，我们俩从小就在一起，王老为我们做的媒。

母亲还为我找了另一位老师，钱瘦竹先生，他是书法家、篆刻家。父亲去世后，母亲就让我跟钱老学书法。钱老是无锡钱氏，钱锺书的亲戚，他1978年4月去世。去世前，他老问我高考录取通知书到了没有，天天在家门口等我的消息，通知书到的时候，他已去世，没来得及让他知道。77年高考，是在77年12月底进行的，录取工作一直到1978年4月才全部完成。因为这个缘故，钱老未能等到我的录取通知书。1978年有两批大学生进校，春天的是77级，秋天的是78级。录取我的是南京师范学院中文系。

先父的好友们不嫌弃我，王敦化先生经常带我到南京古籍书店，上二楼坐下，店员们跑过来问候他，王老指着我说，你们看这孩子像谁？店员们答，像朱老。王老说，就是！

钱先生带我见林散之，林先生是书法大师、现代草圣。林先生在我写的字里题词，告诉我应该怎么写。林先生说，他跟我父亲是好友，多少年没消息了!

这些老先生对我的培养可以说是呕心沥血。我是77级的,大学毕业后到南京梅园中学教语文,从80年代初开始任教,1994年任教务处主任,1995年到2004年任副校长,分管教学,2004年任南京市玄武区政府督学。

精神遗产

我祖父逝世时临时葬在重庆,1956年在郑振铎的帮助下迁葬南京。一解放,柳亚子来找我父亲,他编南明史,希望我父亲将我祖父所搜集的南明史料捐出来,我祖父研究南明很深。父亲同意捐,但提出了迁葬祖父的事。我父亲把我祖父搜集的南明史料捐出了,但南明史柳亚子后来也没编出来。父亲捐这些史料的条件是能否把我祖父从重庆迁葬到南京,柳亚子答应了。柳亚子、叶恭绰就此事联名写信给周恩来,但没有下文。

父亲任省文化局副局长时,又捐出一批孤本,又提出迁葬之事,郑振铎就照办了。现在,我祖父、祖母和我父亲共在一坟,都是因为拆迁而迁到功德园的。买墓地的钱两万多块,我为父亲写了100多字的墓志,请一位老先生写下来,他敬仰我父亲,不收钱,但刻一个字70块钱,刻不起。1956年我祖父移葬南京时刻的碑,那个字写得真好,不知谁写的,2003年迁墓时按风俗把这块碑砸掉了。

从80年代中期开始,艾煊、杨国庆、叶兆言等陆续写文章怀念我父亲,我母亲也写了一篇文章《金陵图考寄深情》,提到父亲保护城墙的事情。

我母亲名凌也徽,30年代在苏州蚕桑专科学校读书,学的是丝绸。抗战后当过中国农业银行会计,解放后在省工商联当会计,直到反右受株连,被勒令退职。我们一家人经济上全靠父亲的100多元工资,这个工资当时并不低。母亲后来一直没有工作,父亲去世后,南京图书馆每月发给我们家每人7块钱生活费。

父亲留给我们的精神遗产是:奋斗,努力。父亲后来不搞经济学研究了。解放后,他有三部经济学著作不让发表,这让他很灰心。其中有一部叫《新财政学》。他的《康昌考察记》最近由甘肃的一家研究所出版。

我母亲很伟大,"文革"时她教我陶渊明的《桃花源记》等,那时家里人还怕出事,母亲说,毛主席说过,桃花源里可耕田,不用怕。在夜里,她在昏暗的灯光下,一句一句教我,还教我《五柳先生传》《归去来辞》,让我背,母亲教我的文章很多。我现在教学生,讲到《桃花源记》、《五柳先生传》、《归去来辞》这三篇,还能背给他们听,并告诉这些孩子我的母亲教我的故事。母亲出身于中医世家,身高一米六五,2000年去世。

黄裳在《金陵五记》中说他是拿着我父亲的书到南京来探访的。鲁迅骂过的一位作家,叫叶灵凤,60年代曾写过一篇文章《朱氏的金陵古迹图

北京故宫午门　　朱偰 摄于 1935 年

考》，说朱氏信手拈来，现成珍迹。父亲在50年代还写了一部小说《玄奘西游记》，虽是小说章回体，但内容经得起研究考证。原名《玄奘的一生》，但1957年出版时改叫《玄奘西游记》，是商业上的考虑。出版后不久，父亲就被打成右派了，再迟一点，这本书就出版不了了。最近准备再版此书，最后定名还是《玄奘西游记》。

这些年来，朱偰的《故都纪念集》、《金陵古迹图考》、《建康兰陵六朝陵墓图考》等著作相继再版，怀念他的文章不时见诸报端。

人们读到了他在《金陵古迹图考》中写下的结论："设余之著述及图版，能引起社会注意，进而督促政府，注意古物之保存，弗徒设机关，而不事工作，使金陵古迹，应修复者修复，应保管者保管，应登记者登记，应发掘者发掘，使先民文物得以保存而不坠，则固民族文化之大幸。设不然者，南京竟变为完全欧化之都市，虚有物质文明之外表，则吾之图考，将永成为历史的记载，此固民族文化之不幸。"

"余个人之责任，尽于此而已。"他最后写道。

他确实是为此而尽。

后 记

　　《城记》付印之前，一位看过书稿的朋友对我说，你的这一本到底算什么书？它既不像报告文学，又不像学术著作。不像报告文学，是因为它有那么多注脚；不像学术著作，是因为它有那么多故事。

　　这确实是给我出了道难题。我对朋友说，如果非要归类，那《城记》就算是一部长篇报道吧，如套用西方的说法，那就是非虚构作品（non-fiction）。

　　逛欧美书店，虚构（fiction）和非虚构（non-fiction）分得一清二楚，我觉得这样的分类非常必要，既是对作品的界定，又是对读者的尊重。

　　查了查英汉字典，对"非虚构"大致有三种译法，一曰"非小说的散文文学"，二曰"写实文学"，三曰"非文学作品"。前两种译法让人觉得non-fiction只是文学之一种，这可能产生误导，因为人们一般会认为，文学作品是容忍虚构的，既然如此，又何来"非虚构"呢？第三种译法较好，但还是不如直译为"非虚构作品"更让人明白。

　　在虚构与非虚构之间，没有第三种选择。所以，我一直对"报告文学"这个词有一种困惑，因为"报告"一定是"非虚构"，而"文学"又可以是"虚构"，难道这个世界还有"非虚构"的"虚构"吗？

　　我认为探讨这样的问题很有必要。报告文学的价值不容抹杀，事实上，报告文学（姑且让我沿用此词）对中国社会的贡献有目共睹，许多被称为报告文学的作品，是经受了历史检验的，但可以肯定的是，它们绝对不是"非虚构"的"虚构"。

　　如果说我是一个特别较真的人，我最担心的就是事实失真。作为一名记者，我坚信我的工作，唯以事实为目的，非以事实为手段。我也深知，我可能永远是在真实的边缘上行走，要穷尽真实何其难也，这该是我的宿命，但我必须保持住探索的姿态。

　　我认为，对事实的探索，有三个层次，一是真实，二是全面，三是本质。真实的不见得是全面的，全面的才是接近本质的。干我这一行，最忌讳从局部的真实导向本质的真实，这最容易出错。所以，记者以完整报道事实为己任，尽可能地表现事实的多面性、复杂性和争议性，让读者得出自己的结论。

这确实是一项高难度的工作，写作《城记》使我体会更深。作历史研究的人，总希望还原全部的真实，却每每陷入盲人摸象的苦境。所以，我不敢轻下断言，多采用开放式的叙事结构来承载更多的可能性，这也是记者工作的方式。

感谢读者们对《城记》的厚爱。《城记》印出后，我得到了很多读者的鞭策与鼓励，更坚定了自己的职业信念，唯以更加勤奋的工作相报。

2004 年 5 月，我在新华通讯社的工作有了一次变动，从北京分社调至《瞭望》新闻周刊，在宽松的业务环境里，我确实长进了不少。《采访本上的城市》收录的多是我在《瞭望》新闻周刊完成的报道，此次成书，我对它们作了增删、修补、整合，并加写了部分章节。

本书中的"规划编制'三国演义'"得到了唐敏女士的合作与帮助；"大剧院的'孵化'"得到了戴廉女士、张捷女士的合作与帮助；"国家博物馆改扩建之争"得到了石瑾女士的合作与帮助；"拆迁也是 GDP"得到了于洪艳女士的合作与帮助。在此一并致以诚挚的谢意。

感谢傅熹年先生、林洙女士、朱元曙先生、赵燕菁先生、张文朴先生、岳升阳先生、艾丹先生（Daniel B. Abramson）、王南先生、宋连峰先生、方可先生、易道公司（EDAW）为本书提供图片。

感谢朱元曙先生拨冗校正我对他的口述记录。感谢杨国庆先生为朱偰先生的两帧图片补写了说明。

我的老同事李杨女士为本书的写作提供了具体的帮助，她曾在接到我提供给她的一条新闻线索之后，勇敢地出现在事件的现场，并以坚定的职业信念来应对随之而来的复杂境况。我对此深感敬佩，同时也深怀歉意，我唯可表达歉意的方式，就是像记者那样去工作。

我要感谢我的学长罗锐韧先生，没有他的帮助，我可能到今天也无法完成《城记》的写作，更谈不上《采访本上的城市》了。他朗朗而清澈的笑声，一次次使我回想起大学时代的梦想。当年在学校读书最郁闷的时候，他跑到宿舍的水房里大吼："我就是天之骄子！"我今天还在为这样的故事感动。

学友胡陆军先生为使《城记》被国外读者分享，给予了最真挚的帮助，在此深表谢意。

这些年我最对不起林洙老师，她是那么盼着早日看到我写的《梁思成传》，可我总像一个小赖皮似的磨洋工，她老人家竟如此仁慈，对我始终保持着高度的原谅。好了，再这样赖下去我就该崩溃了，请大家督着我的表现吧。

这些年督着我最凶的就是张志军女士。《城记》出版后，她得空就说："赶快把下一本书交来！"我总是嘴硬："你以为这跟摊煎饼那样容易呀？"我就这样跟她斗了好几年的嘴皮子，眼下总算把这块"煎饼"给"摊"了出来。没有像她这么厉害的编辑督着，像我这么贪图安逸的人，还不知道会磨蹭到何时。

感谢柳元先生和熊蕾女士，是他们热情的帮助，使我对美国的城市规划有了一个持续的了解，还造访了美国国家档案馆，查阅了一批珍贵的老北京图片，并在本书中收录了若干。感谢张之平女士为我翻拍了这些图片。

感谢所有关心和帮助我的朋友。感谢所有接受我采访的人士。

我要感谢我的家人，感谢我的二姐和三姐帮我照顾慈母。

感谢我的岳父和岳母，二老卸下高级工程师的担子后，一直照顾着我们的生活。我诚是这个世界上最幸福的女婿，没有理由不好好地工作。

感谢我的妻子刘劼给了我一个温暖的家。再多感激的话语写在这儿都是多余。这些年她最担心我被累垮了。亲爱的，请放心，我会健康地活着。

感谢我的儿子宽宽，三年来他陪我去了不少地方。在他刚会说话的时候，他站在被大棚子罩住正在维修的太和殿前，满脸困惑地大声问道："妈妈，那个大科栱到哪儿去了？"

边上一位老者听到后笑了一路。那一刻，我感到做一个中国人是如此幸福。

因为，我们还拥有故宫。

王 军

2008 年 1 月 28 日

城镇化模式之变

严峻的土地供应形势，已倒逼中国的城镇化不能再走增量扩张的老路，从"增量城市"转向"存量城市"是必然的选择，这将对城镇化既有模式形成全方位冲击。

随着推土机向 18 亿亩耕地红线逼近，中国城镇化的增量空间已十分有限。2013 年中央城镇化工作会议强调耕地红线一定要守住，要根据区域自然条件，科学设置开发强度，尽快把每个城市特别是特大城市开发边界划定。去年 7 月，住建部和国土资源部共同确定了包括北京、上海、广州在内的 14 个城市开展划定城市开发边界的试点工作。上个月，国土资源部有关人士透露，试点工作将于今年完成，以后全国 600 多个城市也将划定开发边界。

"建设用地规模必须只减不增、必须负增长。"2014 年，上海市提出将此前规划确定的 2020 年的阶段控制目标确定为未来建设用地的"终极规模"。其背后是上海建设用地总规模已超过全市陆域面积的 40%，明显高于全球不少国际大都市。与之相似，北京平原地区的开发强度已接近 50%。

"下一步该怎么弄，我们还真有些吃不准。"某大城市发展和改革委员会的一位官员对《瞭望》新闻周刊记者说，"我们是发展和改革委员会，可是，发展的空间没了，怎么办？"

严峻的土地供应形势已倒逼中国的城镇化不能再走增量扩张的老路，从"增量城市"转向"存量城市"是必然的选择，这将对城镇化既有模式形成全方位冲击。

城镇化战略工具调整

中国这一轮快速城镇化发轫于 1988 年宪法修正案，"土地的使用权可以依照法律的规定转让"，"国家依法实行国有土地有偿使用制度"。此后，受 1992

年邓小平南方谈话推动、1994年分税制改革挤压、1998年住房制度改革刺激，"土地财政"得以建立，地方政府公共财政获解燃眉之急。

1988年宪法修正案的背景是：1954年之后，中国建立了高度集中的计划经济体制，与此相适应，1954年经中央人民政府政务院批复，企业单位、机关、部队、学校经政府批准使用土地时，不必再向政府缴纳租金或使用费。此后，土地失去商品属性，也不存在土地市场，政府部门的公共服务投入虽然增值了土地，但它只为土地使用者免费享用（只有少数私有房地产主缴纳城市房地产税），唯一可返还财政的方式是国有企业上缴利润，但这入不敷出。

土地的无偿、无限期使用，以及高积累、高投资的经济模式，抽空了城市财政，使公共服务与社会福利陷入短缺，城镇化失去动力。这一情况在1988年宪法修正案出台之后发生变化，此后建立的国有土地有偿、有限期使用制度，催生了存量拆迁、增量征地、以土地出让为核心的土地财政模式，中国的城镇化由此进入快速增长的轨道。

1994年分税制改革之后，地方财政收入增长速度远不足以支持基础设施建设等方面的巨大投入需求，靠做大经济规模获得的增值税是其经常性收入的主项，却是国税与地税分享，国税还分走了大头。在这样的情况下，向土地要财政成为地方政府"不二之选"。2013年"营改增"范围推广到全国试行，原属地税的营业税全部表现为增值税，地方收入相应减少，这又加大了地方政府对土地财政的依赖。

可是，土地财政正在失去传统政策工具的支撑。在存量拆迁方面，2011年，《城市房屋拆迁管理条例》废止，《国有土地上房屋征收与补偿条例》施行，后者确立了市场价格补偿原则；在增量征地方面，以征地制度改革为核心的土地管理法的修改也在进行之中。

2008年，十七届三中全会提出，严格界定公益性和经营性建设用地，逐步缩小征地范围，完善征地补偿机制。依法征收农村集体土地，按照同地同价原则及时足额给农村集体组织和农民合理补偿，解决好被征地农民就业、住房、社会保障。

在此背景之下，征地制度改革被提上日程，《土地管理法》第四十七条成为焦点，该条规定：征收土地的，按照被征收土地的原用途给予补偿；土地补偿费和安置补助费的总和不得超过土地被征收前三年平均年产值的30倍。长期以来，这一规定备受诟病，其按照原用途补偿的原则，被认为不利于农民分享城镇化成果，加大了城乡二元差距。

2013年1月，十一届全国人大常委会第三十次会议初审了《土地管理法修正案草案》，后者对第四十七条提出修改意见，明确了公平补偿的基本原则，保障被征地农民的权益是其核心思想，补偿内容由三项增加为五项，并加强了对政府征地行为的约束。审议中，常委会组成人员对修正案草案中关于征地补偿标准的设定仍存在不同意见。

2013 年 11 月，十八届三中全会通过的《中共中央关于全面深化改革若干重大问题的决定》提出，建立城乡统一的建设用地市场。在符合规划和用途管制前提下，允许农村集体经营性建设用地出让、租赁、入股，实行与国有土地同等入市、同权同价。缩小征地范围，规范征地程序，完善对被征地农民合理、规范、多元保障机制。扩大国有土地有偿使用范围，减少非公益性用地划拨。建立兼顾国家、集体、个人的土地增值收益分配机制，合理提高个人收益。

《决定》还提出，推进城乡要素平等交换和公共资源均衡配置。维护农民生产要素权益，保障农民工同工同酬，保障农民公平分享土地增值收益。

以上表述，对土地制度改革提出了新要求，涉及土地权利制度与土地市场制度，而这正是土地征收制度改革的基础。这意味着对土地管理法的系统修改势在必行。

可以预期的是，同权同价原则的确立，与《国有土地上房屋征收与补偿条例》确定的市场价格补偿原则一样，将加大土地财政的成本，缩减地方政府土地出让收益。在这样的情况下，增量土地供应又被严格控制，地方财政必然面对复杂局面。

能否转入不动产税模式

土地财政模式深刻暴露了地方政府无法正常回收公共服务投入的"老、大、难"问题。

改革开放之后，伴随着房地产市场的发育，特别是 1998 年住房制度改革实现存量公房私有化之后，住房的财产权属性显现，其在社会财富的二次分配中扮演着越来越重要的角色。

《人民日报》今年 1 月披露，过去 10 年的数据分析表明，中国的财产差距扩大速度远远超过收入差距扩大的速度，个人财富积累速度非常快。在过去大约 10 年的时间内，人均财富的年均增长率达到 22%，特别是房产价值的年均增长率达到了 25%。

房产价值的快速增长，受益于政府部门大规模的公共服务投入，后者沉淀为不动产的市场价值，并自动转化为不动产所有者的财产性收入，形成"公共服务投入→不动产增值→不动产所有者的财产性收入增加"的分配模式。

北京大学中国社会科学调查中心发布的《中国民生发展报告 2014》显示，2012 年中国家庭净财产的基尼系数达到 0.73，财产不平等程度近年来呈现升高态势，明显高于收入不平等。从 2006 年开始，城镇内部的贫富差距拉大，由于资本存量不公带来财富增量不公，比如房地产价格的快速上涨，使房产快速增值。

城镇化的本质是公共服务的延伸和优化，对其所推升的不动产价值所带来的不动产所有者财产性收入的增加，如无返还公共财政的制度设计，不但会导致分配的失衡，还将使公共财政难以为继。在这方面，国际通行的做法是开征不动产税（亦称房地产税），即以不动产的评估价值为税基，按固定税率定期征收。

在美国，地方财产税（课税对象是纳税人所拥有的不动产和动产，其中房地产类不动产是主要税基）占地方财政总收入的 29% 左右，占地方税收总收入的 75% 左右。财产税以财产的评估价值为计税依据，其评估价值一般为市价的30% 至 70%，名义税率为 3% 至 10%，实际税负为 1% 至 4%。财产税按季度、半年或年征收，全部收入用于中小学教育、治安、供电、环保等公共服务，由此形成"公共服务投入→不动产增值→不动产税增加→更多的公共服务投入"之良性循环。

新中国成立后，城市政府进行房地产总登记，对公逆产予以清管，对房地产私有者发放房地产所有证，并按区位条件、交易价格等，确定标准房价、标准地价、标准房地价，每年分期按固定税率征收城市房地产税，返还公共财政。可是，此项税收，在计划经济时代，伴随着私有房地产被不断"充公"，税源缩减，1982 年《宪法》规定"城市的土地属于国家所有"之后，不再向中国公民开征。

1988 年宪法修正案通过之后，征地拆迁、出让国有土地使用权，成为地方政府回收公共服务的直接方式。然而，低价征收、高价出让的土地财政模式，难以顾及社会财富的公平分配，并衍生"拆迁经济"：大规模拆迁→获得土地并制造购房需求→推动房地产开发→再拆更多的房。其背后，是财富向强者集中，激化了社会矛盾。这正是《城市房屋拆迁管理条例》废止、《国有土地上房屋征收与补偿条例》施行、《土地管理法》进入修改程序之背景。

《国有土地上房屋征收与补偿条例》所确立的市场价格补偿原则，《土地管理法》修改所依据的同权同价原则，又将问题导入另一个层面：难道公共服务投入所带来的社会增值，就应该由被征收者当然占有？

顶层设计已无法绕过，不动产税改革成为焦点。如果开征了不动产税，公共服务投入能够通过税收返还，地方政府就没有必要依赖土地财政，缩小征地范围才能落实；被征收者因其缴纳了不动产税，才能正当获得相当于甚至高于市场价格的补偿。

2003 年，十六届三中全会提出："实施城镇建设税费改革，条件具备时对不动产开征统一规范的物业税，相应取消有关收费。"2013 年，十八届三中全会提出："加快房地产税立法并适时推进改革。"2014 年，《国家新型城镇化规划（2014—2020 年）》提出："完善地方税体系。培育地方主体税种，增强地方政府提供基本公共服务能力。加快房地产税立法并适时推进改革。"中国的城镇化能否由土地财政模式转入不动产税模式，成为一大悬念。

目前，关于不动产税改革，社会各界的认识还存在差异。主张开征者的观点包括：房地产税有利于抑制对于住房的市场炒作和炒作引起的泡沫化倾向，保障房地产市场的健康发展和房价的沉稳，却较少关于此项税改所涉及的公私利益关系及其社会伦理的讨论。而只有理解了开征不动产税的正义性，社会共识才能形成。

现行土地使用制度如何与不动产税改革对接也是一大问题。有限期的土地使用制度，使不动产的价值如同一条抛物线——经前半程价值攀升之后，在后半程将随着使用限期的缩减而迅速跌落。这将给不动产价值评估及不动产税征收带来困难，并衍生一系列金融问题。

有专家建议，开征不动产税，就应该给予缴税者无限期的土地使用权。事实上，也只有无限期的土地使用权才能真正积淀公共服务带来的社会增值。有人担心，这是不是在搞土地私有制？可是，细加探究，因公共利益之需可以征收土地、土地增值通过不动产税缴纳归公、实行严格的土地用途及规划管制（开发权的国有化），已能充分保障土地的国有性质。

社会增值如何分配

中国的住房政策在 2003 年经历了一次调整。这一年发布的《国务院关于促进房地产市场持续健康发展的通知》，将 1998 年《国务院关于进一步深化城镇住房制度改革加快住房建设的通知》所提出的"建立和完善以经济适用住房为主的多层次城镇住房供应体系"，改变为"逐步实现多数家庭购买或承租普通商品住房"。此后，居民对住房的刚性需求被推向商品房市场，房价不断高涨，与多数家庭的购买力形成矛盾。

2011 年，全国城镇保障性住房覆盖率仅为 7% 至 8%，面对日益激化的住房矛盾，住建部宣布：未来五年，中国计划新建保障性住房 3600 万套。可是，形势不容乐观——保障房建设地方配套资金不足，即使完成了任务，全国城镇保障性住房的覆盖率也只有 20%，依然无法改变"多数家庭购买或承租普通商品住房"的情形。

对于那些负债买房的居民，"突如其来"的不动产税会不会使他们雪上加霜？要避免出现这样的问题，过渡性的政策设计十分关键。建筑界人士呼吁多年的"先租后售"保障房建设方案，可望为不动产税的开征提供一个安全运行的平台。该建议的主旨是，借鉴 1998 年住房制度改革经验，最大规模利用金融资本，以成本价向银行抵押贷款，以"先租后售"的方式，实现保障性住房的广覆盖。

如能确定未能享受 1998 年房改福利的居民，均有权利参照当年的房改政策，以成本价购买一定面积的保障性住房，则那些被迫负债买房实现刚需的居民，就能将其房改权利折算成相应的额度，获得不动产税减免。这样，不动产税的开征就能赢得一个合理的缓冲空间，彰显公平正义。

"拥有不动产的家庭，都可以通过不动产升值，自动分享财富的增长。""先租后售"保障房建设方案的提出者、中国城市科学研究会常务理事赵燕菁，对《瞭望》新闻周刊记者说，"1998 年房改，涉及的人口不超过 8000 万。而广覆盖涉及的积累人口将达到数亿。这样，原来只有少数体制内的城市居民享受过的福利，就能够扩大到全体国民。其宏观经济效果将远超 1998 年房改给其后十余年经济带来的巨大推力。"

具体而言，假设 50 平方米保障房的全成本是 20 万元（土地成本 2000 元／平方米，建安成本 2000 元／平方米），一个打工者租房支出大约 500 元／月，夫妻两人每年就是 1.2 万元，10 年就是 12 万元，15 年就是 18 万元。届时，只需补上差额，就可获得完整产权。理论上讲，只要还款年限足够长，辅之以公积金和政府／企业的补助（可分别用来贴息和支付物业费），即使从事收入最低的职业，夫妻两人也完全有能力购买一套完整产权的住宅——只要没有购买商品房，每个家庭都可以享受一次成本价保障房。

此类政策设计，关系保障房资金来源及其良性运转问题，关系社会福祉及城镇化带来的巨大社会增值如何分配的问题，这是新型城镇化面对的重大战略课题。

2013 年中国城镇户均住房已达到 1 套，但与此同时，大量农业转移人口难以融入城市社会，市民化进程滞后。其背后，是住房的供给与财富的分配出现失衡。《国家新型城镇化规划（2014—2020 年）》指出："目前农民工已成为我国产业工人的主体，受城乡分割的户籍制度影响，被统计为城镇人口的 2.34 亿农民工及其随迁家属，未能在教育、就业、医疗、养老、保障性住房等方面享受城镇居民的基本公共服务"，"城镇内部出现新的二元矛盾，农村留守儿童、妇女和老人问题日益凸显，给经济社会发展带来诸多风险隐患"。

如何在充足的流动性与巨大的社会需求之间搭设桥梁，让流动性最大规模地灌溉社会福利，并形成新的经济增长动力？如何建立现代财政制度，通过不动产税改革，使地方政府获得稳定而正常的收入渠道，摆脱对土地财政的依赖，专注于公共服务的供应？这一系列问题的破解，事关国家治理能力的现代化，这也是新型城镇化必须应对的挑战。

原载《瞭望》新闻周刊，2015 年 7 月 20 日

城镇化质量倒逼规划转型

在中央要求划定城市开发边界，城镇化由增量扩张转入存量挖潜的背景下，设计规范及其所代表的城市规划理念的更新，已时不我待。

上世纪 90 年代之后，由小汽车交通主导的"大马路＋大型住区＋大型购物中心"的规划模式迅速覆盖中国的城镇化空间，高地耗、高能耗问题相伴而生。2000—2011 年，全国城镇建成区面积增长 76.4%，远高于城镇人口 50.5% 的增长速度；2014 年，中国石油对外依存度由 2000 年的 30.2% 上升至 59.5%，远高于 50% 的国际警戒线。

这样的情况引起了决策层的关注。2012 年，中共十八大报告将"城镇化质量明显提高"纳入 2020 年全面建成小康社会的战略目标；2013 年，中共十八届三中全会提出"增强城市综合承载能力"，"提高城市土地利用率"。

"我国能源资源和生态环境面临的国际压力前所未有，传统高投入、高消耗、高排放的工业化城镇化发展模式难以为继。"2014 年 3 月发布的《国家新型城镇化规划（2014—2020 年）》提出对策："促进城市紧凑发展，提高国土空间利用效率"，"密度较高、功能混用和公交导向的集约紧凑型开发模式成为主导"。

20 世纪 90 年代以来塑造中国城市空间形态的设计规范，如何适应新型城镇化战略要求，成为一大悬念。在中央要求划定城市开发边界，城镇化由增量扩张转入存量挖潜的背景下，设计规范及其所代表的城市规划理念的更新，已时不我待。

"对资源的不可持续性利用和消耗"

由大马路、大型住区、大型购物中心组合而成的城市空间，在上世纪上半叶，曾被西方社会认定为进步的方向，"二战"之后得以大规模流行，却在实践中制造了大量问题。

1913年福特汽车以流水线生产T型汽车之后，小汽车进入家庭成为可能。1925年，法国建筑师勒·柯布西耶出版《明日之城市》一书，提出建设功能分区、由快速干道主宰的高层低密度城市，以迎接汽车时代的到来。他的这一想法，被写入1933年国际现代建筑协会的《雅典宪章》，后者成为"二战"后大规模建设功能主义城市的"圣经"。

《雅典宪章》所推崇的"邻里单位"住区理念，1929年由美国规划师佩里提出。佩里主张，为使小学生上学不穿越交通干道而发生车祸，应扩大原来较小的居住街坊，以城市干道所包围的区域作为基本单位，限制外部车辆穿越，人口和用地面积以小学的合理规模来计算和控制——当下遍及中国大陆的居住小区的设计思想，即来源于此。

可是，在按照"邻里单位"模式建设的美国凤凰城，小学生还得穿行大马路去上学。"因为无法保证每一个住区内的学校质量都是一样的，家长们会到其他地方去寻找他们满意的学校。"哈佛大学城市规划设计系教授阿里克思·奎戈（Alex Krieger）对《瞭望》新闻周刊记者说，"此后，美国就不再建设凤凰城这样的城市了。这样的居住形态摆在郊区是可以的，因为那里只有一所小学，一旦它被摆到城市里，其存在的理由就被抽空了。"

"邻里单位"将小街坊变成了大街坊，改变了城市的尺度，高密度、宜于步行的街道系统不复存在，人们更愿意开车去。汽车主宰了"二战"之后西方的城市化浪潮。在美国西海岸，一个个超大规模的"汽车城市"被制造出来——洛杉矶都会区，近100个城市在约1万平方公里的区域内，以超低密度蔓延；相随高速公路侵入美国城市的，还有大型购物中心，后者轻而易举地挤垮了临街商店，街道上不再有漫步的人流，开起车来更是风驰电掣。

1993年，《联合国环境大纲》显示，北美地区的城市所消耗的能源，是所有非洲国家城市消耗量的16倍之多，也是亚洲或南美城市消耗量的8倍以上。同样，在温室气体排放的问题上也呈现出类似的现象。

环境学家指出，正是那些最发达的城市造成了全世界范围内的环境恶化，因为它们的发展建立在"对资源的不可持续性利用和消耗"的基础之上。如果发展中国家重蹈其覆辙，就意味着，"我们很快会面临大规模的生态系统崩溃"，因此，"必须竭力发展出另一种城市模式"。

1977年，国际建筑协会《马丘比丘宪章》对《雅典宪章》做出修正，提出："将来城区交通的政策显然应当是使私人汽车从属于公共运输系统的发展。"此后，以公共交通为主导，建设紧凑型城市成为趋势。

可是，西方城市规划的这一转折，未对改革开放之后中国的城镇化产生影响。1993 年和 1995 年，建设部相继发布《城市居住区规划设计规范》（下称《居住区规范》）和《城市道路交通规划设计规范》（下称《道路规范》），将 20 世纪上半叶西方人士为适应汽车发展而创立的规划学说上升至国家强制性标准。

"打酱油都开着小汽车去"

《居住区规范》按照居住区、小区、组团三级来安排城市的居住空间，其中，由城市道路围合的居住小区，可容纳 1 万至 1.5 万人，形成大街坊模式；住宅间距须满足日照要求，"小区内应避免过境车辆的穿行，道路通而不畅"。

《道路规范》提出"城市道路网规划应适应城市用地扩展，并有利于向机动化和快速交通的方向发展"，并指出"我国城市因停车用地太少，停车泊位不能满足实际需要，占用车行道、人行道停车的现象十分普遍，已严重削弱了道路的通行能力，降低了车辆的行驶速度"，因此，"应趁旧城区的改造和城市规划布局调整的时机，使停车需求得到实际解决"。

以上规范使居住小区成为城市建设的模块，小区与小区之间，由机动交通联络，"宽而稀"的大马路成为主宰。《道路规范》虽然提出"大、中城市应优先发展公共交通"，却同时对小汽车的发展予以鼓励，在事实上形成小汽车交通的主导模式。

城市形态亦由"低而密"变为"高而稀"。中国老城市的低层建筑，不存在严重的遮阳问题，因而形成"低而密"的紧凑肌理。可是，随着高层建筑的发展，为避免严重的遮阳问题，建筑间距必须加大，由此形成"高而稀"的松散模式，道路两侧失去了连续的建筑界面，街道变成了马路，临街商业机会随之缩减，大型购物中心便乘势登场，成为商业"霸主"。

在这样的城市里，用老百姓的话说，"打酱油都开着小汽车去"。2013 年，北京市发改委副主任赵磊就北京的交通拥堵和雾霾问题发表评论，"交通拥堵首先是车流量很大造成的，北京目前总共有近 520 万辆汽车"，"私家车的使用频率太高了，相比之下，这个频率是东京的 2.3 倍、伦敦的 1.5 倍，咱们有时候 5 公里以下的短途出行开车率都占到小汽车出行量的 44%"。

在上海的浦东，公交车即使开到了居住区的门口，也很难对住户产生吸引力，因为从大门进到住户的家门，往往要步行 10 分钟。这刺激着每家每户去购买一辆小汽车，甚至是两辆。低效率的土地利用随处可见。2008 年底，上海城市建设用地总量已超过 2020 年的规划规模。但是，发展效率的提升速度滞后于开发用地的增长速度，地均产出增幅低于建设用地增幅。

城市的肌理和尺度与城市的质量相关。在"低而密"的城市空间里，大量的临街面提供了简单就业机会，土地的价值与利用效率也得以提升；由于保持了人的尺度与城市的密度，城市的多样性与步行系统得以维持和发展。只须以公共交通为主导，便能保障城市高效率运行，并降低能耗。这与小汽车所定义的城市形态形成反差——2000 年中国城镇人口密度每平方公里为 8500 人，2011年降至 7700 人，远低于住建部每平方公里建成区容纳 1 万人的标准。与日本快速发展时期相比，中国 GDP 每增长 1%，对土地的占用量约为日本的 8 倍。中国已成为世界最大的汽车消费市场，建筑与交通的能耗占全社会总能耗的 60%左右，并呈现"刚性"结构。

"公交导向"何以形成

《国家新型城镇化规划（2014—2020 年）》提出的"密度较高、功能混用和公交导向的集约紧凑型开发模式成为主导"，揭示了交通政策与城市形态的内在联系——只有形成了公交导向，城市的密度才能提高，功能的混合使用才能实现，集约紧凑型开发模式才能成真。

1974 年，世界上第一条快速公交路线（BRT）诞生于巴西的库里蒂巴市。此后，快速公交不断被北美、欧洲的许多城市采用。拥有 700 多万人口的哥伦比亚首都波哥大，在 1998 年至 2001 年，依靠此种技术，迅速摘掉了"堵城"的帽子。

发展快速公交，必须在短时间内将其覆盖城市干道并形成网络，以实现对小汽车交通的替代。法国的波尔多将城市干道系统三分之二的行车道施划给公共交通，三分之一的行车道施划给小汽车交通，以最多的路权保障公共交通的优先发展和运行效率，一举扭转了市民对小汽车交通的依赖。

近年来，快速公交被中国的一些城市引入，成为"公交优先"、"低碳出行"、"节约型城市"的亮点。可是，这些亮点并未如期使这些城市摆脱拥堵情形，相反，有的城市，在划定快速公交专用线的路段，甚至出现更大规模的社会车辆拥堵，以致有媒体称"BRT 沿线社会车道大堵塞，拥堵恐成常态"。

造成这一现象的原因是，国内城市多未能理解快速公交贵在"系统"二字，即整个城市必须将其作为主体交通系统来规划建设。仅在个别路段上发展快速公交，城市整体的公交效率无法提高，人们还得依赖小汽车交通，这势必导致沿快速公交路线出现社会车辆的加剧拥堵。

此种情形还反映出城市在价值判断上的迟疑——有限的道路面积优先供应

的对象，是多数人使用的公交车，还是个人使用的小汽车？这涉及存量资源的再分配与平衡，正是新型城镇化需要回答的问题。

原载《瞭望》新闻周刊，2015 年 7 月 27 日

韩俄国家行政中心调整之鉴

首尔与莫斯科的城市布局，与中国多数城市颇为相似，皆为单中心结构。以这样的结构来安排一个小县城并无大碍，但将它套在一个大都市身上则弊病丛生。

也许是巧合，7月1日，韩国与俄罗斯同时公开了各自国家行政中心的调整计划。

在首都首尔以南约120公里处，韩国正式启用承担部分首都职能的行政中心城市——世宗，并预计至2015年，世宗市将常住15万人，2020年和2030年有望分别进一步增至30万人和50万人。

俄罗斯的行政中心调整计划不似韩国剧烈，它以莫斯科的版图扩张为实现方式，将莫斯科的市域范围向西南方向延伸，新增14.8万公顷土地，并计划将一些主要的国家行政机关迁入此地，形成"新莫斯科"地区。

作为世界第六大经济城市的首尔，与作为欧洲人口最多城市的莫斯科，均身陷超大型城市发展的困境——因功能过度聚集而导致交通拥堵等都市顽疾，这两个城市皆将国家级行政中心位置的调整当作药方，如此"巧合"又包含必然。

单中心城市之弊

首尔与莫斯科的城市布局，与中国多数城市颇为相似，皆为单中心结构。

首尔的路网基础是3条环线和19条放射线。这个城市1960年代进入快速发展期。1962年，韩国施行《城市规划法》；1966年，汉城（2005年1月前，首尔的中文名为汉城）总体规划拟定；1970年，为促进汉江以南地区的开发，汉城修订了总体规划；1971年，韩国制定全国土地建设综合规划；1972年，汉城据此制定城市发展十年规划，目标是建设世界性城市，在此指导下，今日首尔的格局形成，成为一个单中心集中核结构的城市。

莫斯科也是"单中心＋环线＋放射线"布局，它以克里姆林宫为全市中心，由内向外分布十多条放射线，并以街道环、园林路环、大莫斯科环城铁路和莫斯科环城公路层层环绕。1931年，莫斯科举行总体规划国际竞赛，有方案提出在郊区另辟新城，遭到苏联领导人斯大林反对，后者认为这是"小资产阶级的不合实际的幻想"，莫斯科便在老城的基础上发展起来，终成今日之格局。

以单中心结构来安排一个小县城并无大碍，但将它套在一个大都市身上则弊病丛生。单中心结构会强化中心区的基础设施投入，吸引大规模的房屋建设，使中心区聚集过多的就业功能，迫使居住功能向郊区分布，城郊之间浩浩荡荡的通勤大潮便由此引发，城市功能紊乱遂成顽疾。单中心结构还易推高城市房地产价格，因为中心区的土地供应量决定着城市的地价水平，与多中心城市相比，单中心城市的中心区土地供应量有限，易形成强势的卖方市场，虚高房价，增大泡沫风险，降低城市的竞争力。

为改善住宅问题，首尔在近郊兴建了6个卫星城，房价仍居高不下。首尔的房价已位居世界大都市前列，一套90多平方米的公寓住宅，价格高达2.5亿至5亿韩元（1美元约1180韩元），一名普通公务员要购置这样一套住宅，需要15年至18年的积蓄。市中心一块足球场大小的土地，价格高达10亿美元。韩国以首尔为中心的首都圈，集中了全国半数的人口和七成的经济力量。由于功能过度聚集，首尔的交通堵塞、住宅拥挤、房地产投机、大气污染等"大城市病"严重。虽然这个城市致力于发展公共交通，在短短25年里，建设了相当于伦敦或纽约耗用百年建设的轨道交通规模，可是，再先进的交通技术也难以弥补城市发展战略的缺陷，此次另设行政中心城市世宗，虽有远离"三八线"的军事考虑，但于首尔的城市功能着眼，也是不得已而为之。

1960年代，莫斯科的总体规划做了一次调整，试图将单中心结构变为多中心结构，把全市分成8个综合区，每区100万人，各有市级中心，并把连接市郊森林的楔形绿带渗入城市中心。可在城市功能的重点——行政中心原地不动的情况下，这个多中心的规划难以实现。7月1日，在莫斯科行政中心调整计划公布当日，路透社的消息称："多年来，莫斯科市中心的交通一直处于混乱状态。双排停车加剧了交通拥堵，一些人行道几乎无法使用，因为很多车辆都停放在人行道上。但根据新的法规，针对很多交通违规行为的罚金将从300卢布（9.2美元）提高至3000卢布（92美元）。这是改善莫斯科形象以使其成为全球金融中心的措施之一。"

避免诱发经济震荡

2003 年 1 月，俄罗斯建筑科学院副院长劳夫维奇率团访问北京并举办展览，展板上的莫斯科总体规划与北京的总图颇为相似：皆以老城区为单一的中心，以一条条环路和放射线向外扩张。

座谈会上，《瞭望》新闻周刊记者提问："莫斯科的这种单中心加环线的发展模式有没有导致中心区出现像北京这样的交通紧张状况？"劳夫维奇回答："当然有，这样的布局必然会导致中心区拥堵，一旦形成就难以改变。"

《瞭望》新闻周刊记者再问："你们有没有想办法解决？"劳夫维奇回答："我们已计划把一些城市功能转移到外面去集中发展，只有这样才能缓解中心区面临的问题。"

如今，被计划转移到外面集中发展的，是国家行政办公职能。俄罗斯前总统、现任总理梅德韦杰夫去年 6 月提出"大莫斯科"构想，提议建立"首都联邦区"，在莫斯科扩大版图后，将议会上下两院、总检察院、审计署与其他执政机关迁至外环公路以外的"新莫斯科"地区，主要目的在于解决困扰莫斯科多年的交通堵塞问题，建设多个城市中心，缓解城市人口和就业机会过度集中在市中心的矛盾，为将莫斯科建设为国际金融中心创造条件。

此次"扩城"之前，莫斯科市人口达 1151 万，是世界上人口密度最大的城市之一，市区人口接近俄罗斯全国总人口的 1/10。莫斯科市长索比亚宁介绍说，城市面积扩大后，莫斯科市的人口密度将下降至现在的一半，可以"解决住房问题和社会建设问题，并从整体上解决莫斯科的发展问题"。市政府计划在新城区兴建政府机关、商业设施、学校和住宅楼等设施，新城区可为 200 万莫斯科市民提供住房，并提供 100 多万个专业技术就业岗位。

不同于 1960 年代的多中心规划，莫斯科这次动了真格，以国家级行政机构的外迁来带动城市结构的调整。韩国的"世宗计划"力度更大，形同迁都——包括国务总理室在内的 17 个政府部门将从今年 9 月起用两年多时间陆续迁往世宗市办公。届时，1.5 万名中央政府公务员将在世宗上班。

世宗市新都概念是韩国已故总统卢武铉 2002 年竞选总统时提出的。李明博 2008 年上台后，一度试图降格世宗市，打算仅把它打造成科学、商业和教育中心城市。然而，面对强烈反对意见，包括执政党内部阻力，李明博计划搁浅，世宗继续走上行政中心城市轨道。

2003 年 12 月，韩国国会通过《新行政首都特别法》，决定将行政首都从首尔迁往中部地区。2004 年 10 月，韩国宪法法院裁决《新行政首都特别法》违宪，迁都计划受挫。此次设行政中心城市世宗，当局并未将总统府、国会、国防部、外交通商部等重要机构迁出首尔，遂不影响首尔的首都城市性质，正可绕过宪法法院的裁决，并稳定首尔的发展。

城市结构调整是一把双刃剑，操之过急可能引火烧身。对首都城市而言，一旦其核心的政治中心功能被完全抽空，必引发不动产价格的暴跌，祸及国家经济安全。此次，俄罗斯与韩国一样，不是将国家机构整体从"老莫斯科"迁出，克里姆林宫作为总统府，仍保持着政治中心的地位，这有利于"老莫斯科"的稳定，避免诱发经济震荡。

收多中心城市之功

莫斯科规划对中国城市有着历史性影响。1950 年代，北京拒绝了建筑学家梁思成与陈占祥提出的在老城之外建设行政中心区的方案，并在苏联专家的指导下，以莫斯科规划为蓝本，制定了将行政中心设于老城，以环线和放射线向外扩张的总体规划，这成为中国其他城市效仿的对象。北京迄今已建成五条环线、十多条放射线，并与莫斯科、首尔一样，陷入单中心城市的烦恼。

为缓解交通拥堵、环境恶化等问题，北京市 2004 年修编了总体规划，确定了变单中心为多中心、调整城市结构的战略目标。在规划修编过程中，2004 年 7 月，中国城市规划设计研究院副总规划师赵燕菁在《北京规划建设》杂志上发表文章《中央行政功能：北京空间结构调整的关键》，提出要解决北京单中心城市布局所带来的弊端，就应该考虑中央行政区的设置问题，因为中央行政功能完全可以和北京市一级的功能在空间上分离，它又是北京城市结构的重中之重，这一功能不调整，就难以推动整个城市结构的调整。从目前情况看，北京的城市结构调整仍面对较大困难，特别是一些行政机构仍在原地扩张，使得中心区的功能难以疏解，反呈进一步聚焦之势。

在这一轮城市扩张中，国内一些省会城市也迈开城市结构调整步伐。河南省政府迁入郑东新区即为一例，西安市政府驻地也由老城区迁至北部新区。从实施效果看，省会城市的结构调整能否到位，更在于省级行政机构能否起龙头作用，因为这是城市功能的重点。如果调整的只是市一级功能而非省一级功能，便难完整收获多中心城市建设之功。

原载《瞭望》新闻周刊，2012 年 7 月 9 日

名城保护条例出台之后

在中央要求加大文化遗产保护力度的当下，完善《历史文化名城名镇名村保护条例》，彻底扭转保护工作的被动局面，已不容迟缓。

2008 年出台的《历史文化名城名镇名村保护条例》（下称《保护条例》）是国务院在城镇化高潮期制定的一部极具针对性的文化遗产保护法规，它使中国历史文化名城、名镇、名村的保护进入了有法可依的阶段，开宗明义地指出："历史文化名城、名镇、名村的保护应当遵循科学规划、严格保护的原则，保持和延续其传统格局和历史风貌，维护历史文化遗产的真实性和完整性，继承和弘扬中华民族优秀传统文化，正确处理经济社会发展和历史文化遗产保护的关系。"

《保护条例》的出台不同寻常。2006 年 6 月 10 日中国迎来历史上第一个文化遗产日之后，时年 25 岁、正在北京大学和早稻田大学攻读博士学位的姚远，针对南京市启动的大规模拆除老城南的旧城改造工程，执笔《关于保留南京历史旧城区的紧急呼吁》，得到侯仁之、吴良镛、谢辰生、傅熹年、宿白、郑孝燮、徐苹芳、陈志华、梁白泉、蒋赞初等 16 位前辈学人的响应，时任国务院总理温家宝做出批示，要求"建设部会同国家文物局、江苏省政府调查处理。法制办要抓紧制订历史文化名城保护条例，争取早日出台"。

《保护条例》2008 年 4 月 2 日经国务院常务会议通过，同年 7 月 1 日起施行。此后，围绕名城、名镇、名村的保护，新的理论、新的实践不断涌现，老的问题、老的矛盾仍在发展；在一些地方，对古城区的大拆大建仍在蔓延，形势依然严峻。

在中央高度强调文化遗产保护的今天，很有必要对《保护条例》在实施中遇到的一些突出问题进行梳理。

整体保护落空

《保护条例》在保护措施方面提出的最为重要的原则即"整体保护":"历史文化名城、名镇、名村应当整体保护,保持传统格局、历史风貌和空间尺度,不得改变与其相互依存的自然景观和环境。"

在申报与批准方面,《保护条例》提出:"申报历史文化名城的,在所申报的历史文化名城保护范围内还应当有 2 个以上的历史文化街区。"并对"历史文化街区"做出解释:"历史文化街区,是指经省、自治区、直辖市人民政府核定公布的保存文物特别丰富、历史建筑集中成片、能够较完整和真实地体现传统格局和历史风貌,并具有一定规模的区域。"

此前,历史文化街区概念曾在学术界引发争议。2002 年 6 月,考古学家徐苹芳发表《论北京旧城的街道规划及其保护》一文,指出中国古代城市与欧洲的古代城市有着本质的不同。欧洲古代城市的街道是自由发展出来的不规则形态,这便很自然地形成了不同历史时期的街区。中国古代城市从公元 3 世纪开始,其建设就严格地控制在统治者手中,不但规划了城市的宫苑区,也规划了居住在城中的臣民住区(里坊),对地方城市也同样规划了地方行政长官的衙署(子城)和居民区。

他认为:"历史街区的保护概念,完全是照搬欧洲古城保护的方式,是符合欧洲城市发展的历史的,但却完全不适合整体城市规划的中国古代城市的保护方式,致使我国历史文化名城的保护把最富有中国特色的文化传统弃之不顾,只见树木,不见森林,捡了芝麻,丢了西瓜,造成了不可挽回的损失。"

徐苹芳所言,针对的是国内一些城市在古城区内孤立地划出若干片保护区之后,即将其余部分大规模拆除的现象。他主张,针对中国古代城市整体营造的特点,对古城区施行统一的整体保护,而不是只划出几片保护区进行"分片保护"。

"整体保护"与"历史文化街区"概念皆被写入了《保护条例》,对二者的关系,《保护条例》未做解释。徐苹芳的担忧成为了现实——在土地财政的驱使下,"分片保护"得到诸多城市的欢迎,少量历史文化街区被划定之后,其外围仍有珍贵价值的古城区被大规模拆除,其结果,不但整体保护落空,在一些城市,甚至"分片保护"亦落空。2012 年 11 月住房和城乡建设部、国家文物局公布的名城大检查结果显示,全国共有历史文化街区 438 处,13 个城市已经没有历史文化街区,18 个城市只保留一个历史文化街区。

被缩小的保护范围

历史文化街区概念源自西方。1962 年,法国颁布《马尔罗法》,规定将有价值的历史街区划定为历史保护区，须制定保护和继续使用规划；1967年，英国颁布《城市文明法》，确定将历史街区保护纳入城市规划的控制之下。

在中国，历史文化街区概念的形成经历了一个过程。1985年，建设部城市规划局有关人士在《西南三省名城调研报告》（下称《调研报告》）中提出："就我们所见，许多历史上很重要、名声较大的城市，其城市特点、传统风貌已经破坏严重，当前把尚可收拾的抢救下来是完全必要。但对许多城市来说，从整个城市着眼，保护特定风貌已经很困难，所以建议除了历史文化名城，再定一个'历史性传统街区'的名目，实事求是地缩小范围，可能会更有助于抢救保护，保护工作与现代化建设的矛盾也会比保护整个名城较易处理。"

这是建设部主管部门第一次收到的关于建立历史文化街区（《调研报告》称"历史性传统街区"）的正式建议，《调研报告》基于"从整个城市着眼，保护特定风貌已经很困难"的判断，主张"实事求是地缩小范围"，使历史文化街区概念自提出之始，就带有妥协性。

《调研报告》对决策产生了影响。1986年，国务院批转《城乡建设环境保护部、文化部关于请公布第二批国家历史文化名城名单报告的通知》，正式确认了"历史文化保护区"的概念；1997年3月，国务院发布《关于加强和完善文物工作的通知》，又提出"在历史文化名城城市建设中，特别是在城市的更新改造和房地产开发中，城建规划部门要充分发挥作用，加强城市规划管理，抢救和保护一批具有传统风貌的历史街区"。

2002年，文物保护法提出历史文化街区的法定概念，规定："保存文物特别丰富并且具有重大历史价值或者革命纪念意义的城镇、街道、村庄，由省、自治区、直辖市人民政府核定公布为历史文化街区、村镇，并报国务院备案。"

2005年，《历史文化名城保护规划规范》规定历史文化街区用地面积应不小于1公顷，文物古迹和历史建筑的用地面积宜达到保护区内建筑总用地的60%以上。

2008年，"有2个以上的历史文化街区"被《保护条例》规定为申报历史文化名城的条件，与此同时，《保护条例》又提出整体保护的原则，这为扩大保护范围留出了空间。事实上，《历史文化名城保护规划规范》已提出："位于历史文化街区外的历史建筑群，应按照历史文化街区内保护历史建筑的要求予以保护。"唯此，整体保护方可落实。可是，在"分片保护"尚举步维艰的情况下，保护规范的这一规定，在诸多城市，还停留在纸上。

分片保护之困

"分片保护"遇到的最大问题，即对分片划定的历史文化街区如何保护的问题。

《保护条例》提出："在历史文化名城、名镇、名村保护范围内从事建设活动，应当符合保护规划的要求，不得损害历史文化遗产的真实性和完整性，不得对其传统格局和历史风貌构成破坏性影响。"可是，何为真实性和完整性？未做具体规定。

《保护条例》列出了在历史文化名城、名镇、名村保护范围内禁止进行的活动，包括：（一）开山、采石、开矿等破坏传统格局和历史风貌的活动；（二）占用保护规划确定保留的园林绿地、河湖水系、道路等；（三）修建生产、储存爆炸性、易燃性、放射性、毒害性、腐蚀性物品的工厂、仓库等；（四）在历史建筑上刻划、涂污。但对破坏性极强的大规模房地产开发，未做约束性规定。

《保护条例》规定："历史文化街区、名镇、名村建设控制地带内的新建建筑物、构筑物，应当符合保护规划确定的建设控制要求……对历史文化街区、名镇、名村核心保护范围内的建筑物、构筑物，应当区分不同情况，采取相应措施，实行分类保护……历史文化街区、名镇、名村核心保护范围内的历史建筑，应当保持原有的高度、体量、外观形象及色彩等。"可是，这些保护措施如何实施？实施的主体是谁？未做规定。

以上情况使房地产开发"找到"了进入历史文化街区的"通道"。由于《保护条例》提出的上述保护措施停留在物质性保护层面，那么，是不是满足了这一层面的要求，就可以进行"留房不留人"式的"开发式保护"呢？不少地方官员以其实际行动给予了肯定的回答。

"开发式保护"骤然兴起，历史文化街区内的原住民被排斥在保护活动之外，甚至成为此种"保护"的"障碍"。《城市房屋拆迁管理条例》（废止于2011年1月）、《国有土地上房屋征收与补偿条例》（施行于2011年1月）被应用于历史文化街区的"保护项目"，成为"开发式保护"的工具，历史文化街区的"灵魂"——原住民，被强制性搬迁。

此类"保护项目"的实质是房地产开发，其实施，必须经过政府收回土地使用权、整理土地、开发企业通过"招标、拍卖、挂牌"方式获得土地使用权的法定程序。在目前的法律政策框架内，开发企业不得以协议方式在旧城改造中获得未经拆迁平整的国有土地。这意味着历史文化街区一旦交给开发企业进行"保护"，就会导致灾难性后果——开发企业若要合法地获得国有土地使用权，政府部门就必须对相关地段先行拆迁、平整，将生地开发成熟地之后，再通过"招标、拍卖、挂牌"方式净地出让。这样，地段内的居民和建筑须被"清空"。近些年来，一些地方在历史文化街区造"新古"，多是以这样的方式推行，造成巨大破坏。

保护机制何在

2005 年由国务院批复的《北京城市总体规划（2004—2020 年）》以地方法规的形式，在国内首次对历史文化名城的保护机制做出规定，提出："推动房屋产权制度改革，明确房屋产权，鼓励居民按保护规划实施自我改造更新，成为房屋修缮保护的主体。"

力主将上述条文写入总体规划的北京市城市规划设计研究院前院长朱嘉广认为："过去北京大量的传统建筑历经数百年存在还保持一种基本完好的状态，其根本原因在于它的产权是私有的。解放以后产权制度、住房政策的反复变化，使得各方的权益和责任不清。大量的公有住房由于房租很低，房管部门不能保证其基本条件的维护，更谈不上住房条件的改善和建筑风貌的保护。即使是私房主，由于其基本权益得不到保障，也谈不上对房屋的维护，因为不知何时，一旦有个开发项目，其房屋就可能会被拆迁，房主自然无心去维修房屋。另外，还有一些出租的私房，由于出租的对象、承租人应付的租金往往由政府指定，私房主自然也就没有义务和能力承担维修和维护的责任。上述情况无疑加速了四合院状况的不断恶化。"

他指出："房屋质量恶化、居住人口膨胀和条件改善、风貌保护之间的矛盾虽然是复杂的，但也并非不能解决，推行产权的私有化，实现居民自主地交换并维护和改造房屋，就是解决问题的一个重要方法和关键环节。在这个过程中，政府还有责任做好两件事情，一是根据财力安排基础设施改造的计划，二是制定对房屋传统风貌加以维护、修缮和改建的技术标准及相应的补贴政策。总之，要使'危改'和'保护'工作双赢，实现良性循环，产权问题是个关键。"

这一关键性判断对 2004 年版《北京城市总体规划》的修编产生了影响，后者对保护机制做出规定，甚至对南京城市总体规划的修编产生了示范效应。2011 年，在社会各界的呼吁下，江苏省政府批复同意的《南京历史文化名城保护规划》确定了"鼓励居民按保护规划实施自我保护更新"的原则。

结合当前形势，亟须将上述原则纳入《保护条例》，使其对保护机制的规定不出现缺失。在中央要求加大文化遗产保护力度的当下，完善《保护条例》，彻底扭转保护工作的被动局面，已不容迟缓。

原载《瞭望》新闻周刊，2015 年 5 月 4 日